U0351061

高等职业教育人才培养创新教材出版工程

单片微机原理与接口技术

（修订版）

主　编　曾一江
副主编　刘　虹　李寿强

科学出版社

北京

内 容 简 介

本书包括微机原理基础知识、MCS-51单片机指令系统、汇编语言程序设计、单片机并行和串行总线扩展技术、常用外围驱动电路、单片机开发系统的开发调试方法以及软、硬件调试技术等方面的内容,力争用较短的篇幅,给读者比较完整的单片机应用系统设计基础知识。

本书例题、习题丰富,并附有相应的实验指导书,可作为电子、电气、机械等非计算机专业高职高专、大专院校、成人高教教材和自学读本,也可作为从事测试、智能仪器、自动控制及单片机应用的人员的参考书。

图书在版编目(CIP)数据

单片微机原理与接口技术/曾一江主编. —北京:科学出版社,2006
(高等职业教育人才培养创新教材出版工程)
ISBN 978-03-016799-6

Ⅰ. 单…　Ⅱ. 曾…　Ⅲ. ①单片微型计算机-基础理论-高等学校:技术学校-教材②单片微型计算机-接口-高等学校:技术学校-教材
Ⅳ. TP368.1

中国版本图书馆 CIP 数据核字(2006)第 004609 号

责任编辑:毛　莹　朱晓颖/责任校对:何艳萍
责任印制:徐晓晨/封面设计:耕者设计工作室

科 学 出 版 社 出版
北京东黄城根北街 16 号
邮政编码:100717
http://www.sciencep.com

北京教园印刷有限公司 印刷
科学出版社发行　各地新华书店经销

*

2006 年 2 月第 一 版　　开本:B5(720×1000)
2017 年 2 月第八次印刷　　印张:23
字数:458 000

定价:59.80 元
(如有印装质量问题,我社负责调换)

高等职业教育人才培养创新教材出版工程

四川编委会

主任委员

陈传伟　成都电子机械高等专科学校副校长

副主任委员

汪令江　成都大学教务处长

李学锋　成都航空职业技术学院教务处长

季　辉　成都电子机械高等专科学校教务处长

林　鹏　中国科技出版传媒股份有限公司董事长

委　员

黄小平　成都纺织高等专科学校教务处长

凤　勇　四川交通职业技术学院教务处长

丁建生　四川工程职业技术学院教务处长

郑学全　绵阳职业技术学院教务处长

彭　涛　泸州职业技术学院教务处长

秦庆礼　四川航天职业技术学院学术委员会主任

谢　婧　内江职业技术学院教务处副处长

胡华强　中国科技出版传媒股份有限公司副总经理

出 版 说 明

为进一步适应我国高等职业教育需求的迅猛发展,推动学校向"以就业为导向"的现代高等职业教育新模式转变,促进学校办学特色的凝炼,高等职业教育人才培养创新教材出版工程四川编委会本着平等、自愿、协商的原则,开展高等院校间的高等职业教育教材建设协作,并与科学出版社合作,积极策划、组织、出版各类教材。

在教材建设中,编委会倡导以专业建设为龙头的教材选题方针,在对专业建设和课程体系进行梳理并达成较为一致的意见后,进行教材选题规划,提出指导性意见。根据新时代对高技能人才的需求,专门针对现代高等职业教育"以就业为导向"的培养模式,反映知识更新和科技发展的最新动态,将新知识、新技术、新工艺、新案例及时反映到教材中来,体现教学改革最新理念和职业岗位新要求,思路创新,内容新颖,突出实用,成系配套。

教材选题的类型主要是理论课教材、实训教材、实验指导书,有能力进行教学素材和多媒体课件立体化配套的优先考虑;能反映教学改革最新思路的教材优先考虑;国家、省级精品课程教材优先考虑。

这批教材的书稿主要是从通过教学实践、师生反应较好的讲义中经院校推荐,由编委会择优遴选产生的。为保证教材的出版和提高教材的质量,作者、编委会和出版社作出了不懈的努力。

限于水平和经验,这批教材的编审、出版工作可能仍有不足之处,希望使用教材的学校及师生积极提出批评和建议,共同为提高我国高等职业教育教学、教材质量而努力。

高等职业教育人才培养创新教材出版工程

四川编委会

2004 年 10 月 20 日

前　　言

目前,单片机作为微计算机的一个很重要的分支,应用非常广泛,发展迅速,由于其具有集成度高,处理能力强,可靠性高,价格低廉,体积小等特点,已被广泛地应用于工业控制、智能仪表、电子通信、机电一体化等各方面。对于电子、电气以及非电专业的高职高专学生——未来的工程技术人员来说,了解和掌握单片机的应用是非常必要的。

本书是专门针对高职高专非计算机专业的学生编写的教材,它包括了微机原理、汇编语言程序设计、单片机接口技术等方面的基础知识,并附有配套的实验指导书,通过本书进行学习与实践能较快地掌握单片机的原理及应用。

本书的编写宗旨是:精选理论内容,大量增加实用技术,从使用者的角度出发,以目前较为典型的 MCS-51 单片机为主要机型,通过 13 章的内容较全面、系统地讲解了单片微型计算机的原理、内部资源应用、接口技术以及程序设计方面的知识。为适应现代技术的发展,增加了目前单片机系统中应用广泛的串行总线和串行接口扩展技术,介绍了用 MCS-51 单片机模拟实现 SPI、I^2C 串行接口的原理和实例。为培养学生职业实践的能力,强化了单片机接口技术及应用方面的内容,增加了实际工程中常用的抗干扰技术、外围驱动电路、单片机仿真开发系统的应用等内容。本书力求做到理论精简,突出实用性。为突出高等职业教育以学生为本位的教育培训理念,每章讲述新知识前先提出学习目标,使学生明确本章的学习目标、知识重点,章节后面附有重点内容的归纳——小结、习题与思考,便于学生复习掌握新知识。

本书第一、二章由刘虹编写,第三至五、七、八、十章由曾一江编写,第六、十一章由傅林编写,第九、十二、十三章由李寿强编写,附录 A 由曾一江和陈宇锋共同编写。全书由宋兴华审稿。

由于编者水平有限,书中错误和不妥之处在所难免,恳请读者批评指正。

编　者

2005 年 7 月 20 日

目　　录

第一章　计算机基础知识

【学习目标】
(1) 了解：计算机的基本结构及工作原理。
(2) 理解：十进制、二进制、十六进制及 BCD 码间的相互转换。
(3) 掌握：原码、反码、补码的基本概念及它们在微机中的应用。

1.1　概　　述

1.1.1　计算机及单片机的发展

世界上第一台电子计算机是以 1946 年诞生的全真空管化电子数字积分器与计算器（ENIAC）为标志的，它是美国设计师埃克特（P. Eckert）和莫克利（W. Mauchly）在宾夕法尼亚大学制造成功的。

随着晶体管的发明，1958 年 IBM 公司宣布制成并投入商业化生产的全晶体管化的计算机，开始了以晶体管为逻辑元件的第二代计算机的发展时期。

集成电路的问世，又很快被应用于计算机的制造。以集成电路取代分立元件，开始了第三代计算机的发展历程。这个阶段是以 1964 年 IBM 公司宣布 IBM360 系列计算机问世为起点的。

进入 20 世纪 70 年代，微电子技术取得了巨大成就，大规模集成电路和微处理器应运而生。它们给计算机发展注入新的活力，计算机开始了大规模集成电路的时代——第四代计算机。

如今，计算机系统正朝着巨型化、单片化、网络化这三个方面发展。所谓单片机是利用大规模集成电路技术把中央处理单元（即微处理器 CPU）、数据存储器（RAM）、程序存储器（ROM）以及输入输出接口集成在一块芯片上，构成的芯片级计算机。自 1971 年微处理器研制成功后，不久就出现了单片微型计算机。特别是 1976 年 Intel 公司推出的 MCS-48 系列八位单片机，以其体积小、功能全、价格低等特点赢得了广泛的应用。

在 MCS-48 成功的激励下，许多半导体公司和计算机公司竞相研制和开发自己的单片机系列，到了 20 世纪 80 年代初，单片机已发展到了高性能阶段，期间推出的典型产品如 Intel 公司的 MCS-51 系列、Motorola 公司的 6801 和 6802 系列等。

　　尽管目前单片机品种繁多，但其中最具典型性的当数 Intel 公司的 MCS-51 系列。它具有品种全、兼容性强、软硬件资源丰富的特点，因此应用较为广泛，成为继 MCS-48 之后最重要的单片机品种。直到现在，MCS-51 仍不失为一种单片机的主流芯片。

　　在 8 位单片机之后，16 位、32 位的单片机也有很大的发展。如今单片机种类繁多，很多产品还具有看门狗、脉宽调制输出、A/D、D/A、Flash RAM、EEPROM 等各种功能和外设。如 Atmel 出产的 AVR 单片机为高性能的 RISC 单片机，具有很高的性价比，这些产品各具特色，为单片机的应用提供了广阔的天地。

1.1.2　单片机应用

　　单片机具有以下特点：

　　（1）小巧灵活、成本低，易于产品化。它能方便地组装成各种智能化的控制设备及各种智能仪器仪表。

　　（2）面向控制，能针对性地解决从简单到复杂的各类控制任务，因而能获得最佳的性能价格比。

　　（3）抗干扰能力强，适应温度范围宽，在各种恶劣的环境条件下都能可靠地工作，这是其他机种无法比拟的。

　　（4）可以很方便地实现多机和分布控制。使整个控制系统的效率和可靠性大为提高。

　　单片机具有体积小、功耗低、价格便宜等优点，近年来还开发了一些以单片机母片为核（如 80C51），在片中嵌入更多功能的专用型单片机（或者叫专用微控制器），因此单片机在计算机控制领域中应用越来越广泛。

　　在国内，经过十几年的发展，目前单片机已成功地应用在智能仪表、机电设备、过程控制、数据处理、自动检测、专用设备的智能化和家用电器等各个方面。

　　单片机的应用意义不仅限于它的广阔范围及所带来的巨大的经济效益。更重要的意义还在于单片机的应用正从根本上改变着传统的控制系统设计思想和设计方法。从前必须由模拟电路或数字电路实现的大部分功能，现在已能使用单片机通过软件的方法实现。这种以软件取代硬件并提高系统性能的控制技术，称之为微控制技术。微控制技术标志着一种全新概念的出现，是对传统控制技术的一次革命。随着单片机应用的推广和普及，微控制技术必将不断发展，日益完善。

1.1.3　单片机与嵌入式系统

　　单片机在出现时，Intel 公司就给其单片机取名为嵌入式微控制器（embedded microcontroller）。单片机最明显的优势，就是可以嵌入到各种仪器、设备中。所有带有数字接口的设备，如手表、微波炉、录像机、汽车等，都可使用嵌入式系统。

为了区别于通用计算机系统，把嵌入到对象体系中，实现对象体系智能化控制的计算机称作嵌入式计算机系统。嵌入式系统的嵌入性本质是将一个计算机嵌入到一个对象体系中去，以应用为中心、以计算机技术为基础，软、硬件可裁剪，适应应用系统对功能、可靠性、成本、体积、功耗等严格要求的专用计算机系统。

嵌入式系统一般由以下几部分组成：

（1）嵌入式微处理器。嵌入式微处理器与通用 CPU 最大的不同在于嵌入式微处理器大多工作在为特定用户群所专用设计的系统中，它将通用 CPU 许多由板卡完成的任务集成在芯片内部，从而有利于嵌入式系统在设计时趋于小型化，同时还具有很高的效率和可靠性。

目前全世界嵌入式微处理器已经超过 1000 多种，体系结构有 30 多个系列，其中主流的体系有 ARM、MIPS、PowerPC、X86 和 SH 等。但与全球 PC 市场不同的是，没有一种嵌入式微处理器可以主导市场，嵌入式微处理器的选择是根据具体的应用而决定的。

（2）内存及外围硬件设备。包括存储器、通用设备接口和 I/O 接口存储器。

嵌入式系统的存储器包含 Cache、主存和辅助存储器。Cache 容量小、速度快，微处理器尽可能从 Cache 中读取数据，使处理速度更快、实时性更强。主存是嵌入式微处理器能直接访问的寄存器，用来存放系统和用户的程序及数据。辅助存储器存放大数据量的程序代码或信息，容量大，但读取速度慢，用来长期保存用户的信息。嵌入式系统中常用的外存有：硬盘、NAND Flash、CF 卡、MMC 和 SD 卡等。

嵌入式系统和外界交互需要一定形式的通用设备接口来实现输入/输出功能。目前嵌入式系统中常用的通用设备接口有 A/D、D/A，I/O 接口有 RS-232 接口（串行通信接口）、Ethernet（以太网接口）、USB（通用串行总线接口）、音频接口、VGA 视频输出接口、I^2C（片间总线）、SPI（串行外围设备接口）和 IrDA（红外线接口）等。

（3）嵌入式操作系统。嵌入式操作系统负责嵌入式系统的全部软、硬件资源的分配、任务调度，控制、协调并发活动。它能够通过装卸某些模块来达到系统所要求的功能。嵌入式操作系统在系统实时高效性、硬件的相关依赖性、软件固化及应用的专用性等方面具有较为突出的特点。

（4）特定的应用程序。嵌入式系统具有系统内核小、专用性强、系统精简、系统软件高实时性、多任务的操作系统、系统开发需要开发工具和环境等典型特点。

嵌入式系统技术具有非常广阔的应用前景，主要应用在工业控制、交通管理、信息家电、家庭智能管理系统，POS 网络及电子商务、环境监测、机器人等领域。

1.2　计算机的数制和码制

本节主要介绍计算机中有关数值运算的基础知识，如进位计数制、不同进制之间的转换、数与字符的编码方法以及数的符号与小数点的表示方法等。

1.2.1　二进制、十六进制和十进制之间的相互转换

在日常生活中，人们采用各种进位计数制。例如，十进制，十二进制（1 年 ＝12 个月）、六十进制（1min＝60s）等。其中最为熟悉和常用的是十进制，然而在计算机中通常不采用十进制，而是采用二进制。这是因为二进制数容易实现，而且运算简单、可靠。

考虑到这部分内容有些已在先修课中学过，因此，我们主要通过对比与举例的方法来进行介绍。

1. 二进制数

1）二进制的特点

二进制数有以下两个主要特点：

（1）它有且只有两个不同的数字符号，即 0 和 1。

（2）低位向高位的进位是逢二进一。

二进制是基数为 2 的进制计数法，其各位上的数值（权）分别为 2^n、…、2^1、2^0…2^{-m}。

2）二进制数与十进制数的转换

将二进制数按位加权求和可以将其转换为十进制数。

【例 1-1】　　$(101.1)_2 = 1 \times 2^2 + 0 \times 2^1 + 1 \times 2^0 + 1 \times 2^{-1}$
$$= (4+1+0.5)_{10} = (5.5)_{10}$$

将一个十进制数转换为二进制数可采用"凑数法"，即将十进制数分解为 2^n 之和的形式，再按位取值。

【例 1-2】　　$(115)_{10} = 64+32+16+2+1$
$$= 2^6+2^5+2^4+2^1+2^0 = (1110011)_2$$

2. 十六进制数

当数字较大时使用二进制数，书写阅读很容易出错，记忆又困难。因此，通常采用八进制或十六进制来作为二进制的缩写。在微计算机中，目前通常采用字长为 8 位，这恰巧可用 2 位十六进制表示，因此十六进制应用十分普遍，它已成为微处理器工业的标准。

1) 十六进制数的特点

(1) 有 16 个不同的数码，分别是 0、1、2、3、4、5、6、7、8、9、A、B、C、D、E、F。

(2) 数位之间是逢十六进一。

【例 1-3】 $(4AC.5E)_{16} = 4 \times 16^2 + 10 \times 16^1 + 12 \times 16^0 + 5 \times 16^{-1} + 14 \times 16^{-2}$
$$= (1197.1875)_{10}$$

即十六进制就是基数为 16 的进制计数法，它的各数位上的权值分别为：$16^n，\cdots，16^1，\cdots，16^{-m}$。表 1-1 列出了部分十进制、十六进制和二进制的对照关系。

表 1-1　十进制、十六进制和二进制对照表

十进制	十六进制	二进制	十进制	十六进制	二进制
0	0	0	8	8	1000
1	1	1	9	9	1001
2	2	10	10	A	1010
3	3	11	11	B	1011
4	4	100	12	C	1100
5	5	101	13	D	1101
6	6	110	14	E	1110
7	7	111	15	F	1111

2) 十六进制与二进制之间的转换

由于 4 位二进制数正好表示数 0～15，即一个十六进制数与 4 位二进制数是完全一一对应的，因此十六进制数与二进制数间的转换十分简单。如果要将十六进制数转换成二进制数，可将每一位十六进制数转换成相应的 4 位二进制数。如要将二进制数转换成十六进制数，则以小数点为基准，向左、右以每 4 位二进制数为一组（不够 4 位的添 0，补足 4 位），然后将每 4 位二进制数用相应的 1 位十六进制数表示。

【例 1-4】 将 12F.7B 转换成二进制数。

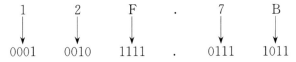

所以
$$(12F.7B)_{16} = (100101111.01111011)_2$$

【例 1-5】 将 101011.0110111 转换成十六进制。

0010	1011	.	0110	1110
2	B	.	6	E

所以
$$(101011.0110111)_2 = (2B.6E)_{16}$$

【说明】　为了方便区别不同的数制，在计算机系统中约定：二进制以 B（binary）作为后缀；八进制以 O（octal）作为后缀；十六进制以 H（hexadecimal）作为后缀；十进制以 D（decimal）作为后缀，也可不加后缀。例如，24H、101B、135D 分别表示十六进制、二进制、十进制。另外，还规定十六进制以字母开头时，为避免与其他数符相混淆，在字母前面加一个数字 0。例如，B9H 应写为 0B9H。

3. 几个计算机术语

字：是作为一个单元对待的一组二进制数，它是计算机中信息使用的基本单元。一个字所包含的二进制数位数，称为它的字长，8 位微处理器的字长为 8，16 位微处理器的字长为 16。

字节：8 位二进制数看成一个字节。16 位微处理器中的一个字，由 2 个字节组成。

D7						D0

1.2.2　二进制编码

由于计算机不但要处理数字计算问题，而且还要处理大量的非数字计算问题，且计算机只能识别和处理二进制，因此，不论是十进制数还是英文字母，以及某些专用符号在计算机中都必须采用二进制代码表示。

1. 二进制编码的十进制数

（1）8421　BCD 码。

计算机中，十进制数除了可转换成二进制数外，还可用二进制数对其进行编码，使它既有二进制的形式又有十进制的特点，即二进制编码的十进制（binary-coded decimal，BCD），这就是所谓的 BCD 码。BCD 码与十进制数的对照关系见表 1-2，即用四位二进制数表示一位十进制数。

表 1-2　8421 BCD 码

十进制数	BCD 码	十进制数	BCD 码
0	0000	6	0110
1	0001	7	0111
2	0010	8	1000
3	0011	9	1001
4	0100	10	0001　0000
5	0101	11	0001　0001

四位二进制数各位的权从左到右分别为 2^3、2^2、2^1、2^0，即 8、4、2、1，所以称之为 8421 BCD 码。其中，1010～1111 不允许出现在 BCD 码中（即非法的 BCD 码）。

【例 1-6】　将十进制数 84.7 转换成 BCD 码

$$(84.7)_{10} = (1000\ 0100.0111)_{BCD}$$

【例 1-7】　将 BCD 码 1001 0101.0110 0010 转换成十进制数

$$(1001\ 0101\ .0110\ 0010)_{BCD} = (95.62)_{10}$$

（2）二-十进制调整。

BCD 码看似二进制，实际上为十进制，每组之间仍是"逢十进一"。若将 BCD 码交给计算机运算，由于计算机总是把数看成二进制来处理，因而计算结果可能出错。见例 1-8～例 1-10。

【例 1-8】　$7+6=13=(0001\ 0011)_{BCD}$

```
    0111
 +  0110
 ─────────
    1101   非法的 BCD 码
```

【例 1-9】　$9+8=17=(0001\ 0111)_{BCD}$

```
    1001
 +  1000
 ─────────
   10001   错误的 BCD 码
```

【例 1-10】　$4+3=7=(0111)_{BCD}$

```
    0100
 +  0011
 ─────────
    0111   正确
```

由例 1-8～例 1-10 可见，两数和的结果在 10 以内不会出错，结果超过 9 或产生进位就会出错，这是因为 BCD 码是"逢十进一"，而四位二进制是"逢十六进一"。10 与 16 相差 6，为了由 10 得到一个进位，需将 BCD 码的和再加 6，以帮助产生一个进位。

【例 1-11】　$48+68=116$

```
     0100  1000
  +  0110  1000
 ───────────────
     1011  0000    高位大于 9，低位大于 16
  +  0110  0110    均加 6 修正
 ───────────────
   1 0001  0110
   1  1     6
```

二-十进制调整法则：

两 BCD 码（4 位二进制一组）的和大于 9 或产生进位，则需加 6 修正。

通常计算机中，都设置有 BCD 码调整电路，机器执行一条十进制调整指令，就自动对 BCD 码的和进行修正。

2. 字符的 ASCII

由于微机需要进行非数值处理（如指令、数据的输入、文字的输入和处理），必须对字母文字及专用符号进行编码，微机系统的编码多采用美国信息交换标准码（American Standard Code for Information Interchange，ASCII）。ASCII 表（如附录 B 所示）中共有 128 个 ASCII 码，其中包括英文大小写字母、数字符号、运算符等。一个 ASCII 是由 7 位二进制代码组成，前 3 位二进制表示字符在 ASCII 表中的列号，后 4 位表示行号（最高位 D_7 未用，一般情况下取 0）。例如，A 的 ASCII 为

$$\underline{100} \qquad \underline{0001}$$
$$列号 \qquad 行号$$

也可缩写为 41H。

1.2.3　带符号数的定点表示法

前面提到的二进制数，没有提到符号问题，故是一种无符号数。但在计算中数显然是有正负的，那么符号是怎么表示的呢？如果有小数，小数点的位置又该如何决定呢？这是我们要讨论的问题。

1. 数的表示法及符号位

在计算机中通常用一个数的最高位来表示符号位。若为 8 位计算机，则最高位 D7 为符号位，D6～D0 位为数值位。符号位用"0"表示正，用"1"表示负。

D7	D6	D5	D4	D3	D2	D1	D0

例如

$$X = (00001101)_2 = +13$$
$$Y = (10001101)_2 = -13$$

根据小数点的表示方法不同，可分为定点表示法和浮点表示法。

1）定点表示法。

小数点的位置固定不变。可表示为整数、纯小数、混合小数。用混合小数表示时，小数点的位置根据需要固定在数值中的某一位置。

（1）整数。

数符	数值

（2）纯小数。

数符	数值

（3）混合小数。

数值	D6，…，D0

2）浮点表示法。

小数点的位置是浮动的。它采用 MC^e 的形式来表示。其中 M 称为尾数，它一般取纯小数（$0 \leqslant M < 1$），e 为阶码，它是指数部分，它的基为 C。C 一般取 2，就如十进制的科学计数法，将 0.00512 记为 0.512×10^{-2} 一样。浮点数的 M 数值位数决定了浮点数有效字位数，尾数根据计算机所需的精度，取 2～4 字节。常用的浮点数可用三字节或四字节表示。

三字节的浮点数表示如下：第一字节的最高 2 位二进制表示数符和阶符，6 位表示阶码，后 2 个字节表示尾数。

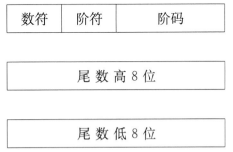

数符	阶符	阶码

尾 数 高 8 位

尾 数 低 8 位

由此可见数值的正负号在计算机中已数码化了，而小数点并未数码化，它是通过在计算机中的位置，或选择不同的记录方法把它表示出来。以下主要讨论定点表示法。

2. 原码、反码和补码

在数的定点表示法中，除了数符规定用"0"表示正，用"1"表示负而外，根据数值部分的表示方法不同，在计算机中带符号的数又有三种不同表示方法，即：原码、反码和补码。在这之前我们先介绍一下机器数和真值两个概念。

数的符号在计算机中已数码化了，即从表示形式上看符号位与数值位毫无区别。

设有两个数 N_1 和 N_2

$$N_1 = + 1011011B, \qquad N_2 = - 1011011B$$

它们在计算机中分别表示为

$$N_1 = 01011011B, \qquad N_2 = 11011011B$$

为了区别这两种形式，我们把计算机中以编码表示的数称为机器数（如 $N_1 = 01011011B$），而把一般的书写形式表示的数称为真值（如 $N_1 = +1011011B$）。

1）原码。

原码是指仅用"0"及"1"分别表示"＋"、"－"，而数值部分不变的二进制数。

若 $X = \pm X_1 X_2 \cdots X_{n-1}$，则

$$[X]_{原}=X_0X_1X_2\cdots X_{n-1}=\begin{cases} 0X_1X_2\cdots X_{n-1} & \text{（当 } X\geqslant 0 \text{ 时）} \\ 1X_1X_2\cdots X_{n-1} & \text{（当 } X\leqslant 0 \text{ 时）} \end{cases}$$

其中，X_0 为原码的符号位。

【例 1-12】　若 $X=+1001010$，则 $[X]_{原}=01001010$；若 $X=-0111010$，则 $[X]_{原}=10111010$。

根据定义可知，0 的原码表示法有两种形式

$$[+0]_{原}=000\cdots 0, \qquad [-0]_{原}=100\cdots 0$$

数的原码简单、直观，与真值转换方便，但它却使机器进行加减运算变得复杂了。因为，机器在进行加减运算时，首先应进行符号判别，再决定实际应作加或减，最后再定出结果的符号。这样计算过程较复杂。为了解决此问题，就引入了数的补码，它可以使正、负数的加、减运算简化为单纯的相加运算。而为求补码方便，引入了反码的概念。

2）反码。

正数的反码与原码相同，负数的反码为在其原码的基础上，符号位不变，其余位按位求反。

若 $[X]_{原}=0X_1X_2X_3\cdots X_{n-1}$，　　则 $[X]_{反}=[X]_{原}$。

若 $[X]_{原}=1X_1X_2X_3\cdots X_{n-1}$，　　则 $[X]_{反}=1\overline{X_1}\ \overline{X_2}\ \overline{X_3}\cdots \overline{X_{n-1}}$。

由于 0 的原码有两种形式，因而它的反码也有两种形式

$$[+0]_{反}=000\cdots 0 \qquad [-0]_{反}=111\cdots 1$$

【例 1-13】　设 $X=+1110100B$，试求 $[X]_{反}$。

$[X]_{原}=01110100$

$[X]_{反}=01110100$

【例 1-14】　设 $X=-1001101B$，试求 $[X]_{反}$。

$[X]_{原}=11001101$

$[X]_{反}=10110010$

3）补码。

为了引入补码，我们先介绍同余的概念，再介绍补码及补码的求法。

（1）同余的概念和补码。

设有两个数 $a=6$，$b=16$，若用 10 去除 a 与 b，余数均为 6，则称 a 和 b 在 10 为模时是同余的。或者说在以 10 为模时，a 和 b 是同余的，或者说是相等的，记为

$$6=16 \qquad (\text{mod}\quad 10)$$

这里所说的模，相当于一个计数器的容量，模为 10 相当于一个 1 位的十进制的计数器，它只能记下 0～9 这 10 个数，计数值大于 10 时，十位数自然丢失。若设模为 M，则下式成立

$$a + M = a \qquad (\text{mod} \quad M)$$

因此，当 a 为负数时，如 $a = -4$，在以 10 为模时，有

$$-4 + 10 = -4 \qquad (\text{mod} \quad 10)$$
$$6 = -4 \qquad (\text{mod} \quad 10)$$

即在以 10 为模时，-4 和 6 是相等的。我们称 6 为 -4 的补码。有了补码的概念，就可把减法转变为加法。例如

$$7 - 4 = 7 + 6 \qquad (\text{mod} \quad 10)$$
$$3 = 13 \qquad (\text{mod} \quad 10)$$

为了进一步理解利用补码变减为加的道理，我们以校对时钟（图 1-1）为例，若要将时钟由 9 点拨到 7 点，可以采用两种方法。

倒拨 2h　　$9 - 2 = 7$　(mod　12)

顺拨 10h　　$9 + 10 = 7$　(mod　12)

　　　　　　$19 = 7$　(mod　12)

图 1-1　校钟

即 19 点就是 7 点，因为时钟的模为 12，大于 12 的数记不下来。此处的 10 为 -2 的补码（在模为 12 时），即减 2 可以通过加其补码 10 来代替，-2 的补码 10 是通过下式求得的

$$-2 + 12 = -2 \qquad (\text{mod} \quad 12)$$
$$10 = -2 \qquad (\text{mod} \quad 12)$$

由此可得出结论：一个负数的补码等于模加上该数。现在把同余和补码的概念推广，来考虑计算机上的定点数。假设它的字长为 n，则它能记下 n 位全 0～全 1（n 位全为 1 的二进制数等于 $2^n - 1$）共 2^n 个无符号的二进制数，那么它的模就为 2^n，相当于一个计数器的容量为 2^n。因此，一个字长为 n 的二进制数的补码为

$$[X]_{补} = 2^n + X \qquad (\text{mod} \quad 2^n)$$

其中，X 代表二进制数的真值。由上式可知，当 X 为正数时，$[X]_{补} = X$（因为 $X + 2^n = X$ 当模为 2^n 时）；当 X 为负数时，$[X]_{补} = 2^n + X = 2^n - |X|$，即负数的补码等于模 2^n 加上其真值，或减去其真值绝对值。例如

$$X = -1010111B, \quad n = 8$$

则

$$[X]_{补} = 2^8 + (-1010111) = 100000000 - 1010111 = 10101001$$

（2）求补码的方法。

根据前面的介绍可知，正数的补码与原码及反码相同。下面介绍求负数补码的两种方法。

① 根据真值求补码。

根据前面的介绍，根据真值求补码可按下式进行

$$[X]_{补}=2^n+X=2^n-|X|$$

即负数的补码等于 2^n（模）加上其真值或减去其真值的绝对值。

② 根据原码及反码求补码。

可以证明负数的补码等于其反码加一。所以负数的补码可用下式表示。设

$$[X]_{原}=1X_1X_2X_3\cdots X_{n-1},$$

则

$$[X]_{补}=[X]_{反}+1=1\,\overline{X_1}\;\overline{X_2}\;\overline{X_3}\cdots\overline{X}_{n-1}+1$$

即负数的补码等于其反码加 1。

【例 1-15】　设 $X_1=-1010111$，$X_2=-0001000$，$X_3=+1010111$，试求它们的反码、补码。

$[X_1]_{原}=11010111$，$[X_2]_{原}=10001000$，

$[X_1]_{反}=10101000$，$[X_2]_{反}=11110111$

$[X_1]_{补}=10101001$，$[X_2]_{补}=11111000$

$[X_3]_{补}=[X_3]_{原}=[X_3]_{反}=01010111$

下面我们把部分十进制数及其对应的二进制数、原码、反码和补码的表示归纳如表 1-3 所示，其中原码、反码和补码均采用 8 位二进制表示。

表 1-3　数的表示方法

十进制数	二进制数	原　码	反　码	补　码
+0	+0000000	00000000	00000000	00000000
+1	+0000001	00000001	00000001	00000001
+2	+0000010	00000010	00000010	00000010
⋮	⋮	⋮	⋮	⋮
+126	+1111110	01111110	01111110	01111110
+127	+1111111	01111111	01111111	01111111
−0	−0000000	10000000	11111111	00000000
−1	−0000001	10000001	11111110	11111111
−2	−0000010	10000010	11111101	11111110
⋮	⋮	⋮	⋮	⋮
−126	−1111110	11111110	10000001	10000010
−127	−1111111	11111111	10000000	10000001
−128	−10000000	无法表示	无法表示	10000000

由表中可见，三种编码的最高位都表示符号位，一个正数的原码、反码和补码表示相同，而负数的三种编码表示不同。所以，原码、反码和补码的实质是用来解决负数在机器中的表示。一个 8 位的二进制数原码、反码和补码所能表示的数值范围分别是：$-127\sim+127$，$-127\sim+127$，$-128\sim+127$。

（3）补码的运算。

采用补码后两数的加减运算可简化为补码的加法运算，而不用减法，且符号位可与数值位一同参加运算，不必专门考虑它们的正负号。

① 加法运算。

采用补码后，两数 X、Y 相加时，只要将 X 的补码与 Y 的补码相加，无论 X、Y 为负或正都能得到正确的两数和的补码。即

$$[X]_补 + [Y]_补 = [X+Y]_补$$

下面我们通过具体的例子，来说明上述结论的正确性。设

$$X_1 = +0001010, \qquad X_2 = -0001010$$
$$Y_1 = +0000101, \qquad Y_2 = -0000101$$
$$[X_1]_补 = 00001010, \quad [X_2]_补 = 11110110$$
$$[Y_1]_补 = 00000101, \quad [Y_2]_补 = 11111011$$

【例 1-16】　同号相加：$X_2 + Y_2$。

a. 真值运算，同为负，做加法

```
    -0001010  X₂
+   -0000101  Y₂
―――――――――――――
    -0001111  X₂+Y₂
    11110001  [X₂+Y₂]补
```

b. 补码相加

```
     11110110  [X₂]补
+    11111011  [Y₂]补
――――――――――――――
 1   11110001  [X₂]补+[Y₂]补=[X₂+Y₂]补
```

【例 1-17】　异号相加：$X_1 + Y_2$。

a. 真值运算，符号相异，做减法

```
     0001010  X₁
-    0000101  Y₂
――――――――――――
+    0000101  X₁+Y₂
```

b. 补码相加

```
     00001010  [X₁]补
+    11111011  [Y₂]补
――――――――――――――
 1   00000101  [X₁]补+[Y₂]补=[X₁+Y₂]补
```

在补码运算中产生的进位 ①由于没法保存而丢掉不管，结果正好为所求的两数相加的补码。由此可见，引入补码后，只要做加法运算就可实现两个同号数或者

两个异号数的相加运算，而不必在进行一系列的逻辑判断后，再决定作加或作减。

　　② 减法运算。

　　若有 X、Y 两数相减，则可通过将 $[X]_补$ 与 $[-Y]_补$ 相加来实现，而不必根据 X、Y 本身的符号，来决定作加还是作减，即

$$[X]_补 + [-Y]_补 = [X-Y]_补$$

而 $[-Y]_补$ 可由 $[Y]_补$ 连同符号位一起"求反加一"而得，我们将连同符号位一起"求反加一"的过程称为求补。于是减法运算可以通过将减数求补相加来实现。例如

$$[Y_1]_补 = 00000101, \qquad [Y_2]_补 = 11111011$$
$$[-Y_1]_补 = 11111011, \quad [-Y_2]_补 = 00000101$$

【例 1-18】　同号相减 $X_1 - Y_1$。

a. 同为正作减

$$
\begin{array}{r}
0001010 \quad X_1 \\
- \quad 0000101 \quad Y_1 \\
\hline
0000101 \quad X_1 - Y_1
\end{array}
$$

b. $[-Y_1]_补 = 11111011$

$$
\begin{array}{r}
00001010 \quad [X_1]_补 \\
+ \; 11111011 \quad [-Y_1]_补 \\
\hline
\boxed{1}\,00000101 \quad [X_1]+[-Y_1]_补 = [X_1-Y_1]_补
\end{array}
$$

【例 1-19】　异号相减 $X_1 - Y_2$。

a. 异号相减作加

$$
\begin{array}{r}
0001010 \quad X_1 \\
+ \quad 0000101 \quad Y_2 \\
\hline
+ \quad 0001111 \quad X_1 - Y_2
\end{array}
$$

b. $[-Y_1]_补 = 00000100$

$$
\begin{array}{r}
00001010 \quad [X_1]_补 \\
+ \; 00000101 \quad [-Y_2]_补 \\
\hline
00001111 \quad [X_1]_补 + [-Y_2]_补 = [X_1-Y_2]_补
\end{array}
$$

　　综上所述，计算机中带符号数采用补码表示以后，两数的加减法运算简化为单纯的加法运算，且符号位与数值位同等对待，这样机器实现起来比较容易。所以计算机中的带符号数一般都用补码表示。要注意的是运算的结果也是由补码表示的，欲得真值需转换。

　　【注意】　已知补码要求其原码的方法是，在其补码的基础上再求一次补码。

③ 运算的溢出。

计算机的字长是一定的。例如，8 位二进制数的补码所能表示的数值范围是
−128～+127。如果运算的结果超过补码表示的最大范围，则运算结果就会出
错，或称运算结果溢出了。

【例 1-20】　　63+66=129。

```
  00111111  +63
+ 01000010  +66
─────────
  10000001  负数
```

−126−8=−134

```
    10000010  [−127]补
  + 11111000  [−8]补
  ─────────
1 01111010  正数
```

两正数相加结果变成了负数，两负数相加结果变成了正数，显然结果出错，
这是由于结果超过了 8 位带符号数补码的表示范围，产生溢出的结果。

计算机判断溢出是通过 D6 和 D7 位产生的进位来判断，当这两个进位信号
的异或结果为 1 时表示有溢出，反之则没有。

1.3　模型计算机

为使初学者在较短的时间内建立起一个计算机的组成及工作原理的概貌，我
们首先介绍一种模型计算机，为今后的学习打下基础。

1.3.1　微计算机的组成

微计算机的硬件系统由运算器、控制器、存储器、输入和输出设备五大部分
组成，由于大规模集成电路的发展，通常将计算机中的控制器和运算器集成在一
个芯片上，称为微处理器，又称中央处理单元；而把微处理器、存储器和输入/
输出接口合在一起称为计算机的主机。另外，一般把输入及输出设备统称为外
设，把输入/输出接口电路简称为 I/O 接口电路。目前输入/输出接口电路和存
储器一样，均能以大规模集成电路实现。

$$
微计算机（硬件）\begin{cases} \begin{rcases} \begin{rcases} 运算器 \\ 控制器 \end{rcases} CPU \\ 存储器 \\ I/O 接口 \end{rcases} 主机 \\ 外设 \end{cases}
$$

　　这样以微处理器为核心加上存储器、输入/输出接口和外设，通过系统总线（地址总线、数据总线、控制总线）所组成的计算机称为微机，其结构框图见图 1-2。

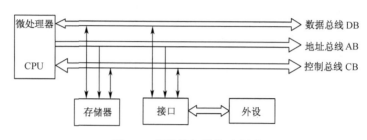

图 1-2　微计算机结构示意图

1. 总线结构

　　微计算机的三个主要部件，微处理器 CPU、存储器及输入/输出接口电路，它们之间是通过系统总线连接起来的。

　　系统总线有三种：地址总线、数据总线和控制总线。CPU 通过地址总线输出地址用来选择某一存储单元或某一输入/输出接口；数据总线用于上述三部件之间传送数据；而控制总线是用来传送自 CPU 发出的或者送至 CPU 的控制信息与状态信息的。

　　总线的示意图如图 1-2 所示。总线是由一束多根的导线组成的信息公共流通线。它有多个发送端，多个接收端。它采取的工作方式是每次只能向一个发送端发送，而允许多个接收端同时接收。

　　总线上挂着多个存储器芯片及 I/O 接口芯片，各部件之间的信息交换都是通过总线进行的，为了避免总线冲突，要求各部件通过三态门挂在总线上，任一时刻 CPU 只能同某一确定的部件交换信息。

　　采用总线结构的优点：

　　① 可以减少机器中信息传送线的根数，从而提高机器的可靠性。

　　② 可以方便地对存储器及 I/O 接口芯片进行扩展。

　　当然这些优点是以发送端的串行（分时）发送即牺牲速度为代价而换取的。

2. 存储器

　　存储器是计算机中的记忆部件，是由许多存储单元组成。它在计算机工作过程中起着保存计算程序、原始数据，中间结果及最后结果的作用。每一个存储单元对应一个地址（二进制编号）。

　　存储器的示意如图 1-3，设其地址码为 3 位二进制，每单元可存放 8 位二进制数。当要把一个数据存入某一存储单元，或从某个存储单元取出数据时，控制器首先要（通过 AB 总线）给出地址，选中某一存储单元，然后根据存入或取出操作分别（通过 CB 总线）发出"写"或"读"的命令，再通过数据总线（DB）读、写数据。

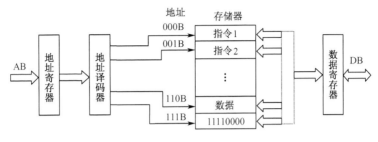

图 1-3　存储器示意图

　　存储器存放或取出一个代码所需的时间叫存取周期，而存储单元的数目称为存储容量。存储容量一般用单元数（W）×每单元的位数（n），即 Wn 来表示，存储器地址码的位数（N），与存储单元的单元数（W）的关系为：$W=2^N$。通常将 2^{10} 个存储单元称为 1K。

地址码位数	存储单元数
$N=8$	$W=2^8=256$
$N=10$	$W=2^{10}=1024=1K$
$N=16$	$W=2^{16}=2^6 \times 2^{10}=64K$

　　在微计算机中一般根据存储器被安排在主机的内部或外部的不同，而分为内存储器和外存储器。前者容量小，速度快，直接与 CPU 打交道，常用的是半导体存储器，半导体存储器又可分为读写存储器 RAM（用于存放数据）和只读存储器 ROM（用于存放程序）；而外存储器的容量大，速度慢，信息可以长期保存，通过接口与 CPU 打交道，常用的有磁盘、光盘、闪存等。

　　3. 微处理器 CPU

　　它是运算器和控制器的合称，具有运算和控制的功能。（具体而言，是进行从存储器中取出指令，分析并执行所规定的操作。）它既进行具体的运算，又指挥整个计算机使之协调工作。微处理器的结构框图如图 1-4 所示。

　　（1）运算器。

　　它是由算术逻辑单元 ALU、累加器 A、工作寄存器、程序状态字寄存器 PSW 等组成。

　　ALU 由加法器、BCD 码修正电路等组成。运算器的功能（算术、逻辑运算）主要由 ALU 完成。累加器 A 用于提供一个操作数，并存放结果；工作寄存器用于暂存地址或数据，与存储器功能类似，只是它集成在 CPU 的内部，速度快，大多数操作运算都通过寄存器进行；程序状态字寄存器 PSW 用于保存 ALU

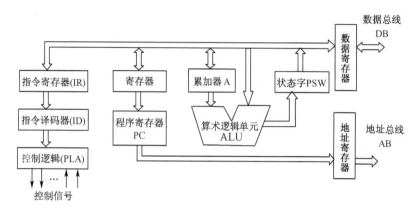

图 1-4　CPU 结构图

操作的状态标志，如结果是否溢出，是否有进位等。对于不同的微处理器，PSW 的格式不同，标志位的含义也不相同，但 PSW 很重要，它的某些位作为条件转移的"条件"。

（2）控制器。

控制器包括程序计数器（PC）、指令寄存器（IR）、指令译码器（ID）、控制逻辑部件（PLA）组成。它是计算机的控制、指挥中心。它根据人们预先编好的程序，依次从程序存储器中取出各条指令，存放在指令寄存器中，通过指令译码器分析译码，确定应进行什么操作，然后通过控制逻辑在确定的时间内，向确定的部件发出确定的控制信号，使运算器和控制器的各部件能自动而协调地完成指令规定的操作。

控制寄存器中的各部件的功能可以简单地归纳如下：

指令寄存器：寄存从程序存储器取来的指令。

指令译码器：用来对指令进行分析，确定做什么操作。

控制逻辑部件：根据对指令的译码分析，发出一系列相应的节拍脉冲和电平（控制信号）去完成该指令的所有操作。

程序计数器：用于存放将要执行的下一条指令的地址。即由它提供一个程序存储器的地址，按此地址从相应的单元中取出指令来执行。每执行一条指令，PC 自动加一，指向下一个单元，即指向下一条将要执行的指令，为取下一条指令作准备。

4. 输入/输出接口电路

输入/输出设备（外设）如键盘、发光二极管显示器（LED）、显像管字符显示器（CRT）、打印机、A/D、D/A 等。由于其本身的复杂多样性，特别是速度比 CPU 低得多，所以不能直接与 CPU 相连，而必须提供接口与 CPU 相连。接口电路起着隔离、变换和锁存的作用，以保证信息和数据在外设与 CPU 之间正常传送。

1.3.2 微计算机的工作过程

计算机只能识别和处理二进制代码，也只能执行二进制代码形似的"机器语言"，用机器语言编写的程序称为目标程序。然而用机器语言来编程，对人们来说是十分烦琐和容易出错的。为克服这种缺点，常用助记符（英文的缩写）来编制程序，这种用助记符编制的程序叫做汇编语言程序（即源程序），这种程序便于人们记忆和交流。但机器不能直接识别，因此在交付计算机执行前，必须把它翻译成机器语言的目标程序。这个过程称为汇编。汇编工作可由计算机通过汇编程序自动完成，也可由手工查表完成，其过程如图 1-5 所示。

图 1-5　汇编过程

下面举例说明程序执行的过程：

【例 1-21】　计算 5+4＝？

（1）用汇编语言编写源程序。

```
MOV A，#05  ；(A)←5
ADD A，#04  ；(A)←(A)+4
```

（2）汇编成机器代码（目标程序），如表 1-4 所示。

表 1-4　指令表

序号	名称	助记符	机器语言指令		说　明
			二进制	十六进制	
1	将立即数取入累加器	MOV A，#05	01110100	74H	双字节指令，它规定将第二字节的数 5 传送到累加器 A 中
			00000101	05H	
2	加立即数	ADD A，#04	00100100	24H	加法指令，它规定将 A 中的内容与第二字节的数 4 相加，结果送 A
			00000100	04H	

（3）将数据和程序通过输入设备送至存储器中存放，整个程序共 2 条指令，4 个字节。假设它们存放在存储器从 00H 单元开始的相继 4 个单元中。

（4）开始执行程序时，将第一条指令的地址 00H 预置给程序计数器，然后在 CPU 的控制下按程序逐条执行指令。

CPU 对每条指令的操作过程分为两个阶段：取指阶段和执行指令阶段。下面就第一条指令的执行过程来说明。

（1）取指阶段。

① 将程序计数器的内容（00H）送至地址寄存器 AR 中，记 PC→AR。

② 程序计数器的内容自动加 1 变为 01H，为取下一个字节的指令作准备，记为 PC+1→PC。

③ 地址寄存器 AR 将 00H 通过地址总线送至存储器，经地址译码器译码，选中 00 号单元，记为 AR→M。

④ CPU 发出读命令。

⑤ 将选中的 00 号单元的内容 74H，读至数据总线 DB，记为（00H）→DB。

⑥ 经数据总线 DB，将读出的 74H 送至数据寄存器 DR，记为 DB→DR。

⑦ 数据寄存器 DR 将其内容送至指令寄存器 IR，经过译码，控制逻辑发出执行该条指令的一系列控制信号，记为 DR→IR，IR→ID、PLA。

上述过程如图 1-6 所示。

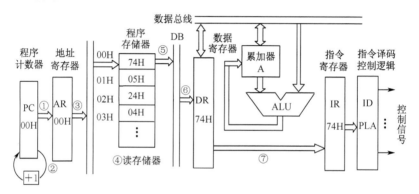

图 1-6　取第一条指令操作示意

（2）执行指令阶段。

经过对 74H 的译码以后知道这是一条将立即数送到累加器 A 的指令，而立即数就在指令的第二字节，所以紧接着执行把指令第二字节的立即数 05H 送至累加器 A，其过程如图 1-7 所示。

① PC→AR，即将程序计数器的内容 01H 送至地址寄存器 AR 中。

② PC+1→PC，即：PC=02H，为取下一条指令作准备。

③ AR→M，即地址寄存器 AR 将 01H 通过地址总线送至存储器，经地址译码选中 01H 单元。

④ CPU 发出"读"命令。

⑤ （01H）→DB，即选中的 01H 单元的内容 05H 读至数据总线 DB 上。

⑥ 经数据总线 DB，将读出的 05H 送至数据寄存器 DR。

⑦ DB→A，因为经过译码已经知道读出的是立即数，并要求把它送到累加器 A，故数据寄存器 DR 通过内部数据总线将 05H 送至累加器 A。

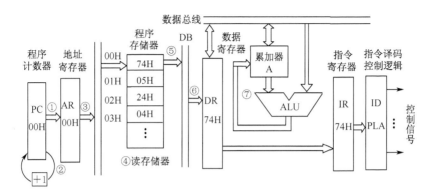

图 1-7　执行第一条指令操作示意

综上所述，我们把微计算机（硬件）的组成及其工作过程，概括如下。

（1）硬件组成。①微处理器；②存储器；③输入/输出接口；④系统总线，四部分通过总线组成。

（2）工作过程。①编制程序；②汇编成目标程序；③输入计算机；④启动。于是，计算机自动地执行程序，取指令，执行指令……重复至所有的指令执行完毕。

【小结】

本章主要介绍了微型计算机及单片机的发展与应用概况。从硬件组成上来说，微机系统包括控制器、运算器、存储器、输入设备和输出设备。这些硬件设备是在微机系统内部采用的数据、地址、控制三总线结构下，由 CPU 产生各种控制信号来进行数据的传输。

微机系统中通常采用的数制是二进制，我们习惯的十进制数在微机中常用 BCD 码表示，而 ASCII 是对字母文字及专用符号的一种常用编码。为了方便微机进行有符号数的运算，在微机系统中引入了原码、反码和补码的概念，正数的补码是它本身，而负数的补码是保留它的符号位不变，数值位按位取反后得到的反码基础上加 1 得到的，这样任意两个数的减法运算在微机中都可以用它们的补码相加而得到结果的补码。

微机中存储器地址码的位数（N）与存储单元的单元数（W）的关系为：$W = 2^N$。

单片机是一个集成了微机大部分功能的单片微型计算机。

习题与思考

1. 试进行不同进制间的转换（小数部分精确到小数点后第 4 位）：

（1）$(45.75)_{10} = ($　　　　　　　　$)_2$；

(2) $(14.375)_{10} = ($ 　　　　　　　　　$)_2$；

(3) $(110110110.011001)_2 = ($ 　　　　　　　　　$)_{16}$；

(4) $(10010110.10001101)_2 = ($ 　　　　　　　　　$)_{10}$；

(5) $(11011011.001)_2 = ($ 　　　　　　　　　$)_{BCD}$；

(6) $(96.625)_{10} = ($ 　　　　　　　　　$)_{BCD}$；

(7) $(0001\ 1000\ 0010.0101)_{BCD} = ($ 　　　　　　　　　$)_2$。

2. 写出下列二进制数的原码、反码和补码：

(1) $+1111000$；

(2) -0101100；

(3) -1000000；

(4) -1111111。

3. 试求下列 BCD 码的和，并按法则进行 BCD 码的二-十进制调整：

(1) $38+56$；

(2) $75+62$。

4. 试将两个带符号数的补码 10000100 和 00001110 相加，判断结果是否溢出？为什么？

5. 什么是总线？为什么要使用总线结构？

6. 执行一条指令大致分几个阶段？试说明取指令的过程。

7. 一组 16 位的地址能表示多少个存储单元？

8. 试说明程序计数器、地址寄存器和数据寄存器三者的区别。

第二章 单片机的结构及原理

【学习目标】
（1）了解：MCS-51 系列单片机的产品特点。
（2）理解：MCS-51 单片机的内部结构、引脚功能及单片机的时序。
（3）掌握：MCS-51 单片机存储器的分区及地址分配。

2.1 单片机系列简介

如前所述，若将中央处理器、存储器、I/O 部件、定时器等计算机部件集成在一块芯片上，就构成了单片机。由于单片机体积小、功能全、价格低，近些年来，单片机的应用和发展，特别是在工业控制领域的应用，呈现出一派繁荣景象。单片机生产厂家众多，如 Intel、Motorola、Microchip、Philips、Atmel、TI、宏晶、三星、华邦、NEC、富士通等。单片机产品系列齐全，从精简型、基本型，到各种功能增强型的单片机一应俱全，能够适应各种应用领域的要求。

单片机的众多产品中，应用最多的是 Intel 公司的 MCS-51 系列，许多国际大公司如 Atmel、Philips 都相继购买了 Intel 公司 51 单片机的核，开发了许多有自己特色的 51 系列单片机。近年来推出的与 80C51 兼容的主要产品有：Atmel 公司融入 Flash 存储器技术的 AT89 系列、Philips 公司的 80C51、80C52 系列、华邦公司的 W78C51、W77C51 高速低价系列、ADI 公司的 ADμC8xx 高精度 ADC 系列、LG 公司的 GMS90/97 低压高速系列、Maxim 公司的 DS89C420 高速（50MIPS）系列、Cygnal 公司的 C8051F 系列高速 SOC 单片机等。

另一方面，非 80C51 结构单片机新品不断推出，也给用户提供了更为广泛的选择空间，近年来推出的非 80C51 系列的主要产品如 Intel 的 MCS-96 系列 16 位单片机、Microchip 的 PIC 系列 RISC 单片机、TI 的 MSP430F 系列 16 位低功耗单片机等。

2.1.1 MCS-51 系列单片机简介

MCS-51 系列单片机已经形成了具有多种结构，性能各具特点的系列化产品，下面把它分为基本型和增强型来介绍。

1. 基本型

MCS-51 系列单片机可分为两大系列：MCS-51 子系列与 MCS-52 子系列。

MCS-51 子系列中主要有 8031、8051、8751 三种产品，而 MCS-52 子系列也有 8032、8052、8752 三种产品。MCS-51 系列单片机的各种型号都是以 8051 为核心电路发展起来的。因此，它们都具有 MCS-51 的基本结构与软件特征。其主要特性如下：

(1) 8 位的 CPU；

(2) 具有布尔处理（位处理）功能；

(3) 4K 字节片内程序存储器（ROM）；

(4) 128 字节片内数据存储器（RAM）；

(5) 21 个特殊功能寄存器（SFR）；

(6) 4 个 8 位的并口，32 根口线；

(7) 两个 16 位的定时计数器；

(8) 一个全双工的串口；

(9) 5 个中断源，2 个中断优先级；

(10) 片内时钟振荡器，最高振荡频率为 12MHz；

(11) 可扩展 64KB 数据存储器空间；

(12) 可扩展 64KB 程序存储器空间。

三种基本型的 MCS-51 单片机 8031、8051、8751 的基本结构特性都相同，它们的主要区别在于片内有无程序存储器，程序存储器是 ROM 还是 EPROM 基本型的，还有采用 CHMOS 工艺低功耗的产品 89C51（字母 C 表示 CHMOS 工艺低功耗的产品）。另外，为了减小芯片体积，还出现了一些功能简化的芯片系列，如 AT892052 等，它们的输入/输出口线比一般的单片机少。MCS-51 系列基本型单片机内部硬件资源如表 2-1 所示。

表 2-1　MCS-51 系列基本型单片机内部硬件资源表

公司	型号	片内 ROM /K 字节	片内 RAM /字节	I/O 口线	中断源	计数/ 定时器	每位 I/O 引 脚输出电流 /mA	A/D /bit
Intel	8031		128	32	5	2		
	8051/52	4/8	128/256	32	5/6	2		
	8751/52	4/8EPROM	128/256	32	5/6	2		
Atmel	89C1051	1 FLASH	128	15	3	1	20	
	89C2052	2 FLASH	128	15	5	2	20	
	89C51	4 FLASH	128	32	5	2	10	
宏晶	STC89C51/52	4/8 FLASH	512	32	5/6	2		

2. 增强型

MCS-51 系列除了基本型外，还有一些各方面功能增强型的机型，如 Atmel

公司的单片机程序存储器是由 Flash 存储器组成的，Flash 存储器用于存放用户程序可以擦写 1000 次以上，并且提供了 3 级加密保护功能，允许晶振频率高达 24MHz，工作速度可比 MCS-51 系列快一倍。C8051F 系列单片机具有高速的 CIP-51 内核，指令集完全兼容 MCS-51 指令，70％的指令会在 1-2 时钟周期内完成，平均下来它的执行速度是同频率普通 51 单片机的 9.5 倍。该单片机还片上集成了高精度 AD/DA 转换器，有 I^2C 及 SPI、USB 等丰富的部件资源，支持在系统仿真调试。STC 单片机完全兼容 51 单片机，其抗干扰性强、加密性强、超低功耗、具有在系统编程 ISP（In-System Programming）功能，可以远程升级、内部有 MAX810 专用复位电路和看门狗电路。目前单片机产品的标准电压有 1.8V、3.3V、5V 三种。一些典型增强型单片机内部硬件资源表如表 2-2 所示。

表 2-2 MCS-51 系列增强型型单片机内部硬件资源表

公司	型号	Flash /K 字节	片内 RAM /字节	定时器	中断源	I/O	异步串口 (URAT)	SPI	D/A /路	A/D /位	内部看门狗	ISP
ATMEL	AT89LV51	4	128	2	6	32	有					
	AT89LV52	8	256	3	8	32	有					
	AT89C52	8	256	3	8	32	有					
	AT89S52	8	256	3	8	32	有				有	
CYGNAL	C8051F340	64	256	4	16	40	有	有		10		
	C8051F342	32	256	4	16	24	有	有		10		
宏晶	STC12C1052	1	256	4	7	15	有	有	2	无		有
	STC12C1052AD	1	256	4	7	15	有	有	2	8		有
	STC89C51RC	4	512	3	8	36/32	有				有	有
	STC89C52RC	8	512	3	8	36/32	有				有	有
	STC12C5A60S2	60	1280	4	10	36/40/44	有	有	2	10	有	有
	STC15F2K60S2	60	2048	3	14	42	有			10	有	有
Philips	P89V51RB2	16	1024	3	8	32	有	有			有	有
ADI	ADμC845	62	4K FLASH/ 2304RAM	3	11	24	有	有		24		有

2.1.2 其他单片机产品简介

除了常用的 51 系列单片机外，各大厂商也生产出了各具特色的单片机产品。Motorola 公司是世界上最大的单片机厂商，在 8 位机方面有 68HC05 和升级产品 68HC08，68HC05 有 30 多个系列 200 多个品种，产量超过 20 亿片。8 位增强型单片机 68HC11 也有 30 多个品种，升级产品有 68HC12。16 位单片机产品主要有 68HC16，有十多个品种。32 位单片机产品有 683XX 系列。近年来还推出了以 PowerPC、Codfire、M.CORE 等作为 CPU，用 DSP 作为辅助模块集成的单片机。Motorola 单片机高频噪声低，抗干扰能力强，更适用于工控领域及恶劣环境。

Microchip 单片机的主要产品是 16C 系列 8 位单片机，CPU 采用 RISC 结构，仅 33 条指令，运行速度快，且以低价位著称，Microchip 单片机没有掩膜产品，全部都是 OTP 器件和 FLASH 型单片机。Microchip 强调节约成本的最优化设计，是使用量大，档次低，价格敏感的产品。

Scenix 单片机在 I/O 模块的处理上引入了虚拟 I/O 的概念，采用 RISC 结构的 CPU，使 CPU 最高工作频率达 50MHz，运算速度接近 50MIPS，

NEC 单片机自成体系，8 位机产品有 78K 系列，也有 16 位、32 位单片机产品。16 位单片机采用内部倍频技术，以降低外时钟频率，有的单片机采用了内置操作系统。

东芝单片机从 4 位到 64 位产品门类齐全，4 位机在家电领域仍有较大市场，8 位机主要有 870 系列、90 系列等，该类单片机允许使用慢模式，采用 32KHz 时钟，功耗十分低，其 CPU 内部多组寄存器的使用，使得中断响应与处理更加快捷。32 位机主要面向数码相机、图象处理市场。

TI 公司的 MSP430 系列 16 位单片机，其突出特点是超低功耗，非常适用于各种功率要求低的场合。TMS320C2000™数字信号控制器融合了微控制器的外设集成功能和易用性，以及 TI 先进的 DSP 技术和 C 编程效率。基于 ARM7TDMI™ 的 TMS470 微控制器有一个可扩展平台，其器件包括从 64KB 到 1MB 的快闪存储器和大量外设，如多达 32 个定时器通道、16 通道 10 位模数转换器和大量通信接口。

2.2　单片机的内部结构

2.2.1　单片机的基本结构组成

MCS-51 系列单片机的内部结构如图 2-1 所示，它由 8 个部件组成：

(1) 微处理器（CPU）；

(2) 数据存储器（RAM）；

(3) 程序存储器（ROM）；

(4) 并行 I/O 口（P0，P1，P2，P3）；

（5）串口；

（6）定时计数器；

（7）中断系统；

（8）特殊功能寄存器（SFR）。

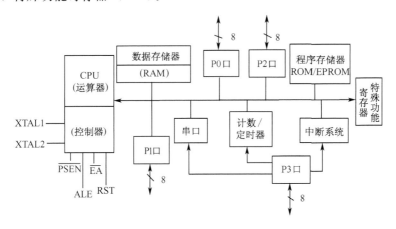

图 2-1　MCS-51 单片机内部结构

它们是通过片内单一总线连接而成的，其基本结构依然是通过 CPU 加上外围部件的结构模式，只是单片机中不但集成了 CPU、存储器、并行 I/O 接口，而且还包括 2 个定时计数器，一个全双工的串口。MCS-51 系列单片机的结构特点如下：

（1）CPU 中具有专门的位处理器（布尔处理器），具有较强的位处理功能。

（2）为了解决乘除法运算，CPU 中设置了 B 寄存器，用来同累加器一起提供两个操作数进行乘除运算，并存放结果。

（3）MCS-51 单片机将数据存储器和程序存储器在空间上分开，采用不同的寻址方法。

（4）在数据寄存器区开辟了工作寄存器区，该区有 4 组工作寄存器，每组 8 个，共 32 个工作寄存器。

（5）另外还设置了 21 个特殊功能寄存器 SFR，对片内许多功能单元如并口、串口、定时计数器，中断等的操作，均采用 SFR 集中管理的方法，即向对应的 SFR 写入功能字即可实现。

（6）其 4 个并行 I/O 口除 P1 口外，都具有两种功能。从图 2-1 中可见中断系统、定时器、串口的功能与 P3 口有关。

2.2.2　MCS-51 单片机的存储器

MCS-51 系列单片机存储器结构的主要特点是：程序存储器和数据存储器的

空间是独立，程序存储器（ROM）用于存放指令及常数，表格等，数据存储器
（RAM）用于存放数据，运算的结果等。而存储器又有片内和片外之分，所以
MCS-51 系列单片机有 4 个物理上相互独立的存储空间，即片内程序存储器、片
外程序存储器、片内数据存储器、片外数据存储器。而从地址分配空间来说，片
内外程序存储器是统一编址的，因此，MCS-51 单片机的存储器地址空间分为三
大块（图 2-2）：

　　——256B 的片内数据存储器空间（SFR 包括其中），地址范围为 00H～
FFH；

　　——64KB 的片外数据存储器空间（以及扩展 I/O 口），地址范围为
0000H～FFFFH；

　　——64KB 的片内外程序存储器空间，地址范围为 0000H～FFFFH。

　　可见片外数据存储器空间与程序存储器空间的地址是重叠的，单片机对它们
的地址区分是通过用不同的控制信号来分别选通 RAM 和 ROM 的，如用控制信
号$\overline{\text{RD}}$、$\overline{\text{WR}}$来对 RAM 进行读、写控制，用控制信号$\overline{\text{PSEN}}$来对 ROM 进行读控
制（即取指令），因此，不会因地址重叠而发生混乱。

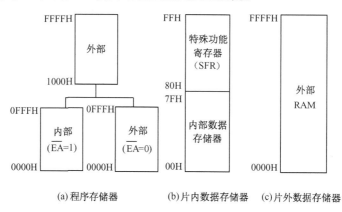

(a)程序存储器　　　(b)片内数据存储器　　(c)片外数据存储器

图 2-2　MCS-51 存储器结构图

1. 程序存储器空间

　　对于 8051 和 8751 而言，片内有 4KB 的程序存储器，一般将 64KB 地址空间中
的最低 4KB（$4K = 2^{12}$ B），即 0000H～0FFFH 地址空间作为片内 ROM 和片外
ROM 共用地址，而 1000H～FFFFH 地址空间作为片外 ROM 专用，如图 2-2（a）
所示。

　　CPU 专门提供了一个控制信号$\overline{\text{EA}}$来区分片内 ROM 和片外 ROM 的公用地
址空间。

　　（1）当$\overline{\text{EA}}$＝1 接高电平时，0000H～0FFFH 为片内 ROM 的地址，片外
ROM 编址从 1000H～FFFFH，即单片机先从片内 ROM 的 4KB 地址空间取指

（PC首先指向片内 ROM），当地址超过 0FFFH 后，则自动转向片外 ROM 取指；

（2）当 $\overline{EA}$ = 0 接低电平时，从 0000H～FFFFH 全为片外 ROM 的地址，即 CPU 只从片外 ROM 取指（PC 始终指向片外 ROM），这种情况适于片内无 ROM（8031 芯片），或片内 ROM 不用的场合。

【注意】　程序存储器开始的某些单元是保留给系统使用的：

（1）0000H～0002H 是所有执行程序的入口地址，单片机复位时 PC 为 0000H，单片机从 0000H 取指开始执行程序。

（2）0003H～0023H 是 5 个中断服务程序的入口地址。用户程序不能进入此区域。

因此，一般从 0000H 开始，编写一条绝对转移指令，让用户程序从转移后的地址开始存放。

2. 数据存储器空间

片内数据存储器的地址范围是 00H～FFH，片外数据存储器的地址范围是 0000H～FFFFH。数据存储器的结构特点如图 2-2（b）、（c）所示。

1）片内数据存储器

虽然 8051 片内 RAM 字节数不多，却起着十分重要的作用，从图 2-2（b）中可以看出片内数据存储器分为两个区域：00H～7FH（128 字节）是真正的 RAM 区，可以读写各种数据；80H～FFH 是特殊功能寄存器（SFR）的区域。片内 00H～7FH（128 字节）RAM 又可分为以下三个区域，如图 2-3 所示。

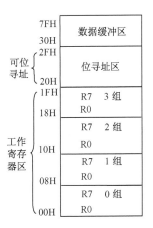

图 2-3　片内 128 字节数据存储器

（1）00H～1FH 工作寄存器区。如图 2-3 所示，有 4 组工作寄存器，每组 8 个工作寄存器，记为 R0～R7，共 32 个工作寄存器，占 32 个字节。CPU 可以通过程序状态字寄存器 PSW 中的 2 位（RS1、RS0）的设置，来决定选用哪一组工作寄存器。

    RS1　RS0　工作寄存器组
    0　　0　　0 组（R0～R7 对应单元 00H～07H）
    0　　1　　1 组（R0～R7 对应单元 08H～0FH）
    1　　0　　2 组（R0～R7 对应单元 10H～17H）
    1　　1　　3 组（R0～R7 对应单元 18H～1FH）

（2）20H～2FH 位寻址区。从 20H～2FH 共有 16 个字节 128 位是位寻址区，对于这个区域，除了可以作为一般的 RAM 单元进行读写外，还可以对每一个字节的每一位进行操作，即 128 位的每一位都有一个确定的地址和它对应，128 个位地址的范围是 00H～7FH，其分布如表 2-3 所示。我们知道 00H～7FH 也是片内 128 个 RAM 单元的字节地址，单片机是怎样区别字节地址和位地址的呢？以后我们会讲到，它是采用不同的寻址方式来区别的。

表 2-3　位寻址区地址表

字节地址	D7	位地址						D0
2FH	7FH	7EH	7DH	7CH	7BH	7AH	79H	78H
⋮	⋮	⋮	⋮	⋮	⋮	⋮	⋮	⋮
21H	0FH	0EH	0DH	0CH	0BH	0AH	09H	08H
20H	07H	06H	05H	C4H	03H	02H	01H	00H

（3）数据缓冲区。30H～7FH 为一般数据缓冲 RAM 区。

2）特殊功能寄存器

MCS-51 系列单片机对许多功能单元的操作都是采用 SFR 集中控制的，这 21 个特殊功能寄存器离散地分布在 80H～FFH 的 RAM 空间内，对于其中尚未定义的字节地址用户不能用，也不能读写这些单元。这 21 个 SFR 如表 2-4 所示。

表 2-4　特殊功能寄存器地址表

SFR	名称	位地址								字节地址
P0	P0 口锁存器	87H	86H	85H	84H	83H	82H	81H	80H	80H
		P0.7	P0.6	P0.5	P0.4	P0.3	P0.2	P0.1	P0.0	
SP	堆栈指针									81H
DPL	数据指针低 8 位									82H
DPH	数据指针高 8 位									83H
PCON	电源控制寄存器	SMOD						PD		87H

SFR	名称	位地址								字节地址
TCON	计数/定时控制寄存器	8FH	8EH	8DH	8CH	8BH	8AH	89H	88H	88H
		TF1	TR1	TF0	TR0	IE1	IT1	IE0	IT0	
TMOD	计数/定时方式寄存器	GATE	C/T̄	M1	M0	GATE	C/T̄	M1	M0	89H
TL0	计数/定时器 0 低 8 位									8AH
TH0	计数/定时器 0 高 8 位									8CH
TL1	计数/定时器 0 低 8 位									8BH
TH1	计数/定时器 0 高 8 位									8DH
P1	P1 口锁存器	97H	96H	95H	94H	93H	92H	91H	90H	90H
		P1.7	P1.6	P1.5	P1.4	P1.3	P1.2	P1.1	P1.0	
SCON	串口控制寄存器	9FH	9EH	9DH	9CH	9BH	9AH	99H	98H	98H
		SM0	SM1	SM2	REN	TB8	RB8	TI	RI	
SBUF	串口数据缓冲器									99H
P2	P2 口锁存器	A7H	A6H	A5H	A4H	A3H	A2H	A1H	A0H	A0H
		P2.7	P2.6	P2.5	P2.4	P2.3	P2.2	P2.1	P2.0	
IE	中断允许控制寄存器	AF	AE	AD	AC	AB	AA	A9	A8	A8H
		EA		ES	ET1	EX1	ET0		EX0	
P3	P3 口锁存器	B7H	B6H	B5H	B4H	B3H	B2H	B1H	B0H	B0H
		P3.7	P3.6	P3.5	P3.4	P3.3	P3.2	P3.1	P3.0	
IP	中断优先控制寄存器	BF	BE	BD	BC	BB	BA	B9	B8	B8H
				PS	PT1	PX1	PT0		PX0	
PSW	程序状态字寄存器	D7H	D6H	D5H	D4H	D3H	D2H	D1H	D0H	D0H
		CY	AC	F0	RS1	RS0	OV	F1	P	
ACC	累加器	E7H	E6H	E5H	E4H	E3H	E2H	E1H	E0H	E0H
B	B 寄存器	F7H	F6H	F5H	F4H	F3H	F2H	F1H	F0H	F0H

这 21 个特殊功能寄存器分别与以下功能模块有关：

——CPU，ACC、B、PSW、SP、PC，DPTR（由两个 8 位的寄存器 DPH

和 DPL 组成)；在指令中，累加器 ACC 一般写为 A。

　　——并行口，P0、P1、P2、P3；

　　——中断系统，IE、IP；

　　——计数/定时器，TMOD、TCON、TH0、TL0、TH1、TL1；

　　——串口，SCON、SBUF、PCON。

　　以上 21 个特殊功能寄存器在后续章节中均有介绍，下面只介绍部分特殊功能寄存器。

　　(1) 程序状态字寄存器 PSW。

　　这是一个 8 位的寄存器，用来存放指令执行结果的一些特征。其定义格式如下

CY	AC	F0	RS1	RS0	OV	F1	P

　　CY：进位标志，当 D7 位有向更高位的进位或借位时，CY＝1，否则 CY＝0。

　　AC：半进位标志，当 D3 位有向 D4 位的进位或借位时，AC＝1，否则 AC＝0。

　　F0、F1：用户标志，用户可以根据需要对 F0、F1 赋予一定的含义，并依据 F0(F1)＝0 或 F0(F1)＝1 来决定程序的执行。

　　RS1、RS0：用于选择当前工作寄存器的组别。

　　OV：溢出标志，带符号数的运算结果超过 $-128 \sim +127$，则溢出 OV＝1，否则 OV＝0。

　　P：奇偶标志，按照累加器 ACC 中 1 的个数来决定 P 值，当 1 的个数为奇数时，P＝1；否则，P＝0。

　　(2) 堆栈指针 SP。

　　堆栈是在数据存储器 RAM 中开辟一定区域，在此区域里存入（推入）与取出（弹出）的过程，好像货场堆放货物的过程，先存放的货物堆在底下，只能最后取出来。所以堆栈是指按照"先进后出"的规则进行存取的 RAM 存储区。SP 是用于存放栈顶单元的地址，相当于一个始终指向栈顶单元的指针，称为堆栈指针，对堆栈的操作分为入栈和出栈：

　　——入栈时，先 SP 自动指针加 1，然后数据推入；

　　——出栈时，先弹出数据，然后 SP 指针自动减 1。

　　【例 2-1】　设入栈前 SP＝07H，将数据 12H，34H 推入堆栈和弹出堆栈。

　　① 将 12H、34H 入栈。

　　假设入栈前 SP 指针为 07H，它指向栈顶存有数据××H 的单元。入栈时先将 SP 指针加 1，指向 08H 单元，再将 12H 推入 08H 单元；然后 SP 指针再加 1，指向 09H，再将 34H 推入 09H 单元。此过程如图 2-4 所示。

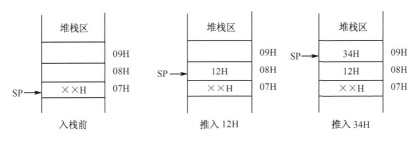

图 2-4　入栈操作示意

② 将 34H、12H 弹出。

弹出时，先将当前 SP 指针指向的 09H 单元（栈顶）的内容 34H 弹出，再将 SP 指针减 1 变为 08H，指向新的栈顶；再次弹出时，先将 08H 单元的内容 12H 弹出，指针 SP 再减 1 变为 07H。此过程如图 2-5 所示。

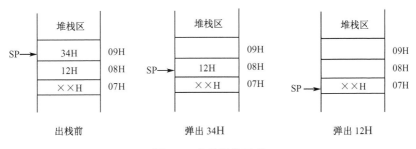

图 2-5　出栈操作示意

由此可见，在弹栈和入栈操作中，SP 指针自动加 1 或减 1，使它始终指向栈顶。所以当执行 2 次入栈和 2 次弹栈操作后，SP 指针又恢复为 07H（指向原栈顶单元）。

由上例可见，SP 指针始终指向栈顶，堆栈区为地址大于当前 SP 指针的 RAM 区域。当系统复位时，SP 自动指向 07H 单元，这样是把堆栈开辟在工作寄存器区，但多数情况最好把堆栈开辟在片内 RAM 的 30H～7FH 中（即在一般的数据缓冲 RAM 中）。

③ 地址指针 DPTR。

DPTR 是 21 个 SFR 中唯一的 16 位寄存器，编程时，DPTR 既可作为 16 位寄存器使用，也可分为两个 8 位寄存器（DPH、DPL）分开使用。它常作为 16 位地址指针，用于存放片外数据存储器或程序存储器的单元地址。

④ 并口锁存寄存器 P0、P1、P2、P3。

四个 8 位的寄存器，分别对应 4 个并行 I/O 口的锁存器。当对 4 个并口输入、输出数据时，就分别对 4 个口锁存寄存器进行操作。

⑤ 程序计数器 PC。

PC 始终指向下一条将要执行的指令地址，在程序的执行过程中起着重要的作用。但它不属于 21 个特殊功能寄存器，没有地址，编程人员不能直接访问，单片机复位时 PC 为 0000H。

2.2.3　MCS-51 单片机输入/输出端口

MCS-51 单片机有四个双向的并口，对应 4 个特殊功能寄存器。每个并口都由一个锁存器、两个三态缓冲器和输出驱动电路组成。以 P₁ 口为例，其每一位的内部结构如图 2-6 所示。

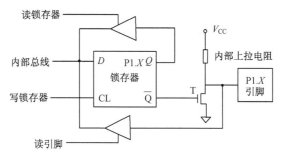

图 2-6　P1 口位结构图

输出时，内部总线上为要输出的数据位，在写锁存器信号的控制下写入锁存器，输出 1 时：$D=1 \rightarrow \bar{Q}=0$，T 截止，P1.$X=1$。输出 0 时：$D=0 \rightarrow \bar{Q}=1$，T 导通，P1.$X=0$。

【注意】　输入时，应先向锁存器写 1，保证 T 截止，再通过读引脚信号将 P1.X 的电平读入。否则容易出错。如果该口在输入前曾锁存过数据"0"，则 T 是导通的，这样引脚的电位就被嵌位在"0"电平上，使"1"无法读入。

上面所述为数据由引脚输入的情况，称"读引脚"，有时端口已处于输出状态，CPU 的某些操作需要将端口原输出数据读入，经修改运算后，再写到端口输出，此时如果还是采用"读引脚"就可能出错，如原该引脚输出为"1"，而此时该引脚的负载正好是一个晶体管的基极，那么导通的 PN 结会把该引脚拉低，若此时直接读引脚信号，会把原输出的"1"误读为"0"。为了避免这种误读，单片机还提供了"读锁存器"操作。指令系统中大部分的读指令是"读引脚"的指令，有一部分是"读锁存器"的指令，在以后学习指令时应注意区分。

其他的 3 个输入/输出端口类似，所不同的是，它们除了作为双向输入/输出口外，还具有第二功能，对应的内部结构中增加有相应的控制电路，且 P0 口的输出级与 P1～P3 口的输出级结构上有所不同，因此负载能力和接口要求不同。

P0 口的每位输出可驱动 8 个 LSTTL，当用作通用 I/O 口时，需外接上拉电阻；P1～P3 口的输出级有内部上拉电阻，每位输出可驱动 4 个 LSTTL。

当四个端口用作通用的 I/O 口时，其中某一位要作为输入方式时，该位的锁存器都必须预先写"1"。

2.3　MCS-51 单片机的引脚功能及片外总线结构

2.3.1　引脚功能

MCS-51 单片机为 40 脚双列直插式的芯片，其引脚分配如图 2-8 所示，按其引脚功能可分为三个部分：I/O 口线、控制线、电源和时钟（图 2-7）。

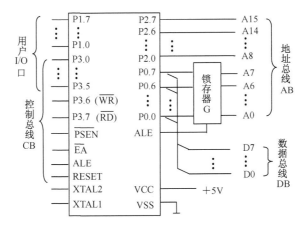

图 2-7　引脚功能分类图

图 2-8　MCS-51 引脚图

1. 并行 I/O 口线

具有 P0、P1、P2、P3 四个 8 位口，这四个口除 P1 口外，每个 I/O 口线既用作普通 I/O 口，又具有第二功能。

P0 口：既可作为双向的 I/O 口，又可在访问片外存储器时，分时作为低 8 位地址总线和 8 位数据总线。

P1 口：为双向的 I/O 口。

P2 口：既可作为双向的 I/O 口，又可在访问片外存储器时，作为高 8 位的地址总线。

P3 口：既可作为双向 I/O 口，又可作为以下的第二功能用。

口线	第二功能
P3.0	RXD（串行输入线）
P3.1	TXD（串行输出线）
P3.2	$\overline{\text{INT0}}$（外中断 0 输入线）
P3.3	$\overline{\text{INT1}}$（外中断 1 输入线）
P3.4	T0（定时器 0 外部输入线）
P3.5	T1（定时器 1 外部输入线）
P3.6	$\overline{\text{WR}}$（片外 RAM 写选通信号）
P3.7	$\overline{\text{RD}}$（片外 RAM 读选通信号）

其中，$\overline{\text{RD}}$、$\overline{\text{WR}}$ 为扩展片外数据存储器及其他外设用的读、写选通控制信号。

综上所述，单片机的 4 个并行口线，除 P1 口可完全作为用户使用的 I/O 线，在需扩展片外存储器时，P0、P2 口只能用作数据总线和地址总线，由于 P0 口在扩展时，既作数据总线又作地址总线，所以它作为地址总线时，需外加地址锁存器。P2 口作为第二功能用时，其中的许多口线是作为控制信号线使用的。只有在不使用 P0、P2、P3 口的第二功能时，它们可作为一般的 I/O 口使用，如不需要扩展存储器和 I/O 口时，P0、P2 可作为一般双向口。

2. 控制口线：$\overline{\text{EA}}/V_{PP}$，$\overline{\text{PSEN}}$，ALE，RST

$\overline{\text{EA}}/V_{PP}$：片内外程序存储器选择线/编程电压

$\overline{\text{EA}}/V_{PP}=1$，CPU 从片内程序存储器开始执行程序，即 PC 首先指向片内 ROM。

$\overline{\text{EA}}/V_{PP}=0$，CPU 只指向片外程序存储器中的程序，即 PC 只指向片外 ROM。

$\overline{\text{EA}}/V_{PP}=21V$，编程电压，对片内 EPROM 进行编程。

$\overline{\text{PSEN}}$：片外取指控制

片外程序存储器的读选通信号，当$\overline{PSEN}=0$时，CPU 从片外程序存储器取指令。

ALE/PRG：地址锁存信号/编程脉冲

访问外部存储器时，ALE 用于锁存地址的低 8 位。即使不访问外部存储器，ALE 仍然以振荡频率的 1/6 周期性的向外输出正脉冲，用它作为外部定时基准。ALE 端的负载能力为 8 个 LSTTL。在对 8751 片内 EPROM 进行编程时，作为编程脉冲输入端。

RST/VPD：复位信号/掉电保护

此端保持两机器周期的高电平，可以使单片机复位。在 V_{CC} 掉电期间，此引脚接上备用电源，可保持片内 RAM 中的信息。

单片机复位后，P0～P3 口均为高电平，SP 指针重新赋值为 07H，PC 被赋值为 0000H。复位后各内部寄存器初值如表 2-4 所示。

表 2-4　MCS-51 单片机复位后各内部寄存器的状态

内部寄存器	初始状态	内部寄存器	初始状态
A_{CC}	00H	TCON	00H
B	00H	TMOD	00H
PSW	00H	TH0	00H
SP	07H	TL0	00H
DPH	00H	TH1	00H
DPL	00H	TL1	00H
P0～P3	FFH	SCON	00H
IP	×××00000B	SBUF	不定
IE	0××00000B	PCON	0××××000B

单片机的复位是靠外部电路实现的，在时钟电路工作以后，只要在 RESET 端加上大于 10ms 的高电平，单片机便能实现复位。若 RESET 端保持高电平，单片机将循环复位。单片机一般要求在上电时，或者按复位键时复位。所以复位电路又分为上电复位和按键复位两种。

图 2-9 为上电和按键复位电路。上电瞬间，RST 端的电位与 V_{CC} 相同，随着电容的逐步充电，RST 端的电位逐渐下降，此时 $\tau=22\times10^{-6}\times1\times10^{3}=22$ms。当按下按键时，RST 端出现 $\frac{1000}{1200}\times5\approx4.2$V，使单片机复位。为防止干扰，保证可靠复位，常将复位信号经施密特电路后，再接单片机 RST 端，如图 2-10 所示。

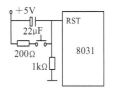

图 2-9　复位电路

3．电源及时钟

V_{CC}：电源端。

V_{SS}：接地端。

XTAL1、XTAL2：时钟电路引脚。

当使用单片机的内部时钟电路时，这两个端用来外接石英晶体和微调电容，如图 2-11 所示。晶体可在 1.2～12MHz 选择，电容选 30pF 左右。

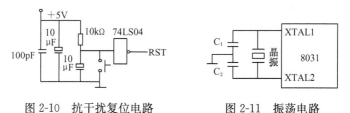

图 2-10　抗干扰复位电路　　　　　　图 2-11　振荡电路

2.3.2　51 单片机最小系统

单片机最小系统是能使单片机工作的最少部件构成的系统。构成单片机最小系统需要对电源、$\overline{EA}$引脚、晶体振荡电路、复位电路进行连接。如果单片机是8031/32，由于其内部没有程序存储器，在构成最小系统时，还必须外接程序存储器，同时$\overline{EA}$引脚接地。当然，现在很少使用 8031/32 产品，选用的都是带内部程序存储器的单片机，这时$\overline{EA}$引脚接高电平输入。图 2-12 所示为单片机最小系统示意图。

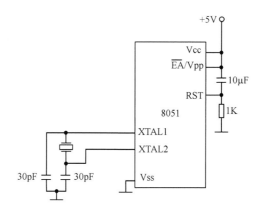

图 2-12　单片机最小系统

目前很多新型增强型 51 单片机就可以构成单芯片的单片机最小系统，它们的片内集成了高精度 R/C 时钟，可以省去外部晶振电路，如宏晶的STC15F2K60S2 的片内有 60KB Flash 程序存储器，1KB 数据 Flash（EEPROM），2048B RAM，3 个 16 位可自动重装载的定时/计数器 T0、T1 和T2，可编程时钟输出功能，至多 42 根 I/O 口线，2 个全双工异步串行口（UART），1 个高速同步通信端口（SPI），8 通道 10 位 ADC，3 通道 PWM/可编程计数器阵列/捕获/比较单元（PWM/PCA/CCU/DAC），MAX810 专用复位电路和硬件看门狗等资源。

2.3.3 片外三总线结构

单片机为 40 引脚芯片，其管脚除了电源、复位、时钟输入、用户 I/O 口外，其余管脚都是为实现系统扩展而设置的，这些管脚构成三总线形式，如图 2-7 所示。

（1）地址总线。地址总线（AB）为 16 位的，外部存储器的寻址范围为 64KB。16 位地址总线由 P0 口经地址锁存器提供低 8 位的地址（A0～A7）；由 P2 口直接提供高 8 位地址（A8～A15）。

（2）数据总线。数据总线（DB）为 8 位，由 P0 口提供。

（3）控制总线。控制总线（CB）由第二功能状态下的 P3 口（主要有 $\overline{RD}$、$\overline{WR}$）和 4 根独立的控制线 RST、ALE、$\overline{EA}$ $\overline{PSEN}$ 组成。

片外数据存储器的读、写以及片外程序存储器的读操作示意图如图 2-13 所示。

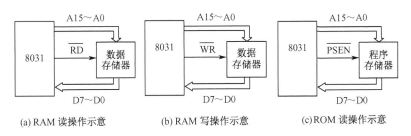

(a) RAM 读操作示意　　(b) RAM 写操作示意　　(c) ROM 读操作示意

图 2-13　数据存储器、程序存储器读、写示意

【注意】　数据存储器的读写控制信号分别为 $\overline{RD}$ 和 $\overline{WR}$，而程序存储器（只读存储器）的读信号为 $\overline{PSEN}$，这就是前面提到的，程序存储器与片外数据存储器虽然共用同一地址空间（0000H～FFFF），但因控制信号线不同从而不会发生冲突。

2.3.4 单片机的时序

所谓时序，是指执行指令的过程中，CPU 控制器所发出的一系列特定的控制信号在时间上的关系。

CPU 发出的控制信号有两类：一类是用于计算机内部的，用户不能接触此类信号，因而也不必对它们有很多的了解。一类是通过控制总线送到片外的，对于这一部分信号的时序，则是计算机用户应该关心的，也是本节要叙述的。为便于分析时序，我们先介绍以下几个概念。

　　单片机的基本操作周期为机器周期，一条指令的执行需要几个基本操作周期。而一个操作周期又由几个时钟周期组成。为了方便分析 CPU 的时序，下面介绍几种周期信号。

　　振荡周期（P）：指为单片机提供定时信号的振荡源的周期，为晶振频率的倒数。

　　时钟周期（S）：为振荡周期的 2 倍，分为 P_1 节拍和 P_2 节拍，即 $1S=2P$。

　　机器周期（M）：完成一个基本操作所需的时间。1 个机器周期包括 6 个时钟周期，12 个振荡周期。即 $1M=6S=12P$。

　　指令周期（C）：执行一条指令所需要的时间。由 1～4 个机器周期组成即 $1C=(1～4)M$。

　　MCS-51 系列单片机大多数指令为单（机器）周期和双（机器）周期指令，只有极少数的指令为 3 周期、4 周期指令。单片机根据所选晶振频率不同，执行一条指令的时间所需的时间不同。

　　【例 2-2】　已知晶振频率，计算各种周期。

　　（1）晶振 6MHz。

　　　　振荡周期　　　　　　　　$P=1/6\mu s$

　　　　时钟周期　　　　　　　　$S=2P=1/3\mu s$

　　　　机器周期　　　　　　　　$M=6S=2\mu s$

　　　　指令周期　　　　　　　　$C=(1～4)M=2～8\mu s$

　　（2）晶振 12MHz。

　　　　振荡周期　　　　　　　　$P=1/12\mu s$

　　　　时钟周期　　　　　　　　$S=2P=1/6\mu s$

　　　　机器周期　　　　　　　　$M=6S=1\mu s$

　　　　指令周期　　　　　　　　$C=(1～4)M=1～4\mu s$

　　ALE 地址锁存信号为周期性信号，其频率为振荡频率的 1/6 即

　　　　ALE 周期 $=6P=3S=1/2M=1/2$ 机器周期

　　下面以从片外程序存储器中取指令为例，说明其操作时序。其操作示意如图 2-14 所示，时序图如图 2-15 所示。

　　P2 口专门用来输出片外程序存储器的高 8 位地址 PCH，并具有锁存功能，所以可直接与存储器的高位地址线相接；P0 口除作为输出片外程序存储器的低 8 位地址 PCL 外，还要用来输入指令码，故要用地址锁存器，并用 ALE 来锁存 P0 口输出的片外 ROM 的地址 PCL。

　　（1）CPU 开始执行取指操作时，首先在 P0 口送上片外程序存储器的低 8 位地址 PCL，在 P2 口送上高 8 位地址 PCH。

　　（2）在第二个时钟周期由 ALE 的下降沿锁存 P0 口提供的低 8 位地址 PCL，

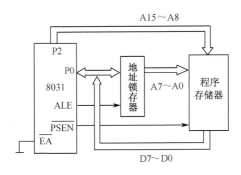

图 2-14 片外取指操作示意

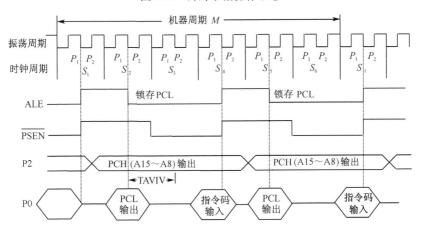

图 2-15 片外 ROM 读操作时序

地址总线上的 16 位地址（A0～A15）选中某一 ROM 存储单元。

（3）$\overline{PSEN}$低电平有效，允许片外 ROM 将选中单元的指令码送上数据总线（P0 口），由 CPU 取入。

在每个机器周期中，CPU 要访问程序存储器两次，$\overline{PSEN}$信号也是一个机器周期中两次有效，用于选通外部出现存储器，使指令读入。

单片机访问外部程序存储器时，从地址输出到指令输入（读 P0 口）的有效时间为

$$TAVIV = 5T_{osc} - 115ns \qquad (2-1)$$

式中，T_{osc}为振荡周期。即外部程序存储器应保证接到地址信号后，在小于 TAVIV 的时间准备好数据，也就是说外部程序存储器的读取时间应小于 TAVIV，这在扩展外部程序存储器时应注意。

单片机从外部数据存储器存取数据的操作时序与访问外部程序存储器类似，图 2-16 为访问外部 ROM 取出并执行 MOVX 的时序，在第一个机器周期时，先由单片机给出片外 ROM 的地址，由 P0（低 8 位 PCL）和 P2（高 8 位 PCH）口

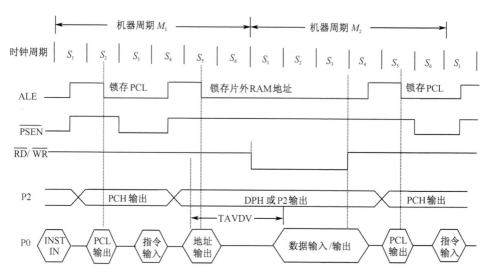

图 2-16　片外 RAM 读写操作时序

分别送出，在 ALE 的下降沿锁存低位地址 PCL，然后$\overline{\text{PSEN}}$有效，单片机从 P0
口取出 MOVX 指令；从第一个机器周期 S5、S6 状态开始执行 MOVX 指令，先
由 P0 和 P2 口送出片外 RAM 的地址，并由 ALE 锁存片外 RAM 的低 8 位地址
（即 P0 口地址），然后单片机发出$\overline{\text{RD}}/\overline{\text{WR}}$信号，对指定片外 RAM 单元读/写，
可见在一个机器周期内，CPU 只访问一次片外数据存储器，而在访问片外 ROM
时，一个机器周期要对外部 ROM 读两次，相对来说单片机对外部数据存储器的
速度要求相对低些。单片机访问外部数据存储器时，从地址输出到数据输入的有
效时间为

$$\text{TAVDV} = 9T_{\text{OSC}} - 165\text{ns} \tag{2-2}$$

即外部数据存储器的读写时间应小于 TAVDV，在选择外部数据存储器时应
注意。

【小结】

本章介绍了 MCS-51 单片机的系列结构特点，在单片机中，集成了 CPU、
128 字节的数据存储器、4K 程序存储器、21 个特殊功能寄存器、2 个定时计数
器、中断系统、4 个并口和一个全双工的串口、振荡电路和复位电路等。

单片机的存储器分为数据存储器（RAM）和程序存储器（ROM）。片内的
数据存储器地址从 00H～1FH 是工作寄存器区，分别对应 R0～R7 这八个工作
寄存器，地址从 20H～2FH 是位寻址区，这 16 个单元的 128 位都有确定的位地
址与之对应，地址从 30H～7FH 是用户数据区，80H～FFH 地址是分配给 21 个
特殊功能寄存器用的。片外可扩展地址为 0000H～FFFFH 的 64K 数据存储器和
地址为 0000H～FFFFH 的 64K 程序存储器，单片机对它们的地址区分是通过用

不同的控制信号来分别选通 RAM 和 ROM，用控制信号$\overline{RD}$，$\overline{WR}$来对 RAM 进行读、写控制，用控制信号$\overline{PSEN}$来对 ROM 进行读控制（即取指令）。因此，不会因地址重叠而发生混乱。

单片机的复位状态是编程的初始状态。

习题与思考

1. 8051 单片机芯片包含哪些主要逻辑部件？各有什么功能？

2. MCS-51 单片机的$\overline{EA}$、ALE、$\overline{PSEN}$、$\overline{WR}$、$\overline{RD}$信号各有何功能？在使用 8031 时，$\overline{EA}$信号引脚应如何处理？

3. MCS-51 单片机片内数据存储器低 128 单元划分为哪三个主要的部分？各部分的主要功能是什么？

4. 8031 的工作寄存器分为几组？每组有多少个工作寄存器？复位状态下工作寄存器位于哪一组？

5. 堆栈指针 SP 的作用是什么？单片机复位时，（SP）＝？在程序设计时一般为什么还要对 SP 重新赋值？

6. MCS-51 单片机中唯一一个不能直接寻址的特殊功能寄存器是哪一个？

7. MCS-51 单片机的存储器空间分为哪三大块，每块的地址范围为多少？为什么程序存储器与片外数据存储器可共用一地址空间？

8. 使单片机复位的方式有几种？复位后的状态如何？

9. 单片机中的用户程序能否从 0000H 开始连续存放？为什么？

10. 特殊功能寄存器的状态寄存器 PSW 各位的含义是什么？

11. 8031 单片机的时钟周期、机器周期、指令周期是如何分配的？若提高单片机的晶振频率，机器周期将如何变化？

12. PSW 状态字寄存器各位的含义是什么？

第三章 MCS-51 指令系统

【学习目标】

(1) 了解：MCS-51 系列单片机的指令格式、指令系统的分类。

(2) 理解：MCS-51 的多种寻址方式及其在不同存储器区域的应用。

(3) 掌握：MCS-51 的 7 种寻址方式、指令功能及大部分常用指令的简单应用。

3.1 指令格式和寻址方式

3.1.1 指令格式

MCS-51 单片机的每条指令根据其机器码所占的字节数不同，可分为单字节指令，双字节指令和三字节指令。单字节指令的一个字节既包括了操作码又包括了操作数的信息；双字节指令用一个字节表示操作码，一个字节表示操作数（或操作数的地址）；而三字节指令则用一个字节表示操作码，二个字节表示操作数或操作数的地址。

(1) 机器语言的格式如下。

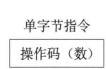

单字节指令

操作码（数）

双字节指令

操作码
操作数

三字节指令

操作码
操作数（高 8）
操作数（低 8）

(2) MCS-51 指令系统的汇编语言指令格式如下。

```
标号：操作码〔目的操作数〕，〔源操作数〕；注释
LOOP：MOV        A    ，  ＃00H   ；A清 0
```

标号表示该指令存放的符号地址，由字母打头的字母/数字串组成。

【注意】 不能以助记符、寄存器名作为标号。

操作码：规定指令所实现的操作功能。用助记符表示（英文缩写）。

目的操作数（目的地址）：操作结果存放的地方，有时称其为目的地址。

源操作数（源地址）：参加操作的数（或操作数存放的地址），有时称为源地址。

【说明】　大部分的指令包含目的操作数和源操作数，也有单操作数、3 操作数甚至没有操作数的指令。

注释：从";"开始至本行末尾为指令的注释部分。

3.1.2　寻址方式

寻址方式是指寻找操作数或操作数地址的方法。根据 CPU 找到操作数的方法不同，MCS-51 系列单片机有七种寻址方式，即立即寻址、寄存器寻址、直接寻址、寄存器间接寻址、变址寻址、相对寻址、位寻址。

【注意】　掌握寻址方式是学习指令系统的重要基础。

1. 立即寻址

所谓立即寻址是指操作数在指令中直接给出。通常把出现在指令中的操作数称之为立即数，把采用立即数的寻址方式称为立即寻址。

【注意】　立即数的前面必须加♯号。例如

```
    MOV    A,    ♯3AH ;  (A)←♯3AH
```

功能是将数据 3AH 送到累加器 A。其中 3A 为立即数。

除 8 位的立即数之外，MCS-51 的指令系统中有一条 16 位立即数传送指令。例如

```
    MOV    DPTR,    ♯1234H ;  (DPTR)←♯1234H
```

2. 寄存器寻址

寄存器寻址方式是指操作数以寄存器的方式给出，即操作数在寄存器中。指令中的寄存器以符号名称表示。例如，已知（R0）＝05H

```
    MOV    A,    R0 ;  (A)←(R0),  (A)＝05H
```

该指令的功能是把寄存器 R0 的内容送到累加器 A 中。由于操作数存放在寄存器 R0 中，因此在指令中指定了 R0 就得到了操作数。

【说明】　寄存器寻址方式是针对寄存器的寻址方式，可用这种方式寻址的寄存器有：

（1）片内 RAM 四个寄存器组共 32 个工作寄存器。指令中的寄存器是当前寄存器组的八个寄存器 R0～R7。系统复位时当前的寄存器组是第 0 组，如果要使用其他寄存器组，可通过 PSW 中的 RS1、RS0 位的设置来改变当前寄存器组。

（2）个别特殊功能寄存器。在寄存器寻址方式中可以使用的特殊功能寄存器有累加器 A、寄存器 B，数据指针 DPTR 等。

3. 直接寻址

直接寻址是指令中直接给出的操作数存放地址的寻址方式。例如，指令

```
    MOV    A,    20H ;  (A)←(20H)
```

功能是将片内 RAM 20H 单元的数据传送到累加器 A 中。20H 就是操作数存放

的地址。MCS-51 的直接寻址方式只能使用 8 位地址，因此这种寻址方式只限于
对片内 RAM 单元进行寻址。

【说明】　直接寻址的范围包括：

（1）片内 RAM 的 128 个字节的数据存储器。

（2）特殊功能寄存器，对 SFR 的直接寻址，在指令中除以单元地址的形式
给出外，还可以特殊功能寄存器符号名称的形式给出。

例如，下面 2 条指令的操作都是将 P1 口的内容取到累加器 A 中。

```
MOV    A,    90H ；（A）←(90H),90H 为 P1 口的地址
MOV    A,    P1 ；（A）←(P1)
```

【注意】　直接寻址是访问特殊功能寄存器单元的唯一方法。

4. 寄存器间接寻址

在寄存器寻址中，寄存器中存放的就是操作数，而寄存器间接寻址方式寄存
器中存放的却是操作数的地址，按这个地址再去找操作数，即操作数是通过寄存
器间接得到的，因此称之为寄存器间接寻址。通常把提供地址的寄存器称之为间
址寄存器。

例如，假定 R0 寄存器中的内容是 3AH，则指令：

```
MOV    A,    @R0；（A）←(3AH)
```

其功能是以 R0 寄存器内容 3AH 为地址，把该单元的内容送到累加器 A。具体
操作如图 3-1 所示。

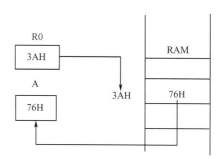

图 3-1　寄存器间接寻址示意图

【说明】　寄存器间接寻址方式的寻址范围为：

（1）片内 RAM 的 128 字节数据存储器，对片内 RAM 的间接寻址，只能用
R0 和 R1 作为间址寄存器，通常表示为@R$_i$（$i=0$ 或 1）。

（2）片外 RAM 的 64K 单元，对片外的 RAM 单元的寄存器间接寻址可以使
用 R0、R1 以及 DPTR 作为间址寄存器，当片外扩展的 RAM 为 8 位地址时，用
R0、R1 作为间址寄存器，若片外扩展的 RAM 为 16 位地址时，则用 DPTR 作
为间址寄存器。其表示形式为@R$_i$、@DPTR，如指令

```
MOV      A,      @R0    ;(A)←((R0)) 片内 RAM
MOVX     A,      @R0    ;(A)←((R0)) 片外 RAM
MOVX     A,      @DPTR  ;(A)←((DPTR)) 片外 RAM
```

【注意】　寄存器间接寻址是访问片外数据存储器的唯一方法。

5. 变址寻址

MCS-51 的变址寻址是以 DPTR 或 PC 作为基址寄存器，以累加器 A 作为变址寄存器，将两者内容相加形成的 16 位地址作为操作数的地址。例如，指令

```
MOVC     A,      @A+DPTR
```

功能是将 DPTR 和 A 的内容相加作为地址，找到程序存储器 ROM 单元，将单元中的内容送 A。假定（A）＝54H，（DPTR）＝3F21H，则该指令的操作如图 3-2 所示。

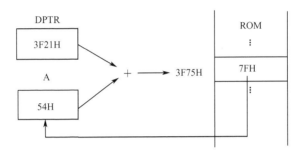

图 3-2　变址寻址操作示意

该指令形成的操作数的地址为 3F21H＋54H＝3F75H，而程序存储器 3F75H 单元的内容是 7FH，故指令执行的结果是 A 的内容为 7FH。

【说明】

（1）变址寻址方式只能用于对程序存储器进行寻址，或者说它是专门针对程序存储器的寻址方式。

（2）MCS-51 指令系统中，变址寻址的指令只有三条，即

```
MOVC     A,      @A+DPTR
MOVC     A,      @A+PC
JMP              @A+DPTR
```

（3）尽管变址寻址方式较为复杂，但变址寻址的指令都是单字节指令。

6. 位寻址

MCS-51 有较强位处理功能，可以对二进制位进行操作，因此就有相应的位寻址方式，即直接给出位地址的方式。例如指令

```
MOV      C,      00H;(CY)←(00H)
```

指令的功能是将位地址 00H 的一位二进制送到进位位 CY 中。

【说明】　位寻址方式的寻址范围为：

(1) 片内 RAM 中的位寻址区，字节地址为 20H~2FH，共 128 位，位地址是 00H~7FH。

(2) 特殊功能寄存器中的可寻址的位。可位寻址的 SFR 共有 11 个，对这些位的寻址在指令中有如下三种表示方法。

① 位地址，这些地址在表 2-3 中已经列出。例如 PSW 的第 3 位的位地址为 D3H。

② 位名称，SFR 的一些寻址位具有符号名称，如 PSW 中的第 3 位的名称为 RS0，则可用 RS0 表示该位。

③ 特殊功能寄存器符号名称加上位的序号。例如 PSW 的第 3 位，表示为 PSW.3。举例如下：

```
CLR      D3H      ; (RS0) = 0
CLR      RS0      ; (RS0) = 0
CLR      PSW. 3   ; (RS0) = 0
```

7. 相对寻址

前面所述的六种寻址方式都是用于获取操作数的，而相对寻址是专为实现程序的相对转移而设计的，为相对转移指令所采用。

在相对转移指令中，给出了地址相对偏移量 rel，将 PC 的当前值加上该偏移量而形成程序转移的目的地址。这时的 PC 当前值是取出该指令后的 PC 值，即转移指令的地址加上它的字节数。因此实现转移的目的地址可用以下公式表示

目的地址＝转移指令存放的地址＋转移指令字节数＋rel

例如，指令：

```
1000H:SJMP  06H ;该指令为 2 字节
                ;(PC) = (PC) + 2 + rel = 1000H + 2 + 06H = 1008H
```

该指令的操作示意如图 3-3 所示。相对偏移量 rel 是一个 8 位的带符号数的补码，所能表示数的范围是 -128~+127。因此相对转移指令是以转移指令所在地址为基点，向前最大可转移（127＋转移指令字节数）个地址单元；向后最大可转移（128－转移指令字节数）个地址单元。

以上介绍的为 MCS-51 的七种寻址方式，实际上大多数指令都包含两个操作数，即大多数指令包含两种寻址方式。例如

```
MOV    A,     ＃0FFH  ;包含寄存器寻址和立即寻址
MOV    20H,   @R1     ;包含直接寻址和寄存器间接寻址
```

总之 MCS-51 的寻址方式的多样性，说明它的指令系统的功能强，可以方便灵活地找到操作数。如寄存器寻址，CPU 直接从寄存器中取数，执行速度快；变址寻址可方便地处理查表，位寻址可以对某一字节的某一特定位进行操作。

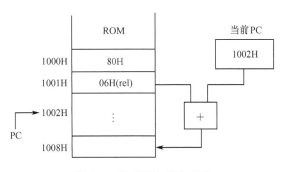

图 3-3　相对寻址操作示意

MCS-51 对于不同区域的存储器采用不同的寻址方式，为便于以后能灵活地学习和应用指令，我们将不同存储器区域可采取的寻址方式归纳如下：

（1）特殊功能寄存器：只能采用直接寻址方式，对于可位寻址的 SFR 可采用位寻址。

（2）片内 128 字节的 RAM：可采用直接寻址和寄存器间接寻址方式。对于其中的位寻址区可采用位寻址。寄存器区可采用寄存器寻址。

（3）片外数据存储器 RAM：只能采用寄存器间接寻址方式。

（4）片内外程序存储器 ROM：只能采用变址寻址。

3.1.3　指令符号意义说明

在分类介绍指令之前，先将指令中常使用的一些符号的意义做以下说明：

Rn——通用寄存器 R0～R7，$n＝0～7$；

Ri——间址寄存器 R0 和 R1，$i＝0、1$；

direct——表示直接寻址的单元地址，它既可以是片内 RAM 的单元地址，也可以是特殊功能寄存器的单元地址或符号名称；

♯data——8 位立即数；

♯data16——16 位立即数；

addr11——11 位 ROM 的地址；

addr16——16 位 ROM 的地址；

rel——相对偏移量，为 8 位带符号数的补码；

@——变址寄存器和间址寄存器的前缀标志；

/bit——表示对指定的位取反；

(X)——某寄存器或某直接寻址单元；

$((X))$——某寄存器间接寻址单元。

3.2　MCS-51 的指令系统

MCS-51 单片机指令系统共有 111 条指令，分为五大类。

(1) 数据传送类指令（29 条）；

(2) 算术运算类指令（24 条）；

(3) 逻辑运算类指令（24 条）；

(4) 控制转移类指令（17 条）；

(5) 位操作类指令（17 条）。

【注意】　在学习指令时要注意指令的使用范围和指令对标志位（PSW）的影响。

3.2.1　数据传送类指令

这类指令是使用最频繁、寻址方式最灵活的一类指令，主要用于数据的传送和交换。这类指令除了有些指令会影响 P 标志，其余标志位均不受影响。所用的寻址方式包括立即寻址、直接寻址、寄存器寻址和寄存器间接寻址。数据传送指令又可分为片内 RAM 传送指令和片外 RAM 传送指令两大组。

1. 内部 RAM 数据传送组

这类指令包括了片内 RAM、工作寄存器、累加器 A 以及 SFR 之间的数据传送，其中目的地址为累加器 A 的指令，要影响 P 标志。

(1) 立即数传送指令。

```
MOV     A , #data        ; (A) ←data
MOV     Rn , #data       ; (Rn)←data
MOV     direct, #data     ; (direct) ←data
MOV     @Ri , #data      ; ((Ri)) ←data
MOV     DPTR , #data16    ; (DPTR) ←data16
```

如

```
MOV     A , #07H          ;执行后(A) = 07H , (P) = 1(奇数个 1)
```

【例 3-1】　将立即数 FFH 送到片内 20H 单元。

根据所学的指令，片内 RAM 的寻址方式有直接寻址和间接寻址 2 种，所以有下面 2 种实现方法。

```
① MOV   20H, #0FFH    ;(20H) ←FFH
② MOV   R0 , #20H      ; (R0) ←20H
  MOV   @R0, #0FFH    ;((R0)) ←FFH
```

由此可见一个立即数可直接送到累加器 A、工作寄存器、片内直接或间接寻址的 128 字节的 RAM 中，以及直接寻址的 SFR 中。

(2) 片内 RAM 之间的数据传送。

```
MOV    direct , Rn          ; (direct) ←(Rn)
MOV    Rn , direct          ; (Rn)←(direct)
MOV    direct1, direct2     ; (direct1) ←(direct2)
MOV    direct , @Ri         ; (direct) ←((Ri))
MOV    @Ri , direct         ; ((Ri)) ←(direct)
```

片内 RAM 之间的数据传送可以使用直接寻址、寄存器寻址以及寄存器间接寻址；若与 SFR 之间的数据传送只能采用直接寻址方式。由以上指令可见：片内 RAM 与 SFR 之间以及 SFR 和 SFR 之间均可进行直接数据传送，如

```
MOV    P2 , R2              ;P2 为直接寻址,(P2) ←(R2)
MOV    0A0H , R2            ; A0H 为 P2 口的地址,(P2) ←(R2)
MOV    P1 , P2              ; P1 和 P2 均为直接寻址,(P1) ←(P2)
MOV    PSW , @R1            ; (PSW) ←((R1)),PSW 为直接寻址,R1 中为
                           ;片内 RAM 单元的地址。
MOV    R5 ,70H              ;(R5) ←(70H),70H 为片内 RAM 的直接地址。
```

(3) 累加器 A 的数据传送。

```
MOV    Rn , A               ;(Rn)←(A)
MOV    A , Rn               ;(A) ←(Rn)
MOV    direct, A            ;(direct) ←(A)
MOV    A , direct           ;(A) ←(direct)
MOV    A , @Ri              ;(A) ←((Ri))
MOV    @Ri, A               ;((Ri)) ←(A)
```

这六条指令中，前两条是工作寄存器 Rn 与 A 之间的数据传送，中间两条为 A 与直接寻址的片内 RAM，以及 A 与直接寻址的 SFR 间的数据传送，后两条为 A 与间接寻址的片内 RAM 的数据传送。

到目前为止，片内 RAM 的数据传送指令已讲完，下面将片内 RAM、工作寄存器、累加器 A、SFR 间的数据传送指令归纳为图 3-4。

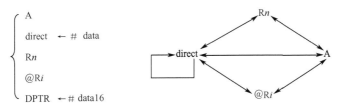

图 3-4　片内 RAM 传递指令示意图

2. 片外 RAM 数据传送指令组

64K 片外 RAM 单元的数据传送只能使用寄存器间接寻址，两组指令如下。

（1）使用 Ri 作为间址寄存器。

```
MOVX    A ,@Ri          ;(A) ←((Ri))
MOVX    @Ri, A          ;((Ri)) ← (A)
```

由于 Ri 只能存放 8 位地址，所以这 2 条指令的寻址范围只限于片外 RAM 的 256 个单元。

（2）使用 DPTR 作为间址寄存器。

```
MOVX    A ,@DPTR        ;(A) ← ((DPTR))
MOVX    @DPTR, A        ;((DPTR)) ←(A)
```

由于 DPTR 是 16 位的地址指针，因此这 2 条指令的寻址范围是片外 RAM 的 64K，它要和 P2 口的地址线配合寻址片外 RAM 空间。

【说明】

① 片外 RAM 数据传送指令与内部 RAM 的传送指令相比，在 MOV 的后面加了一个"X"，代表外部。

② 外部 RAM 的数据传送都要通过累加器 A 实现。

③ 对片外 RAM 的其他操作（如加、减等）都必须通过上述指令将数取到片内，才能进行。

【例 3-2】　将 A 中的内容送至片外 RAM 的 2000H 单元中。

```
MOV     DPTR,#2000H     ;(DPTR) ← 2000H
MOVX    @DPTR,A         ;((DPTR)) ←(A)
```

【例 3-3】　将片外 30H 单元的内容送至片内 20H 单元。

```
MOV     R0, #30H        ;(R0) ←30H
MOVX    A, @R0          ;(A) ←((R0))
MOV     20H, A          ;(20H)←(A)
```

3. 程序存储器数据传送指令

片内外的程序存储器是统一编址的，64K 程序存储器均采用变址寻址访问。由于程序存储器只能读不能写，因此其数据传送是单向的，即从程序存储器中取出数据传入 A 中。两条指令如下

```
MOVC    A,@A + DPTR     ;(A) ←((A) + (DPTR))
MOVC    A,@A + PC       ;(PC) ←(PC) +1,单字节指令
                        ;(A) ←((A) + (PC))
```

程序存储器中除了可存放程序，还可以存放一些常数如表格、清单等。这两条指令主要用于查表操作，即把一个固定的表格放在程序存储器 ROM 中，通过上述两条指令，采用变址寻址方法把数据取出送到 A 中。

【说明】

① A 中为一个无符号的 8 位地址偏移量。

② 第一条查表指令的基址寄存器为 DPTR，该指令访问的程序存储器的地址为(A)＋(DPTR)与当前指令存放的地址无关，因此表格可以放在 64K ROM 的任何位置。

③ 第二条查表指令的基址寄存器为 PC，该指令访问的程序存储器的地址为(A)＋(PC)，其中 PC 为程序计数器的当前值，A 为 8 位无符号数，所以查表范围为查表指令后的 256 个字节的地址空间。

【例 3-4】　试编制根据累加器 A 中的数（0～9）查平方表的子程序。

(1) 采用 DPTR 间址。

```
CONT:MOV    DPTR,＃TAB    ;TAB 为平方表的首地址
     MOVC   A,@A＋DPTR
     RET
       ⋮
TAB: DB     00H          ;BCD 码平方表依次存于起始地址为 TAB 的
     DB     01H          ;9 个单元中
     DB     04H
     DB     09H
     DB     16H
     DB     25H
     DB     36H
     DB     49H
     DB     64H
     DB     81H
```

用伪指令将 0～9 的 BCD 码平方表存于地址标号 TAB 开始的 ROM 单元中，RET 指令为子程序的结束指令。当 A 等于 2 时，通过 MOVC 指令将 TAB＋2 单元的内容 04H 取到 A 中，即该程序执行后 A 中为 02H 的平方值 04H。此程序中的平方表 TAB 可以放在 ROM 64K 的任何位置。

(2) 采用 PC 变址

```
2000H    COUNT:INC   A               ;(A)＝(A)＋1,自加 1
2001H          MOVC  A, @A＋PC
2002H          RET                   ;单字节指令
2003H    TAB:DB      00H             ;平方表
2004H        DB      01H
2005H        DB      04H
  ⋮          ⋮       ⋮
200BH        DB      81H
```

这个程序的平方表紧接在程序的后面，假定 A 中为 02H，加 1 以后为 03H，取出 MOVC 指令后，当前的（PC）＝2002H，（A）＋（PC）＝03H＋2002H＝2005H，从 2005H 单元中取出数据送 A，则（A）＝04H 为 02H 的平方。查表之前的 A 加 1 是因为 MOVC 指令与平方表的首址 TAB 之间有一个地址单元的间隔（即 RET 指令）。此处的表格不能离 MOVC 指令太远，且表格的长度受到限制。

从此例可以看出：① 用第一种方法进行查表，表格 TAB 可放在程序存储器的 64K 范围内。② 用第二种方法查表，表格不能离查表指令太远，一般紧接着查表程序存放。

4. 数据交换指令

数据交换指令只在内部 RAM 单元与累加器 A 之间进行，有整字节交换和半字节交换两类，所有的交换指令均与 A 有关。

（1）整字节交换指令。

在片内 RAM、特殊功能寄存器 SFR、工作寄存器 Rn 和累加器 A 之间进行。此指令影响 P 标志。

```
XCH  A,Rn      ;(A)↔(Rn)
XCH  A, direct ;(A)↔(direct)
XCH  A, @Ri    ;(A)↔((Ri))
```

（2）低半字节的交换指令。

低半字节的交换在片内 RAM 与累加器 A 之间进行，高 4 位保持不变，要影响 P 标志。

```
XCHD  A,@Ri  ;(A)3～0↔((Ri))3～0
```

（3）累加器 A 的高低半字节交换。

```
SWAP  A        ;(A)7～4↔(A)3～0
```

【例 3-5】 设（R0）＝20H，（A）＝3FH，（20H）＝75H

分别执行

```
XCHD    A,@R0
SWAP    A
XCH     A, R0
```

后各寄存器及单元的内容为何？

① 执行后，（A）＝35H，（20H）＝7FH，（R0）＝20H。

② 执行后，(A) =F3H，其余单元不变。

③ 执行后，(A) =20H，(R0) =3FH。

5. 堆栈操作指令

堆栈操作有进栈和出栈操作两种，对应有以下两条指令。

（1）进栈。

```
PUSH    direct   ;(SP)←(SP)+1
                 ;((SP))←(direct)
```

其中，direct 为源地址，指令功能是将片内 RAM 的内容或 SFR 的内容送栈顶。

（2）出栈。

```
POP     direct   ;(direct)←((SP))
                 ;(SP)←(SP)-1
```

其中，direct 为目的地址，指令功能是将栈顶的内容送到片内 RAM 单元或 SFR 中。

堆栈操作实际上是通过堆栈指针 SP 进行的读写，即以 SP 为间址寄存器的寄存器间接寻址方式。因为单片机系统上 SP 是唯一的，所以在指令中只标出了直接寻址的一个操作数，而把通过 SP 间址的另一个操作数隐含了。

【例 3-6】 将 A 的内容送片内 RAM 的 26H 单元中。

可用多种方法实现，26H 单元可通过直接寻址、间接寻址或堆栈操作实现。

① 直接寻址：

```
MOV     26H, A        ;(26H)←A
```

② 间接寻址：

```
MOV     R0, ♯26H      ;(R0)←26H
MOV     @R0, A        ;((R0))←(A)
```

③ 堆栈操作：

```
PUSH    ACC           ;(SP)←(A)
POP     26H           ;(26H)←((SP))
```

3.2.2 算术运算指令

主要完成加、减、乘、除、加 1、减 1、BCD 码调整等操作。MCS-51 指令系统中的算术运算指令均为 8 位的指令。大多数的算术运算指令都对 PSW 的标志位有影响。

1. 加、减法指令

这类指令均由累加器 A 提供目的操作数，源操作数为通过不同寻址方式找到的片内 RAM、SFR 以及工作寄存器中的内容，运算结果送到累加器 A，且运算结果对标志位 CY、AC、OV、P 均有影响。

（1）加法指令

① 不带进位的加法指令。

```
ADD    A,#data       ;(A)←(A) + data
ADD    A, direct     ;(A)←(A) + (direct)
ADD    A, Rn         ;(A)←(A) + (Rn)
ADD    A, @Ri        ;(A)←(A) + ((Ri))
```

② 带进位的加法指令。

```
ADDC   A,#data       ;(A)←(A) + data + CY
ADDC   A, direct     ;(A)←(A) + (direct) + CY
ADDC   A, Rn         ;(A)←(A) + (Rn) + CY
ADDC   A, @Ri        ;(A)←(A) + ((Ri)) + CY
```

此两组指令寻址方式相同，不同的是带借位的加法指令除两操作数相加外，还要加进位位 CY 的内容。带进位的加法指令主要用于多字节的加法运算。

【例 3-7】　设（A）＝81H，（R2）＝F8H，执行指令

```
ADD    A,R2
```

运算过程　　　　　　　　　带符号数

10000001　（A）　　　　　−127

＋ 11111000　（R2）　　　 −8　　结果溢出
───────────────　　───────
1 01111001　　　　　　　 −135

运算结果为

```
(A) = 79H
```

标志位为

CY＝1，AC＝0，P＝1（A 有奇数个 1），OV＝1

这时的标志位 CY、AC、P、OV 分别表示进位、半进位、奇偶、溢出。此例中，把它们看成带符号数的运算时，由于两负数相加，结果应为负，但计算结果为正，显然出错即溢出了，所以 OV 标志置 1。在计算机中两个带符号数的运算溢出与否，是根据 D6 位与 D7 位所产生的进位（借位）的"异或"而得的，即若 D6 位和 D7 位同时产生进位（借位），则 OV 为 0，无溢出；否则 OV 为 1，有溢出。

【例 3-8】　试编写计算数值 6655H＋11FFH 的程序

两个 16 位数相加分两步进行，首先将低 8 位相加，若有进位保存在 CY 中，再进行高 8 位的带进位加，结果存入 50H、51H 中。

```
MOV    A,#55H        ;(A)←55H
ADD    A,#0FFH       ;(A)←(A) + FFH,有进位(CY) = 1
MOV    50H, A        ;(50H)←(A)
```

```
MOV    A,#66H        ;(A)←66H
ADDC   A,#11H        ;(A)←(A) + 11H + (CY) = (A) + 11H + 1
MOV    51H,A         ;(51H)←(A)
```

（2）减法指令（带借位）

减法指令只有带借位的减法指令，其寻址方式与加法指令相同。

```
SUBB   A, #data      ;(A) ←(A) - data - (CY)
SUBB   A, direct     ;(A) ←(A) - (direct) - (CY)
SUBB   A, Rn         ;(A) ←(A) - (Rn) - (CY)
SUBB   A, @Ri        ;(A) ←(A) - ((Ri)) - (CY)
```

此时标志位 CY 与 AC 的含义为有借位或半借位，减法指令只有带借位的减法，若不用带借位的减，只需在减之前将 CY 清 0。

【例 3-9】　设（A）=82H，（R4）=05H，（CY）=1 执行指令

```
SUBB     A, R4
```

运算过程　　　　　　　带符号数

$$
\begin{array}{rr}
10000010 \text{（A）} & -126 \\
00000101 \text{（R4）} & -\ 5 \\
-\ \ \ \ \ \ \ 1 \text{（CY）} & -\ 1 \\
\hline
01111100 & -132
\end{array}
$$

结果溢出

结果为

$$（A）=7CH$$

标志位为

$$CY=0,\ AC=1,\ P=1,\ OV=1$$

两负数相减，结果应为负，实际结果为正则出错，所以溢出，OV 置 1。计算机中也可根据 D6 位有向 D7 位的借位，而 D7 位没有向更高位的借位来判溢出。

【例 3-10】　双字节相减，试编写计算数值 EE33H～A0E0H 的程序，结果存于 50H、51H 单元中。

16 位的减法运算分两步进行：在进行低 8 位的减运算前将进位位 CY 清 0，低 8 位相减的借位保存在 CY 中；在进行高 8 位减法时，借位位一起参加运算。

```
CLR    C             ;(CY) ← 0
MOV    A,#33H        ;(A) ← 33H
SUBB   A,#0E0H       ;(A) ← (A) - E0H - CY(0),有借位,执行后(CY) = 1
MOV    50H,A         ;(50H) ← (A)
MOV    A,#0EEH
SUBB   A,#0A0H       ;(A) ← (A) - A0H - CY(1)
MOV    51H,A
```

2. 乘除法指令

MCS-51 指令系统有 8 位的无符号乘除法指令各一条, 它们均为单字节指令。乘除法指令是整个指令系统中执行时间最长的指令, 各占 4 个机器周期。对 PSW 的标志位除 AC 标志外均有影响, 共同之处是, 乘除法指令执行完后, CY 被清 0, P 为奇偶标志, OV 则根据不同的指令含义不同。

(1) 乘法指令。

```
MUL     AB          ;(B_H A_L)_积 ← (A)×(B)
```

这条指令是将累加器 A 与寄存器 B 中的两个 8 位的无符号数相乘, 积的高 8 位送至 B 中, 积的低 8 位送至 A 中。该指令执行后, 不影响 AC 标志, 标志 CY 清 0。标志 P, 根据 A 中有奇数个 1 还是偶数个 1 来定。OV 标志, 当乘积大于 0FFH 时置 1, 否则, OV 清 0。

(2) 除法指令。

```
DIV     AB          ;(A)_商 (B)_余 ← (A)/(B)
```

这条指令的功能是将 A 中的无符号数除以 B 中的无符号数, 商送到 A 中, 余数送到 B 中。对标志位 AC、CY、P 的影响与乘法指令相同, OV 标志是当除数 (B 中) 为 0 时, OV 被置 1, 否则, OV 清 0。

【例 3-11】　将 15H 单元的内容与 33H 单元的内容相乘, 积送到 31H 单元 (积高 8 位) 和 30H 单元 (积低 8 位) 中。

```
MOV     A,15H
MOV     B,33H
MUL     AB
MOV     30H,A       ;送积的低 8 位
MOV     31H,B       ;送积的高 8 位
```

3. 加 1 减 1 指令

这一组指令均不影响 PSW 的状态标志。

(1) 自加 1 指令。

```
    INC     A           ;(A) ←(A)+1
*   INC     direct      ;(direct) ←(direct)+1
    INC     Rn          ;(Rn) ←(Rn)+1
    INC     @Ri         ;((Ri)) ←((Ri))+1
    INC     DPTR        ;(DPTR) ←(DPTR)+1
```

(2) 自减 1 指令。

```
    DEC     A           ;(A) ←(A)-1
*   DEC     direct      ;(direct) ←(direct)-1
    DEC     Rn          ;(Rn) ←(Rn)-1
    DEC     @Ri         ;((Ri)) ←((Ri))-1
```

这两组指令可将工作寄存器,直接寻址或间接寻址的片内 RAM,以及直接寻址 SFR 的内容加 1(或减 1)后送回原单元。其中 DPTR 只有自加 1 指令而无自减 1 指令。若需进行 DPTR 减 1 操作,应将 DPTR 分为 DPH 和 DPL 通过编程实现。

【注意】 当 direct 为端口 P0~P3 时,加 * 的指令为"读—改—写指令"。

【例 3-12】 将 DPTR 内容自减 1

```
CLR     C           ;(CY)←0
MOV     A,DPL       ;(A)←(DPL)
SUBB    A,#01H      ;(A)←(A)－01H－0
MOV     DPL,A       ;(DPL)←(A)
MOV     A,DPH       ;(A)←(DPH)
SUBB    A,#00H      ;(A)←(A)－00H－(CY)
MOV     DPH,A       ;(DPH)←(A)
```

若不考虑 DPL 自减 1 引起的向 DPH 的借位则可用

```
DEC     DPL         ;代替 DPTR 自减 1
```

4. BCD 码调整指令

该指令在进行 BCD 码运算时,跟在 ADD、ADDC 指令后面,进行 BCD 码调整,以保证两 BCD 码的和仍为 BCD 码。

```
DA      A
```

【例 3-13】 执行下列程序后(A)=?

```
MOV     A,#08H   ;(A)=08H
ADD     A,#04H   ;(A)=0CH
DA      A        ;(A)=12H
```

执行后(A)=12H

但该指令不能直接用于减法指令后面,进行 BCD 码减法的调整。所以当两 BCD 码相减时,应变为补码相加后,再进行 BCD 码调整。

一个 8 位二进制的单元可以存放二位十进制的 BCD 码,而两位 BCD 码的模为 100H,即可以计 00H~99H 一百个数。则

$$[-02H]_{\text{补}}=100H-02H=98H \quad (\text{按十进制运算法则})$$

这是按 BCD 码十进制的运算得来的。将此运算转换为二进制的减运算。设模为 X,则

$$X-02H=98H$$

$$X=9AH$$

即在计算机中要得到－02H 的十进制的补码,应作下列运算:

$$[-02H]_{\text{补}}=9AH-02H=98H \quad (\text{按二进制运算法则运算})$$

即在计算机中,一个两位的 BCD 码数的补码等于 9AH 减去该 BCD 码。

【例 3-14】　将片内 R2 和 R3 的两个 BCD 码相减，结果送到 R4 单元中。

根据前面的结论，应先用 9AH 减去 R3 的内容，即求出其补码，再与 R2 的内容相加，然后再进行 BCD 码调整。程序如下。

```
CLR     C
MOV     A,#9AH
SUBB    A,R3        ;作二进制减法求其补码
ADD     A,R2        ;相加
DA      A           ;BCD 码调整
MOV     R4,A
```

3.2.3　逻辑运算类指令

MCS-51 共有与、或、非、异或四种逻辑运算指令。此外，本书把移位指令也归纳到此类指令中。

1. 逻辑"与"指令

逻辑"与"的运算符为∧，六条逻辑运算指令如下。

```
  ANL     A,#data          ;(A) ← (A) ∧ data
  ANL     A,direct         ;(A) ← (A) ∧ (direct)
  ANL     A,Rn             ;(A) ← (A) ∧ (Rn)
  ANL     A,@Ri            ;(A) ← (A) ∧ ((Rn))
* ANL     direct,#data     ;(direct) ← (direct) ∧ data
* ANL     direct,A         ;(direct) ← (direct) ∧ (A)
```

其中，前四条指令运算结果存在 A 中，而后两条指令结果存在直接寻址的单元中。

【例 3-15】　已知（A）＝36H，问：执行 ANL　A,♯0FH 后（A）＝?

```
      0011 0110
 ∧    0000 1111
 ──────────────
      0000 0110
```

执行后（A）＝06H。

【注意】　"ANL"操作可屏蔽（清 0）某些位。

2. 逻辑"或"指令

逻辑"或"的运算符为∨，六条逻辑"或"指令如下。

```
  ORL     A,#data          ;(A) ← (A) ∨ data
  ORL     A,direct         ;(A) ← (A) ∨ (direct)
  ORL     A,Rn             ;(A) ← (A) ∨ (Rn)
  ORL     A,@Ri            ;(A) ← (A) ∨ ((Ri))
* ORL     direct,#data     ;(direct) ← (direct) ∨ data
```

```
* ORL        direct, A          ;(direct) ← (direct) ∨ (A)
```

【例 3-16】　已知（A）=3AH，问：执行 ORL　A，♯0F0H 后（A）=?

```
      0011 1010
∨     1111 0000
      1111 1010
```

执行后（A）=FAH。

【注意】　"ORL"操作可置 1 某些位。

3. 逻辑"异或"指令

逻辑"异或"的运算符为⊕，其运算法则为

$$0⊕0 = 0,\quad 1⊕1 = 0$$
$$0⊕1 = 1,\quad 1⊕0 = 1$$

六条"异或"运算指令如下。

```
      XRL        A, ♯data          ;(A)←(A) ⊕data
      XRL        A, direct         ;(A)←(A)⊕(direct)
      XRL        A, Rn             ;(A)←(A)⊕(Rn)
      XRL        A, @Ri            ;(A)←(A)⊕((Rn))
*     XRL        direct, ♯data     ;(direct)←(direct)⊕data
*     XRL        direct, A         ;(direct)←(direct)⊕(A)
```

【例 3-17】　已知（A）=95H，（B）=0FH。问：执行 XRL　A，B 后（A）=?

```
      1001 0101
⊕     0000 1111
      1001 1010
```

执行后（A）=9AH。

【注意】　"XRL"可求反某些位。

上述的与、或、异或三种逻辑运算都是按位进行的，而且不影响标志位 CY，AC，OV，目的地址为累加器 A 的指令要影响 P 标志。当 direct 为 P0～P3 时，加 * 指令为"读—改—写"指令。

【例 3-18】　将累加器 A 的低 4 位送到 P1 口的低 4 位，而 P1 口的高 4 位保持不变。

程序如下。

```
      ANL        A,♯0FH            ;屏蔽 A 的高 4 位(低 4 位不变)
      ANL        P1,♯0F0H          ;屏蔽 P1 口的低 4 位(高 4 位不变)
      ORL        P1,A              ;实现低 4 位传送
```

4. 对累加器 A 的逻辑运算指令

累加器 A 有专门的清 0 和求反指令。

```
CLR        A                ;A ← 0
CPL        A                ;A ← (Ā)
```

【注意】　字节的求反、清 0 只能在 A 中进行。

5. 移位指令

MCS-51 的移位指令只能对累加器 A 进行，共有四条指令。

(1) 循环左移。

RL　　A　；

(2) 循环右移。

RR　　A　；

(3) 带进位的循环左移。

RLC　　A　；

(4) 带进位的循环右移。

RRC　　A　；

其中，前两条为不带进位的循环移位，后两条为带进位的循环移位，其中的进位位 CY 是指 PSW 寄存器中的 CY 标志。

【注意】　每执行一次移位指令，只向左或向右移一位。

【例 3-19】　设（A）=10H，利用右移实现 A 中内容除以 8 的操作。

累加器 A 右移一位，最高位补 0，相当于除 2 的操作，因此除 8，只需右移 3 次。程序如下。

```
RR     A     ;(A) = 08H
RR     A     ;(A) = 04H
RR     A     ;(A) = 02H
```

【例 3-20】　设（A）=02H，利用左移实现乘 8 的操作。

累加器 A 左移一位，最低位补 0，相当于乘 2 操作，乘以 8 只需左移 3 次。程序如下。

```
RL     A     ;(A) = 04H
RL     A     ;(A) = 08H
RL     A     ;(A) = 10H
```

3.2.4　控制转移类指令

程序的顺序执行是由 PC 自动加 1 实现的。要改变程序的执行顺序，进行分支转移，应通过改变 PC 的值来完成。这就是控制转移指令的功能。控制转移指令共有两类：有条件转移和无条件转移。

按照程序转移的范围可分为以下三种。

（1）长转移指令，直接给出 16 位的地址 addr16，转移范围为 64KB ROM 区。

（2）绝对转移指令，直接给出 11 位地址 addr11，转移范围为 2KB ROM 区。

（3）相对转移指令，给出转移的相对偏移量 rel，转移范围为 256 字节 ROM 区。

1. 无条件转移指令

所谓无条件转移指令是指程序的转移是无条件的，程序中只要遇到此类指令，必然发生转移。根据程序转移的范围不同，可分为长转移指令、绝对转移指令、短转移指令和散转指令。

（1）长转移指令。

无条件的长转移指令为

```
    LJMP      addr16       ;(PC)←addr16
```

此指令为三字节指令，指令执行后将 16 位直接地址 addr16 送 PC，从而实现程序转移。转移范围可达 64KB ROM。

（2）绝对转移指令。

无条件的绝对转移指令为

```
    AJMP      addr11        ;(PC) ← (PC) + 2 双字节指令
                            ;(PC 10～0)←addr11(A10～A0)
```

这是一条双字节指令，其机器码的指令格式如图 3-5 所示。

图 3-5　机器码的指令格式

指令提供的 11 位地址中，A7～A0 在第二字节，A10～A8 占第一字节的高 3 位，而指令的操作码则占第一字节的低五位。

由于 addr11 为无符号数，最小值为 000H，最大值为 7FFH，因此绝对转移指令所能实现的最大转移范围 2KB 单元。例如

```
    2070H    AJMP    addr11
```

其转移范围为 2000H～27FFH。

（3）短转移指令。

无条件的短转移指令为

　　　　SJMP　　　rel　　；(PC)←(PC)+2+rel，双字节指令

SJMP 是相对寻址方式的转移指令，其中 rel 为相对偏移量，是一个带符号的 8 位二进制数的补码，其所能表示数的范围为 $-128 \sim +127$，而转移的目的地址的计算公式为

$$目的地址＝(PC)+指令字节数+rel＝(PC)+2+rel$$

公式中的 PC 值为相对转移指令存放的地址，即源地址。所以短转移指令的范围为以当前指令取出后的 PC 值为基准，负转 128，到正转 127 字节。

在汇编语言程序中，无专用结束指令，要使程序结束，常用

　　　　HERE：　　SJMP　　HERE

或

　　　　　　　　SJMP　　　$

使程序处于"原地踏步"状态，即结束。在 MCS-51 汇编语言中，$ 代表当前指令存放的地址。注意：在程序中 addr11、addr16 及 rel 常用符号地址代替，如标号"HERE"。

（4）散转指令。

无条件的散转指令为

　　　　JMP　　　@A+DPTR　　；(PC)←(A)+(DPTR)

这是一条变址寻址的单字节指令，指令以 DPTR 为基址寄存器，以 A 为变址。转移的目的地址是 A 的内容与 DPTR 的内容之和。这条指令的特点是便于实现多分支转移，只要把 DPTR 的内容固定，而给 A 赋以不同的值，即可实现多达 256 的多分支转移。

【例 3-21】　键盘处理程序，根据 A 中的键值实现多分支转移。

功能说明如下：

设进入下列程序前，A 中为键值，要求：当 A 为 00H 时，转 MON 的处理程序；当 A 为 01H 时，转 RDP 的读数据处理程序；当 A 为 02H 时，转 WRP 的写数据处理程序（表 3-1）。

表 3-1

键功能	键值	处理子程序
进入监控	00H	MON
读数据	01H	RDP
写数据	02H	WRP

先建立转移指令分支表如图 3-6 所示，分支表的首地址为 3000H，键值所对应的转移指令的地址为

$$转移指令的地址＝3000H＋键值×2$$

	分支表
3000H	AJMP
＋2×0	MON
3002H	AJMP
＋2×1	RDP
3004H	AJMP
＋2×2	WRP

图 3-6

根据 A 中的键值实现多分支转移程序如下。

```
        ⋮
        MOV     DPTR,＃3000H      ;3000H 为基址
        CLR     C                ;CY 清 0
        RLC     A                ;左移 (A)×2
        JMP     @A＋DPTR          ;转分支表处理程序
        ⋮
        ORG     3000H
3000H:  AJMP    MON              ;转进入监控子程序,双字节指令
3002H:  AJMP    RDP              ;转读数据子程序
3004H:  AJMP    WRP              ;转写数据子程序
        ⋮
```

2. 条件转移指令

所谓条件转移指令是指程序的转移是有条件的。执行条件转移指令时，如指令中规定的条件满足，则程序转移；否则，程序顺序执行。这一类指令的寻址方式均为相对寻址，即指令通过提供相对偏移量 rel 的形式，实现程序转移。程序转移的范围为 256 字节。

(1) 累加器判零转移指令。

此指令是以累加器 A 的内容是否为 0 作为条件，来判断程序是否进行转移。共有两条指令：

```
JZ      rel      ;若(A)=0,则转移:(PC) ← (PC)+2+rel
                 ;若(A)≠0,则顺序执行:(PC) ← (PC)+2
JNZ     rel      ;若(A)≠0,则转移:(PC) ← (PC)+2+rel
                 ;若(A)=0,则顺序执行:(PC) ← (PC)+2
```

这两条指令是双字节的相对转移指令。第一条指令的条件是，当 A 中的内容为 0 时，程序发生转移，否则程序顺序执行。第二条指令的条件是，当 A 中的内容不为 0 时，程序转移，否则程序顺序执行。

【例 3-22】　下列程序执行后，程序转向何处？

```
          MOV    A,#05H
LOOP: DEC    A          ;(A)=(A)-1
          JNZ    LOOP       ;(A)≠0,转,(A)=0 顺序执行
          ⋮
```

此程序执行时，DEC A 指令要执行 5 次，直到（A）＝0 继续执行下面程序。

（2）数值比较转移指令。

数值比较转移指令，是把两个操作数进行比较，以是否相等作为条件来控制程序的转移。有四条指令：

```
CJNE    A,#data, rel      ;(A)≠#data,则程序转移
CJNE    A, direct, rel     ;(A)≠(direct),则程序转移
CJNE    Rn,#data, rel     ;(Rn)≠#data,则程序转移
CJNE    @Ri,#data, rel    ;((Ri))≠#data,则程序转移
```

数值比较指令为三字节指令，也是 MCS-51 指令系统中仅有的四条 3 操作数指令，比较的结果总是两个操作数不相等时，程序发生转移。

操作数的比较是通过相减（目的操作数－源操作数）来进行的。但这种相减除影响 CY 标志外，并不产生差值。比较指令对 CY 的影响有下列三种情况：

① 若目的操作数＝源操作数，则程序顺序执行，（PC）＝（PC）＋3，且 CY ← 0。

② 若目的操作数 ＞ 源操作数，则程序转移，（PC）＝（PC）＋3＋rel，且 CY ← 0。

③ 若目的操作数＜源操作数，则程序转移，（PC）＝（PC）＋3＋rel，且 CY ← 1。

使用 CJNE 指令不但可根据不相等的条件控制转移，而且可以根据转移后的 CY 来判断数值的大小。即

$$(CY)\begin{cases}=0,\text{目的操作数}\geqslant\text{源操作数}\\=1,\text{目的操作数}<\text{源操作数}\end{cases}$$

【例 3-23】　编写程序实现，当 P1 口的输入数据为 00H 时，程序继续执行下去；否则，等待，直至 P1 口出现 00H。

```
          MOV    P1,#0FFH       ;设 P1 为输入
          MOV    A,#00H
WAIT: CJNE   A,P1,WAIT      ;(P1)≠00H 则转 WAIT 等待
          ⋮
```

【例 3-24】　若（A）≥11H 时，B 置为 00H，否则 B 置为 FFH。

```
        CJNE    A，#11H，COM     ;(A) ≠ 11H 转 COM
COM：   JC      K1             ;(A) <11H,转 K1
        MOV     B，#00H         ;(A) ≥11H,则(B) = 00H
        SJMP    DON            ;转结束
K1：    MOV     B，#0FFH
DON：   SJMP    $              ;结束
```

（3）减 1 条件转移指令

```
        DJNZ    Rn，rel         ;(Rn) ← (Rn) - 1
                               ;若(Rn)≠0,则转移(PC) ← (PC) + 2 + rel
                               ;若(Rn) = 0,则顺序执行(PC) ← (PC) + 2
 *      DJNZ    direct，rel     ;(direct)←(direct) - 1
                               ;若(direct)≠0,则转移(PC)←(PC) + 3 + rel
                               ;若(direct) = 0,则顺序执行(PC)←(PC) + 3
```

上述两条指令，是将工作寄存器和直接寻址单元的内容自减 1，不等于 0，则程序转移，等于 0，则程序顺序执行。一条指令相当于前面三条指令的功能。

$$
\text{DJNZ R1，rel} \longrightarrow \begin{cases} \text{DEC} & \text{R1} \\ \text{MOV} & \text{A，R1} \\ \text{JNZ} & \text{rel} \end{cases}
$$

此类指令主要用于循环程序中控制循环的次数。

【注意】　当 direct 为端口 P0~P3 时，加 * 的指令为"读—改—写指令"。

【例 3-25】　将片内 20H~25H 单元的内容清 0。

```
        MOV R0，#20H        ;首地址(R0) = 20H
        MOV R2，#06H        ;单元计数(R2) = 6
        CLR A
LP：    MOV @R0，A          ;((R0)) = 00H,将 R0 所指单元清 0
        INC R0             ;地址 + 1
        DJNZ R2 LP         ;(R2) - 1≠0 转,即 6 单元未清完,则转 LP
        SJMP $
```

3. 空操作指令

```
        NOP                ;(PC)←(PC) + 1
```

空操作指令不进行任何具体的操作，只消耗一个机器周期的时间。空操作指令为单字节指令，因此操作后 PC 加 1。NOP 指令常用于程序的等待或时间延迟。

【例 3-26】　设单片机晶振为 12MHz，则机器周期 $M=1\mu s$，编制 50ms 延时子程序。

机器周期数

```
DEL：    MOV     R7，#200        ;1M
DEL1：   MOV     R6，#123        ;1M
```

```
        NOP                         ;1M
DEL2:   DJNZ      R6,DEL2           ;2M
        DJNZ      R7,DEL1           ;2M
        RET                         ;2M
```

查指令表得出每条指令的执行时间，即机器周期数，如上所示。

延时时间 $T = [1+(1+1+2\times123+2)\times200+2]\times M$

$$= (3+250\times200)\times M$$

$$= 50003\times1$$

$$= 50003\mu s$$

$$= 50.003 \text{ ms}$$

上面的延时程序误差仅为 0.003 ms，若去掉 NOP 指令，可算出延时误差增大，由此可见 NOP 指令的作用。

4. 子程序调用返回指令

在实际程序中，常有主程序和子程序之分，调用子程序时，CPU 暂停主程序的执行，转去执行子程序，子程序执行完后，再返回主程序继续执行。MCS-51 的指令系统中设置了对应的调用 LCALL 和返回 RET 指令。

（1）调用指令 LCALL（主程序中）。

其作用为：

第一，保存断点（下一条指令的地址 1003H），以便子程序执行完后返回主程序。

第二，转向子程序，设子程序入口地址为 2300H。

设 LCALL 指令存放在 1000H 开始的 ROM 中，为实现上述指令功能，单片机执行 LCALL 指令

```
        1000H:LCALL   2300H
```

操作示意如图 3-7、图 3-8 所示。

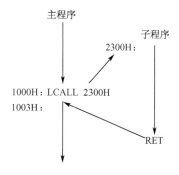

图 3-7　调用指令示意图

图 3-8 调用指令操作示意图

① (PC) ← (PC)＋3，指向下一条指令（LCALL 为三字节指令），(PC) ＝ 1003H。

② 将下一条指令的地址（当前 PC，即断点 1003H）推入堆栈保存。

a. (SP) ← (SP)＋1，((SP)) ← $(PC)_L$，即(08H)＝03H；

b. (SP) ← (SP)＋1，((SP)) ← $(PC)_H$，即(09H)＝10H。

③ 转向子程序(PC) ← addr16，(PC)＝2300H。

(2) 返回指令 RET（子程序的末尾）。

返回指令为子程序的结束指令，其作用是弹出断点、返回主程序。

为实现上述功能，单片机在执行 RET 指令时，进行以下操作

① 断点弹出，恢复至 PC：

a. $(PC)_H$ ← ((SP))，(SP) ← (SP)－1，即$(PC)_H$＝10H；

b. $(PC)_L$ ← ((SP))，(SP) ← (SP)－1，即$(PC)_L$＝03H。

② SP 恢复为原来的栈顶（SP）＝07H，程序从断点处继续执行主程序。

(3) 常用的调用返回指令。

① 调用指令两条。

```
LCALL    addr16    ;(PC) ← (PC)＋3,三字节指令
                   ;断点入栈:(SP) ← (SP)＋1,((SP)) ← (PC)L
                   ;             (SP) ← (SP)＋1,((SP)) ← (PC)H
                   ;转向子程:(PC) ← addr16
ACALL    addr11    ;(PC) ←(PC)＋2,双字节指令
                   ;断点入栈:(SP) ← (SP)＋1,((SP)) ← (PC)L
                   ;             (SP)← (SP)＋1,((SP)) ← (PC)H
                   ;转向子程:(PC)10～0 ← addr11
```

前一条调用指令提供了 16 位地址，可调用 64KB 范围内的子程序，后一条指令提供了 11 位地址，调用范围限制在 2K 字节内。

② 返回指令两条。

```
RET              ;(PC)H ← ((SP)),(SP) ← (SP)－1
```

```
                    ;(PC)L ← ((SP)),(SP) ← (SP) - 1
    RETI            ;中断返回。
```

前一条为子程序返回指令，表示子程序的结束；后一条为中断返回指令，表示中断服务子程序的结束，该指令的执行过程类似 RET 指令，但它还包括恢复中断逻辑等操作。RET 指令和 RETI 指令绝不能互换。

3.2.5　位操作指令

MCS-51 中有布尔处理器（位微处理器），具有较强的位处理功能，可进行以二进制位（bit）为单位的运算和操作。以标志位 CY 作为累加位（类似于字节操作中的累加器 A），可实现对片内 RAM 可寻址位以及 SFR 可寻址位的位操作。

1. 位传送指令

位传送操作是指寻址位与累加位 CY 之间的相互传送。

```
    MOV    C,bit    ;(CY) ← (bit)
    MOV    bit,C    ;(bit) ← (CY)
```

指令中 C 就是 CY，由于没有两个寻址位之间的传送指令，因此位与位之间的数据传送必须通过 CY 为中介进行。

【例 3-27】　将位地址为 20H 的一位二进制送到 5AH 中。

```
    MOV    C,20H    ;(CY) ← (20H)
    MOV    5AH,C    ;(5AH) ← (CY)
```

2. 位清 0、置 1 指令

对 CY 及寻址位进行清 0、置 1。

```
    SETB    C       ;(CY) ← 1
    SETB    bit     ;(bit) ← 1
    CLR     C       ;(CY) ← 0
    CLR     bit     ;(bit) ← 0
```

【注意】　字节清 0 指令只有 CLR　A，无 CLR　direct。

【例 3-28】　CLR　　20H　　　;位（20H）＝0，非 20H 单元清 0

3. 位运算指令

位运算指令均为逻辑运算指令，运算结果存于 CY 中。有逻辑"与"，"或"、"非"三种运算。

```
    ANL    C,bit    ;(CY) ← (CY) ∧ (bit)
    ANL    C, /bit  ;(CY) ← (CY) ∧ (bit̄)
    ORL    C, bit   ;(CY) ← (CY) ∨ (bit)
    ORL    C, /bit  ;(CY) ← (CY) ∨ (bit̄)
    CPL    C        ;(CY) ← (C̄Ȳ)
    CPL    bit      ;(bit) ← (bit̄)
```

【例 3-29】　试用软件实现如图 3-9 所示的 P1.0～P1.3 逻辑运算。

程序如下：

```
MOV    P1,♯0FFH;设 P1 为输入
MOV    C,P1.1    ;(CY) ← (P1.1)
ORL    C,P1.2    ;(CY) ← (P1.1)∨(P1.2)
ANL    C,P1.0    ;(CY) ← [(P1.1)∨(P1.2)]∧(P1.0)
MOV    P1.3,C    ;(P1.3) ← (C)
```

4. 位控制转移指令

位控制转移指令是指以位的状态作为程序转移的判断条件。对这些指令分别说明如下。

(1) 以 CY 状态为条件的转移指令。

此两条指令均为双字节指令。

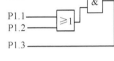

图 3-9

```
JC     rel           ;若(CY)=1,则转移:(PC) ← (PC)+2+rel
                     ;若(CY)=0,则顺序执行:(PC) ← (PC)+2
JNC    rel           ;若(CY)=0,则转移:(PC) ← (PC)+2+rel
                     ;若(CY)=1,则顺序执行:(PC) ← (PC)+2
```

【例 3-30】　下列程序执行完后，程序转向何处？

```
CLR C                ;(CY) ← 0
JC  L1               ;因为(CY)=0,程序不转
CPL C                ;(CY) ← 1
JC  L2               ;因为(CY)=1,程序转向 L2
L1：⋮
L2：⋮
```

(2) 以位状态为条件的转移指令。

```
JB     bit,rel        ;(bit)=1,则转移
JNB    bit,rel        ;(bit)=0,则转移
JBC    bit,rel        ;(bit)=1,则转移,并且清(bit)=0
```

这三条指令均为三字节指令，如果条件满足则转移(PC)←(PC)+3+rel；否则顺序执行(PC)←(PC)+3。

【例 3-31】　下列程序执行完后，程序转向何处？

```
MOV P1,♯67H          ;(P1) ← ♯67H
MOV A,♯34H           ;(A) ← ♯34H
JB  P1.4,L1          ;因为(P1.4)=0,程序不转
JNB ACC.1,L2         ;因为(ACC.1)=0,程序转向 L2
L1：⋮
L2：⋮
```

【例 3-32】　若 A 中为带符号数的补码，编程实现，当该数为正，则清 (F0) ＝0，为负，则置 (F0) ＝1。

```
        JNB     ACC.7, PS       ;(A)为正,转 PS
        SETB    F0              ;(A)为负,(F0) = 1
        SJMP    DON             ;转结束
PS: CLR         F0
DON: SJMP       $
```

【小结】

本章主要介绍 MCS-51 系列单片机的指令格式，寻址方式，指令系统的分类及简单应用。寻址方式是解决如何取得操作数的问题，也是学习指令的基础。MCS-51 的寻址方式有 7 种，即立即寻址，寄存器寻址，直接寻址，寄存器间接寻址，变址寻址，相对寻址，位寻址。单片机的不同存储器区域采用不同的寻址方式。

（1）特殊功能寄存器：只能采用直接寻址方式，对于可位寻址的 SFR 可采用位寻址。

（2）片内 128 字节的 RAM：可采用直接寻址和寄存器间接寻址方式。对于其中的位寻区可采用位寻址。寄存器区可采用寄存器寻址。

（3）片外数据存储器 RAM：只能采用寄存器间接寻址方式。

（4）片内外程序存储器 ROM：只能采用变址寻址。

MCS-51 的指令系统有 111 条指令，学习指令时要结合寻址方式，注意总结各类指令的特点。为便于学生记忆、查询各类指令。下面将各类指令的图解归纳如下。

1. 传送指令

（1）片内 RAM 传送指令。

片内传送指令助记符为 MOV，通过图 3-10 中的寻址方式及传送关系，则可知所有的片内传送指令，箭头指向的地址为目的地址。

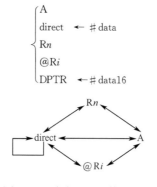

图 3-10　片内 RAM 传送指令

（2）片外 RAM 传送指令。

助记符 MOVX 如图 3-11 所示。

$$@Ri \leftrightarrow A \leftrightarrow @DPTR$$

图 3-11　片外 RAM 传送指令

（3）ROM 的读指令。

助记符 MOVC 如图 3-12 所示。

$$@A+DPTR \rightarrow \textcircled{A} \leftarrow @A+PC$$

图 3-12　ROM 读指令

（4）交换指令。

以 A 为目的地址，助记符为 XCH（整字节交换）有三条指令，XCHD（低半字节交换），SWAP（高低字节交换）各一条，见图 3-13。

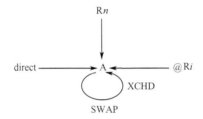

图 3-13　交换指令图

（5）堆栈操作。

$$\left.\begin{array}{l} \text{PUSH} \\ \text{POP} \end{array}\right\} \text{direct}$$

2. 算术运算类指令

（1）以 A 为目的地址的 ADD、ADDC、SUBB，共 4 条（图 3-14）。

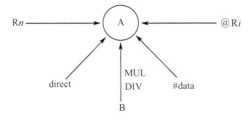

图 3-14　以 A 为目的地址的指令

（2）AB 的乘除 MUL、DIV 2 条（图 3-14）。

（3）自加 1 自减 1（图 3-15）。

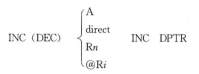

图 3-15 自加 1 减 1 指令

（4）BCD 调整指令：DA A。

3. 逻辑运算指令

（1）以 A 为目的地址的与、或、异或：ANL、ORL、XRL 的指令有 4 条（图 3-16）。

（2）以 direct 为目的地址的 ANL、ORL、XRL 的指令有 2 条（图 3-16）。

（3）对 A 移位、清 0、求反，如图 3-17 所示。

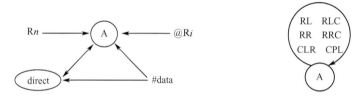

图 3-16 以 A、direct 为目的地址的指令　图 3-17 对 A 移位、清 0、求反的指令

4. 无条件转移指令

无条件转移指令三条：LJMP、AJMP、SJMP。

5. 条件转移指令

（1）A 的判零转移 JZ、JNZ 指令 2 条。

（2）比较转移指令 CJNE，以 A 为目的地址的 2 条，以 Rn、@Ri 为目的地址的各一条。

（3）自减一转移指令 DJNZ 2 条，见图 3-18。

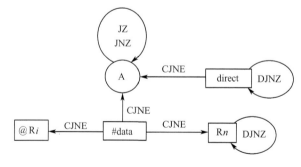

图 3-18 条件转移指令

6. 空操作，调用、返回指令

NOP

```
LCALL      RET
ACALL      RETI
```

7. 位操作运算指令

（1）位操作运算指令包括传送、逻辑运算、置 1、清 0、求反。位的逻辑运算目的地址均为 C，位之间的传送必须通过 C 进行，见图 3-19。

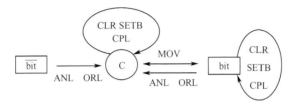

图 3-19　位操作运算指令

（2）位控制转移指令，见图 3-20。

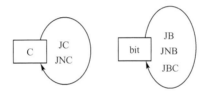

图 3-20　位控制转移指令

习题与思考

1. 单片机有哪几种寻址方式？各种寻址方式是如何寻址的？

2. 若要访问特殊功能寄存器（SFR）、片外数据存储器（RAM），可分别采用哪些寻址方式？

3. 若要访问片内低 128 字节的数据存储器（RAM），可采用哪几种寻址方式？

4. 若访问程序存储器（ROM），可采用哪些寻址方式？

5. 试比较下面每一组中的两条指令的区别，并说明源操作数和目的操作数的寻址方式。

（1）MOV R1，♯64H 与 MOV 64H，R1；

（2）MOV A，@R0 与 MOV @R0，A；

（3）MOV A，30H 与 MOV A，♯30H；

（4）MOV A，@R0 与 MOV A，R0；

（5）MOV P1，A 与 MOV 90H，A；

(6) CLR A 与 CLR ACC. 0；

(7) MOV A，20H 与 MOV C，20H；

(8) CLR C 与 CLR 20H；

(9) MOV A，@R0 与 MOVX A，@R0。

6. 执行以下三条指令后，30 单元的内容为多少？

```
MOV R1,#30H
MOV 40H,#0EH
MOV @R1,40H
```

7. 已知（A）=35H，（R0）=6FH，（P1）=#0FCH，（SP）=#0C0H，试分别写出下列指令的机器码及分别执行各条指令的结果。

(1) MOV R6，A

(2) MOV @R0，A

(3) MOV A，#90H

(4) MOV A，90H

(5) MOV 80H，#81H

(6) MOVX @R0，A

(7) PUSH A

(8) SWAP A

(9) XCH A，R0

8. 下列程序执行完后，（A）=？（B）=？（SP）=？

```
MOV SP,#3AH
MOV A,#20H
MOV B,#30H
PUSH ACC
PUSH B
POP ACC
POP B
SJMP $
```

9. 已知（A）=85H，执行下列程序段后，（50H）、（51H）的内容为多少？

```
MOV B, A
ANL A,#0FH
ORL A,#30H
MOV 51H, A
MOV A, B
SWAP A
ANL A,#0FH
```

```
        ORL A, #30H
        MOV 50H, A
        SJMP $
```

10. 下列程序段执行后，30H 单元的内容为多少？

```
        MOV R0,#30H
        SETB C
        CLR A
        ADDC A,#00H
        MOV @R0,A
        SJMP $
```

11. 试编程将片外数据存储器 2100H 单元的内容送到片内 RAM 的 2BH 单元中。

12. 试编程将片内 RAM 40H 单元中的内容与 R0 的内容交换。

13. 试分析下面两段程序中各条指令的作用，程序执行完后转向何处？

（1）第一段程序。

```
        MOV P1,#0CH
        JNB P1.3, L1
        CLR P1.2
        JNB P1.2,L2
    L1：  ⋮
    L2：  ⋮
```

（2）第二段程序。

```
        MOV A,#43H
        JBC ACC.2,L1
        CPL A
        JNB ACC.6,L2
    L1：  ⋮
    L2：  ⋮
```

14. 如有下列程序段，说明其功能。

```
        MOV R0, #30H
        MOV A, @R0
        INC R0
        ADD A, @R0
        DA A
        INC R0
        MOV @R0, A
        SJMP $
```

15. 有以下程序段，请说明其功能。

```
        MOV R2,#0AH
        MOV R1,#30H
        CLR A
LOOP：  ADD A,@R1
        INC R1
        DJNZ R2,LOOP
        MOV 50H,A
        SJMP $
```

16. 试编程将片内 20H 和 21H 单元中的两数相减，结果存放在 22H 单元中。

17. 编程将片内 30H 单元的两位 BCD 码拆成相应的 ASCII，存入 31H、32H 单元。

18. 已知（PC）＝1000H，（SP）＝64H，问执行 LCALL 1080H（该指令存放在 1000H 单元中）指令后，堆栈指针发生了什么变化？PC 及堆栈中的内容为多少？

19. 已知（SP）＝25H，（24H）＝20H，（25H）＝00H，问执行 RET 指令以后，（SP）＝？（PC）＝？

20. 试比较 A、B 中两无符号数的大小，将大数送片内 20H 单元。

21. 阅读下列程序说明其功能，程序执行后（30H）＝？

```
MOV     A,#02H
RL      A
MOV     R2,A
ADD     A,R2
MOV     R0,#30H
MOV     @R0,A
SJMP    $
```

22. 用位操作指令实现：P1.1＝$\overline{(ACC.3)}$ ∨ (P1.2∧P1.3)。

23. 编程实现将片内 30H 单元的内容除以 31H 单元的内容结果送 32H 单元，余数送 33H 单元。

24. 下述指令执行后，（SP）＝？（A）＝？（B）＝？解释每一条指令的作用，并翻译成机器码。

```
ORG 0000H
MOV SP,#40H
MOV A,#30H
LCALL 0500H
```

```
          ADD A,♯10H
          MOV B,A
L1:       SJMP L1
          ORG 0500H
          MOV DPTR,♯000AH
          PUSH DPL
          PUSH DPH
          RET
```

第四章　汇编语言程序设计

【学习目标】

(1) 了解：了解汇编语言编程的特点。

(2) 理解：伪指令及其在汇编程序中的应用。

(3) 掌握：单片机汇编语言程序设计的一般方法，重点掌握数值比较，数据块传送、查找，代码转换等常用子程序的设计。

4.1　概　　述

4.1.1　程序设计语言简介

(1) 机器语言：这是计算机能够直接识别的，采用二进制代码表示的，随计算机型号不同而不同的计算机语言。一般用机器语言编写的程序称为目标程序。它的特点是难读、难写、难交流。

(2) 汇编语言：这是采用助记符（英文缩写）表示的计算机语言。便于书写，阅读。但它是"面向机器"的语言，各种机型的汇编语言各不相同。

(3) 高级语言：这是使用一些接近人们的书写习惯的英语和数学表达式表示的计算机语言。它们是面向用户的，不依赖于计算机的结构和指令系统，可在各种机器上通用。

4.1.2　汇编语言和高级语言的比较

无论是用汇编语言编写的程序，还是用高级语言编写的程序，都称为源程序，要计算机能够执行都必须翻译成机器语言格式的目标程序，如图 4-1 所示。高级语言的编译过程由计算机中的解释程序或编译程序自动完成；而汇编语言的翻译过程可由计算机借助汇编程序自动完成或通过人工查表完成。汇编语言与高级语言的不同处如下。

(1) 汇编语言与机器语言是一一对应的，汇编语言生成的目标程序，相对于高级语言生成的目标程序，所占的存储单元少，执行速度快，能反映计算机的实际运行情况。

(2) 汇编语言能直接和存储器及接口电路打交道，且能申请中断，即汇编语言程序能直接管理和控制硬件设备，因此在实时控制及检测的应用场合，用汇编

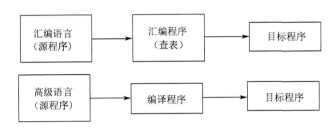

图 4-1　汇编程序和编译程序的功能示意

语言编程可直接进行输入、输出，执行速度快，实时性强。

（3）汇编语言编程比高级语言困难，这是因为，汇编语言是面向计算机的，程序设计人员必须对计算机硬件有深入的了解，才能使用汇编语言编写程序。

（4）汇编语言缺乏通用性，程序不易移植。各种计算机都有自己的汇编语言，不同的汇编语言之间不能通用。但掌握了一种汇编语言，有助于学习其他计算机的汇编语言，理解计算机的工作原理。

4.1.3　伪指令

所谓伪指令是用来指示和控制汇编过程的一些命令，它不生成目标程序，仅在汇编语言翻译成机器码的汇编过程中起作用。伪指令提供了如规定程序存放的地址、建立数据表格一类的功能，为汇编语言程序的编写提供了方便。在不同的汇编程序中，伪指令的符号和含义可能有差别，但多数是类似的。

1. ORG（汇编起始）

它的功能是规定目标程序在程序存储器中存放的起始地址。例如：

```
    ORG  1000H
    MOV  A,#20H              ;表示此指令的机器码从 1000H 单元开始存放
```

2. END（汇编结束）

它的功能是标志源程序的汇编结束，即通知汇编程序不再继续往下汇编，如

```
    ORG  1000H
      ⋮
    END                     ;表示源程序到此结束
```

3. DB（定义字节）

它的功能是将一个字节存入标号所指示的存储单元中，如

```
      ORG  1000H
 TAB :DB   53H,00H           ;即(1000H) = 53H,(1001H) = 00H
      DB   "1"               ;即(1002H) = 31H(31H 为"1"的 ASCII)
```

可见，DB指令可同时定义一个或多个字节，其间用逗号隔开。"字符"是将字符的 ASCII 存入指定的单元。

4. DW（定义字）

将一个字（双字节）存入标号所指的相继两个单元中，如

```
        ORG  1000H
ABC:DW  1234H,5678H   ;即(ABC) = (1000H) = 12H,(ABC + 1) = (1001H) = 34H,
                      ;(ABC + 2) = (1002H) = 56H,(ABC + 3) = (1003H) = 78H
```

5. EQU（标号赋值）

它的功能是对标号进行赋值。且同一个程序同一标号只能赋值一次，如

```
BLK   EQU  1000H      ;在以后的程序中 BLK 代表 1000H
BUFF  EQU  58H        ;BUFF 代表 58H
```

6. BIT（位地址赋值）

它的功能是给位地址赋予相应的字符名称，如

```
INPUT  BIT  P1.0      ;程序中的符号 INPUT 代表位地址 P1.0
```

4.2　汇编语言程序设计

用汇编语言进行程序设计与使用其他高级语言进行程序设计的过程相似。即首先对问题进行分析，确定算法，然后根据算法画出流程图，再编写程序。但汇编语言程序设计也有自己的特点，具体表现在：

（1）设计汇编程序时，数据的存放、寄存器和工作单元的使用等要由设计者安排。而设计高级语言时，这些工作都由计算机编译软件完成，程序设计者不必考虑。

（2）汇编语言程序设计要求设计人员对所使用的计算机的硬件结构有较为详细的了解。特别是对各类寄存器、端口、定时器、中断等内容要了如指掌，以便在程序设计中熟练使用。

（3）汇编语言程序设计的技巧性较高，且具有软硬结合的特点。

对于同一个问题往往可以编制出不同的程序，一个程序的优劣通常由以下三个方面来衡量：其一，程序所占的存储空间越少越好；其二，程序的运行时间越短越好；其三，程序的编制、调试及排错所需的时间越短越好。此外，还要求程序清晰易读，易于移植。

为了设计一个高质量的程序，必须掌握程序设计的一般方法，在汇编语言程序设计中，普遍采用结构化的程序设计方法。这种设计方法的依据是任何复杂的程序都可由顺序结构、分支结构及循环结构的程序构成。每种结构只有一个入口和一个出口（图 4-2），整个程序也只有一个入口和出口。结构程序设计的特点是结构清晰，易于读写，易于验证，可靠性高。下面重要介绍结构化程序设计中的三种基本的程序设计方法。

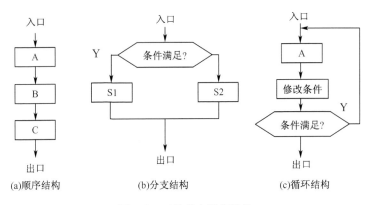

图 4-2　三种基本程序结构

4.2.1　顺序结构程序

它是程序结构中最简单的一种，在执行这类程序时，从第一条指令开始顺序执行每一条指令，直到结束。典型的顺序结构程序流程如图 4-2（a）所示。

【例 4-1】　将存放在 R0（高 8 位），R1（低 8 位）中 16 位二进制数求反加 1，结果存入 R2、R3 中。

地址	机器码			
		ORG	0000H	
0000H	E9	MOV	A, R1	
0001H	F4	CPL	A	;低位取反
0002H	2401	ADD	A, #01H	;低位加 1
0004H	FB	MOV	R3, A	
0005H	E8	MOV	A, R0	
0006H	F4	CPL	A	;高位取反
0007H	3400	ADDC	A, #00H	;高位加低位的进位
0009H	FA	MOV	R2, A	
000AH	80FE	SJMP	$	;程序结束
		END		

本程序的 16 位数的加 1 操作是通过 ADD A，#01H 及 ADDC A，#00H 这两条指令实现的，而不能通过 INC A 及 ADDC A，#00H 实现，因为 INC 指令不影响标志 CY，若低位有向高位的进位，不能通过 ADDC 指令加到高位。

最后一条指令 SJMP $ 为一条死循环，表示程序结束，因为 MCS-51 指令系统没有专门的结束指令，常在程序最后安排一条死循环指令。

【例 4-2】　设有一个 16 位无符号二进制数存放在片内 RAM 的 50H 及 51H 单元中，将它乘以 2。

将一个二进制数乘以 2，可通过左移一位，低位补 0 的方法。

```
                    ORG     0000H
0000H  C3           CLR     C                   ;C 清 0
0001H  E551         MOV     A, 51H
0003H  33           RLC     A                   ;低 8 位循环左移,最高位移入 CY
0004H  F551         MOV     51H, A
0006H  E550         MOV     A, 50H              ;高 8 位循环左移
0008H  33           RLC     A                   ;低 8 位的进位 CY 移入最低位
0009H  F550         MOV     50H, A
000BH  80FE         SJMP    $
                    END
```

4.2.2　分支程序

在编程时常常会遇到，要求根据不同的条件进行不同的处理的情况，此时可采用分支结构，典型的分支结构如图 4-2（b）所示。通常用条件转移指令实现分支结构，例如判断结果是否为 0（JZ，JNZ），是否有进位（JC，JNC），指定位是否为 0（JNB，JB）等都可作为程序分支的依据。此外，MCS-51 指令系统中还有一类比较指令 CJNE（两数不相等转），也可作为程序分支的依据。

【例 4-3】　设 a 存放在累加器 A 中，b 存放在寄存器 B 中，要求按下式计算 Y 值并将结果存入累加器 A 中，试编制相应的程序。

$$Y = \begin{cases} a-b, & \text{当 } a \text{ 为奇数} \\ a+b, & \text{当 } a \text{ 为偶数} \end{cases}$$

判断 a 是奇数还是偶数，可通过检测 A 的最低位实现，最低位是 0 为偶数，是 1 则为奇数。程序流程如图 4-3 所示，程序如下。

```
       ORG   0000H
       JNB   ACC. 0, MN      ;a 为偶,则转 MN
       CLR   C               ;为奇数,C 清 0
       SUBB  A, B            ;执行 a - b
       SJMP  DON
MN:    ADD   A, B            ;执行 a + b
DON:   SJMP  $               ;结束
       END
```

【例 4-4】　设变量 X 存放在 VAR 单元中，函数值 Y 存放在 FUNC 中，按下式给 Y 赋值。程序流程如图 4-4 所示，程序如下。

$$Y = \begin{cases} 1, & X \geqslant 10 \\ -1, & X < 10 \end{cases}$$

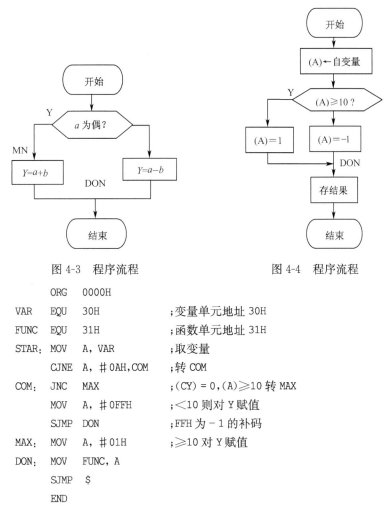

图 4-3　程序流程　　　　　　　　　图 4-4　程序流程

```
          ORG    0000H
VAR       EQU    30H              ;变量单元地址 30H
FUNC      EQU    31H              ;函数单元地址 31H
STAR：    MOV    A, VAR           ;取变量
          CJNE   A, #0AH,COM      ;转 COM
COM：     JNC    MAX              ;(CY) = 0,(A)≥10 转 MAX
          MOV    A, #0FFH         ;<10 则对 Y 赋值
          SJMP   DON              ;FFH 为 -1 的补码
MAX：     MOV    A, #01H          ;≥10 对 Y 赋值
DON：     MOV    FUNC, A
          SJMP   $
          END
```

【例 4-5】　有温度控制系统,采集的温度值（T）放在累加器 A 中。温度控制的上限值（T_H）存于 55H 单元中,下限温度值（T_L）存于 54H 中,要求根据温度值做以下处理。

当 $T < T_L$,程序转 SW 进行升温处理;

当 $T_L \leqslant T \leqslant T_H$,则返回主程序;

当 $T > T_H$,程序转 JW 进行降温处理。

程序流程框图如 4-5 所示,程序如下。

```
          ORG    1000H
TH        EQU    55H
TL        EQU    54H
WCZ：     CJNE   A,TL,TP1         ;T≠TL,转 TP1
```

```
TP1：    JC      SW                      ;T<TL,转升温处理
         CJNE    A,TH,TP2                ;T≠TH,转 TP2
         AJMP    FH                      ;T = TH,返回
TP2：    JNC     JW                      ;T>TH,转降温处理
FH：     RET
```

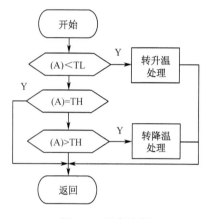

图 4-5　程序流程

4.2.3　循环程序

在程序设计中，常遇到要反复执行某一段程序，这时可采用循环结构的程序，这样不但可以使程序简练而且可大大节省存储单元。典型的循环结构如图 4-6 所示。

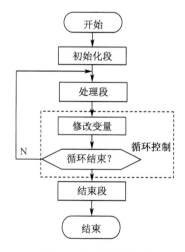

图 4-6　典型循环结构

由图可知，循环程序包括以下 4 个部分。

（1）初始化段：它用来设置循环初始状态，如建立地址指针，设置循环计数器的初值等。

（2）循环处理段：它是重复执行的数据处理程序段。

（3）循环控制：用来控制循环继续与否。它通常由修改指针、变量和检测循环结束条件等两部分组成。循环的结束条件常由计数方法实现，常用的指令有DJNZ Rn、rel、DJNZ direct、rel。

（4）结束部分：用来对结果进行分析处理和保存。

【例4-6】　将片内 RAM 的 40H～4FH 单元的值置为 A0H～AFH。程序流程框图如图 4-7 所示。

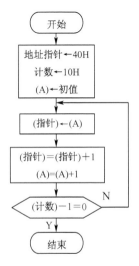

图 4-7　程序流程

```
      ORG    0000H
STAR: MOV    R0,#40H        ;R0 指向数据单元
      MOV    R2,#10H        ;R2 为传送字节数
      MOV    A,#0A0H        ;A 赋值
LOOP: MOV    @R0,A          ;开始传送
      INC    R0             ;修改地址指针
      INC    A              ;修改传送数据
      DJNZ   R2,LOOP        ;未传送完继续循环
      SJMP   $              ;否则,传送结束
```

【例4-7】　把片内 RAM 中首址为 DAT 的数据串传送到片外 RAM 以 BUFF 为首地址的区域，直到发现"$"字符的 ASCII 为止。数据串的最大长度为 32 字节。

"$"的 ASCII 为 24H。程序流程框图如图 4-8 所示。

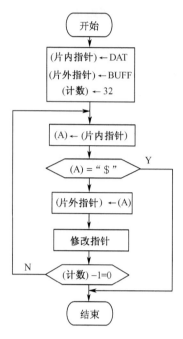

图 4-8　程序流程

程序如下。

```
          ORG    0000H
DAT   EQU    30H
BUFF  EQU    0000H
          MOV    R0,＃DAT           ;置片内数据指针
          MOV    DPTR,＃BUFF        ;置片外数据指针
          MOV    R1,＃32            ;最大长度
LOOP：MOV    A,@R0              ;取数据
          PUSH   ACC               ;保存 ACC
          CLR    C
          SUBB   A,＃24H            ;判是否为"＄"字符
          JZ     DON               ;是则转结束
          POP    ACC               ;恢复 ACC
          MOVX   @DPTR,A            ;否则传送数据
          INC    R0                ;修改指针
          INC    DPTR
          DJNZ   R1,LOOP           ;32 字节检测完否
DON：  SJMP   ＄
```

　　其中，减法比较也可用 CJNE A、＃24H、rel 来实现，但程序要作相应的改变。

【例 4-8】 在内部 RAM 20H～27H 单元中存放着 8 个数，找出其中的最大值送 50H 单元。

极值查找主要是进行数值大小比较。先把第 1 个单元 20H 的值送到 2AH 单元中，当作临时的最大值，将它依次与从 RAM 单元取出的数比较，在比较过程中始终将大数换到在 2AH 单元中。比较结束后 2AH 单元中的数即为最大数。程序流程如图 4-9 所示。

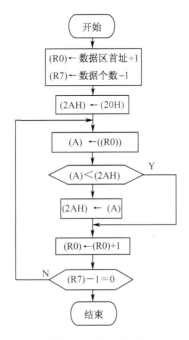

图 4-9　程序流程

```
        ORG    0000H
        MOV    R0,♯21H        ;数据区首址
        MOV    R7,♯07H        ;数据区长度
        MOV    2AH,20H        ;暂时把第 1 个数作最大值
LOOP：  MOV    A,@R0          ;读一个数
        CJNE   A,2AH,CHK      ;数值比较
CHK：   JC     TP             ;A 值小则转移
        MOV    2AH,A          ;大数送 2AH 单元
TP：    INC    R0
        DJNZ   R7,LOOP        ;继续
        MOV    50H,2AH
        SJMP   $
```

【例4-9】 设在片内 RAM 的数据缓冲区中存放一组无符号数,其长度为 8,起始地址为 30H,要求将它们按由小到大的顺序排列。

本例采用"冒泡法"进行排序。

冒泡法的思路是:将相邻两数比较,若为逆序则两数互换。此题要求为升序排列,具体的互换方法是,使小数前移,大数后移,如图 4-10 所示。

图 4-10 第一轮

若有 6 个数。第一次将 7 和 3 对调,第 2 次将 7 和 5 对调……。第一轮比较 5 次后,最大数 7 下沉,小数 1 和 2 上浮,最大数 7 已排定。将剩下的前 5 个数用同样的方法进行第二轮 4 次比较后,次大数 5 也排定,如图 4-11 所示。接着进行第三—五轮冒泡。

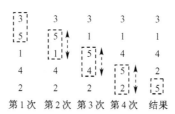

图 4-11 第二轮

【说明】 冒泡排序的两点。

(1) 由于每轮冒泡都从前向后排定了一个大数,因此每轮次冒泡所需进行的比较次数都递减一。例如,有 N 个数排序,则第 1 轮冒泡比较($N-1$)次,第 2 轮则需($N-2$)次,……,依此类推。但实际编程时为简化程序,往往把各轮比较次数固定为($N-1$)次。

(2) 对于 N 个数,理论上说应进行($N-1$)轮冒泡才能完成排序,但实际上常常不到($N-1$)轮就已排好序。若某轮冒泡中所有数据无互换操作,则表示排序已完成。为此排序结束通常不采用计数方法,而采用设置互换标志的方法,以其状态来判断一次冒泡中有无互换,从而判断排序是否结束。

此例的程序流程如图 4-12 所示。8 个数的排序程序如下。

```
          ORG    0000H
SORT：MOV    R0,♯30H           ;数据区首址
          MOV    R7,♯07H           ;各次冒泡比较次数
          CLR    20H               ;互换标志位清0
LOOP：MOV    A,@R0             ;取前数
          INC    R0
          MOV    2AH,@R0           ;取后数
          CJNE   A,2AH,COM
COM：  JC     NEXT              ;前数小于后数不互换
          MOV    @R0,A             ;否则互换,存大数
          DEC    R0
          MOV    @R0,2AH           ;存小数
          INC    R0                ;准备下一次比较
          SETB   20H               ;置互换标志
NEXT：DJNZ   R7,LOOP           ;循环进行下一次比较
          JB     20H,SORT          ;有互换,转下轮冒泡
          SJMP   $                 ;排序结束
```

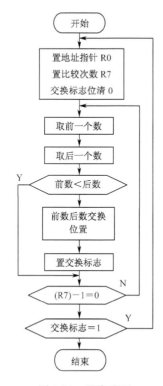

图 4-12　程序流程

4.2.4　子程序

子程序是程序设计的一种重要方法，一般把功能相对独立，需多次使用的程序单独编写成子程序，这样既节省了存储空间，又简化了程序结构，且便于调试。

在编制和使用子程序时，应注意以下几点：

① 为便于主程序的调用，子程序的第一条指令应有标号，子程序的最后一条指令一定为返回指令（RET）。

② 子程序要标明入口条件（子程序所需的有关参数），出口条件（主程序如何取得结果），以便于主程序调用。

③ 调用子程序时有关寄存器的内容应予以保护（现场保护），子程序返回时再恢复现场，以避免影响主程序的正常运行。

④ 调用子程序虽能节省存储空间，但以牺牲运行时间为代价。

⑤ 主程序的调用以及子程序的返回，都要用到堆栈，一定要考虑堆栈占用 RAM 的多少避免与其数据发生冲突。

【例 4-10】　何时保护现场和恢复现场？

假设：子程序中需使用累加器 A、DPTR 以及通用工作寄存器 R0～R7，而在主程序中也要用到这些寄存器，为此在调用子程序前，应将这些寄存器的内容推入堆栈保护，子程序执行完后再从堆栈中弹出，以恢复这些寄存器的内容。

MCS-51 单片机内 RAM 的特殊结构（具有四组工作寄存器）大大简化了保护和恢复现场的操作。对工作寄存器的保护通常采用换寄存器组的方法，开机复位时 PSW＝00H，RS1RS0＝00，自动选择了工作寄存器 0 组，在子程序中应先保护 PSW，再置 RS0＝1，即在子程序中使用第 1 组的工作寄存器，子程序返回时恢复 PSW，这样在主程序中恢复使用第 0 组工作寄存器，以保证原工作寄存器 R0～R7 中的内容不变。子程序中的现场保护如下所示。

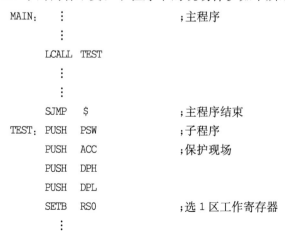

```
MAIN:   ⋮                      ;主程序
        ⋮
        LCALL  TEST
        ⋮
        ⋮
        SJMP   $               ;主程序结束
TEST:   PUSH   PSW             ;子程序
        PUSH   ACC             ;保护现场
        PUSH   DPH
        PUSH   DPL
        SETB   RS0             ;选 1 区工作寄存器
        ⋮
```

```
          ⋮
      POP    DPL              ;恢复现场
      POP    DPH
      POP    ACC
      POP    PSW
      RET
```

【例 4-11】　编写子程序，将累加器 A 写入 R₀ 所指的显示缓冲区。

设累加器 A 中存放的为两位 BCD 码，现要求将它们拆开，分别写入以 R0 为显示缓冲区指针的相继两个单元中，以便利用显示程序显示缓冲区的内容。程序如下。

```
      ;入口条件:欲写入的数在累加器 A 中,显示缓冲区的指针在寄存器 RO 中。
      ;出口条件:显缓指针 RO 加 2 指向下一显缓单元,使用了累加器 A。
            ORG    0800H
UFOR1:MOV    R2, A            ;保存 A
      ANL    A,＃0FH          ;取 A 的低四位
      MOV    @R0, A           ;低四位存入显缓
      MOV    A, R2            ;恢复 A 的初值
      SWAP   A
      ANL    A,＃0FH          ;取高 4 位
      INC    R0               ;指向显缓下一单元
      MOV    @R0,A            ;存入显缓单元
      INC    R0               ;指向下一显缓单元
      RET
```

【例 4-12】　将累加器 A 及 A 加 1 的 BCD 码，分别送显示缓冲区 39H～3CH 中的子程序。

```
      ;入口条件:累加器 A 中已装入数据
      ;出口条件:39H～3CH 中为拆开的 BCD 码
```

程序如下。

```
            ORG    0000H
UFOR2:MOV    R0,＃39H          ;置显缓低位指针
      PUSH   ACC              ;保护现场
      LCALL  UFOR1            ;调 UFOR1,A 中的 BCD 码送显缓
      POP    ACC              ;恢复现场,否则 A 中已不是原数
      ADD    A,＃01H          ;A 加 1
      DA     A                ;二-十进制调整
      LCALL  UFOR1            ;调 UFOR1,送显缓
      RET
```

4.3　MCS-51 汇编语言实用子程序

前面用例子说明了几种常用的程序设计的方法，本节综合各种编程方法，给出 MCS-51 系列汇编语言程序设计的几个子程序实例，通过对这些程序的分析和说明，使读者掌握汇编语言程序设计的特点和技巧，以提高编制单片机应用程序的能力。

4.3.1　代码转换程序

我们通常习惯使用十进制数，而计算机只能识别和处理二进制数，计算机的输入输出数据又常用 BCD 码、ASCII 和其他代码表示，因此代码转换程序是很有用的。

【例 4-13】　将累加器 A 中的低 4 位十六进制数转换成 ASCII。

由 ASCII 表可知，转换的方法为：当一位十六进制数小于 10，则将十六进制数加上 30H，若大于等于 10，则加上 37H，如 A 的 ASCII 为 41H。

程序流程如图 4-13 所示，程序如下。

```
        ;入口条件:(A) = 一位十六进制数。
        ;出口条件:(A) = 转换后的 ASCII。
        ORG   0000H
HASC: ANL   A,#0FH          ;屏蔽高四位
        PUSH  ACC             ;保存 A
        CLR   C
        SUBB  A,#10           ;用减法进行比较
        POP   ACC             ;恢复 A
        JC    LOOP            ;(A)<10,则转
        ADD   A,#07H
LOOP: ADD   A,#30H
        RET
```

【例 4-14】　将累加器 A 中的 0～F 的 ASCII 转换成 16 进制数。
本程序是例 4-14 的逆过程。程序流程框图见图 4-14。
程序如下。

```
        ;入口条件:(A) = ASCII。
        ;出口条件:(A) = 转换后的十六进制数。
        ORG   0000H
ASCH: CLR   C
        SUBB  A,#30H          ;ASCII 减 30H
```

```
            PUSH    ACC                 ;保存 A
            SUBB    A,♯10               ;与 10 比较
            POP     ACC                 ;恢复 A
            JC      DON                 ;(A)< 10,则转
            SUBB    A,♯07H              ;再减 07H
DON:        RET
```

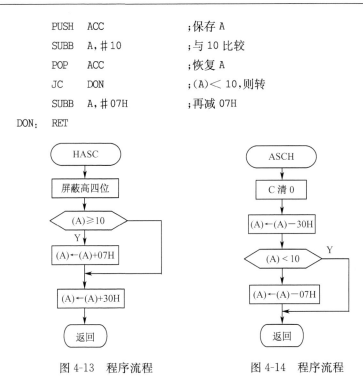

图 4-13   程序流程   图 4-14   程序流程

【例 4-15】   将 R_2 中的 BCD 码转换成二进制。

程序流程如图 4-15 所示。

R_2 中的两位 BCD 码表示为

$$(d_1 d_0)_{BCD} = d_1 \times 10 + d_0$$

将十位数乘以 10 加上个位数即得结果。

```
            ORG     0000H
BBIN:       MOV     A, R2
            ANL     A, ♯0F0H           ;取十位数
            SWAP    A
            MOV     B, ♯10
            MUL     AB                 ;乘以十
            MOV     R3, A              ;暂存结果
            MOV     A, R2
            ANL     A, ♯0FH            ;取个位
            ADD     A, R3              ;个位加十位
            RET
```

【例 4-16】   将 R_3 中的 8 位二进制转换成 BCD 码,结果送 R_4(存百位)、R_5(存十位、个位)中。

与例 4-16 算法相反。程序流程如图 4-16 所示。

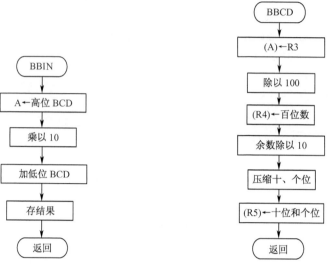

图 4-15　程序流程　　　　　　　图 4-16　程序流程

8 位二进制数最大为 255，所以用二进制数除以 100，10，可分别求出百位和十位 BCD 码，剩下的余数为个位数。

```
          ORG    0000H
BBCD：MOV A, R3
          MOV B, ＃100
          DIV AB                 ;除以 100
          MOV R4, A              ;存百位数
          MOV A, B               ;取余数
          MOV B, ＃10
          DIV AB                 ;除以 10
          SWAP A                 ;求十位数
          ORL A, B               ;组合十位和个位数
          MOV R5, A              ;保存
          RET
```

4.3.2　运算类程序

MCS-51 系列单片机中，指令系统已设计了单字节的加、减、乘、除，而在实际的应用中常用到多字节的四则运算，下面举例说明这类程序的设计方法。

【例 4-17】　两个多字节无符号数的加法 ADBIN。

多字节加法是通过单字节的加法指令实现的，即从低字节到高字节顺序进行单字节的加法。程序流程如图 4-17 所示。

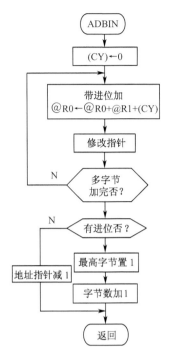

图 4-17　程序流程

;入口:(R0)＝被加数低位地址指针。

;　　　(R1)＝加数低位的地址指针。

;　　　(R2)＝字节数。

;出口:(R0)＝和数高位地址指针,

　　　(R2)＝字节数。

	ORG	0000H	
ADBIN:	CLR	C	
	PUSH	02H	;保存 R2 字节数
LOOP:	MOV	A,@R0	
	ADDC	A,@R1	;带进位加法
	MOV	@R0,A	
	INC	R0	
	INC	R1	
	DJNZ	R2,LOOP	;未加完继续
	POP	02H	;恢复 R2 字节数
	JNC	COM	;无进位转
	MOV	@R0,＃01H	;最高字节置 1
	INC	R2	;字节数加 1

```
        SJMP    DON
COM：   DEC     R0                      ;指针指向最高位
DON：   RET
```

【例 4-18】　多字节无符号数减法 SUBIN。

原理同多字节加法，程序流程如图 4-18 所示。

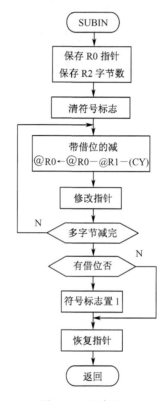

图 4-18　程序流程

```
;入口:(R0)=被加数低位地址指针。
;       (R1)=减数低位地址指针。
;       (R2)=字节数。
;出口:(R0)=差值的低位地址指针。
;       (R2)=字节数。
;       (07H)=差值符号。
        ORG     0000H
SUBIN: PUSH    00H                     ;保存 R0 指针
        PUSH    02H                     ;保存 R2 字节数
        CLR     C
        CLR     07H                     ;清符号位标志
```

```
LOOP： MOV    A，@R0
       SUBB   A，@R1              ；
       MOV    @R0，A             ；送结果
       INC    R0                ；修改指针
       INC    R1
       DJNZ   R2，LOOP           ；多字节未减完继续
       JNC    DON               ；无借位转
       SETB   07H               ；置1符号位
DON：  POP    02H               ；恢复字节数
       POP    00H               ；恢复地址指针
       RET
```

【例4-19】 无符号双字节乘法程序。

二进制的乘法与十进制类似，程序流程如图4-19所示。

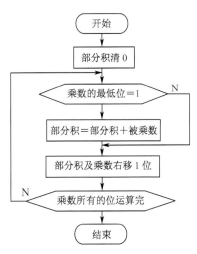

图4-19 程序流程

这种算法很简单，其计算步骤如下：

（1）开始清部分积为0。

（2）检查乘数的最低位，若为 1，则部分积加被乘数；若为 0，则部分积不变。

（3）部分积及乘数右移一位。

（4）重复（2）、（3）步骤，直到乘数的最高位运算完毕。

程序流程如图 4-20 所示。

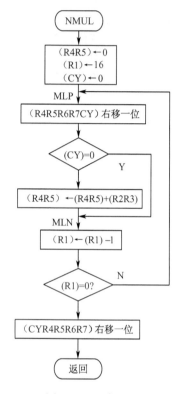

图 4-20　程序流程

下面采用这一方法编程实现：

$$(R_2R_3) \times (R_6R_7) \rightarrow (R_4R_5R_6R_7)$$

运算过程中将 $R_4R_5R_6R_7$ 右移，实现对乘数 R_6R_7 最低位的检查和部分积的右移，R_6R_7 开始用于存乘数，运算完后用于存放乘积的低位。其具体的程序和流程如图 4-20 所示。

```
        ORG    0000H
NMUL：   MOV    R4,＃00H        ;清乘积单元
        MOV    R5,＃00H
        MOV    R1,＃16         ;置计数器初值 16
        CLR    C              ;R4 第一次左边补 0
MLP：    MOV    A,R4           ;R4R5R6R7CY 右移一位
```

```
        RRC     A               ;R7 最低位移入 CY
        MOV     R4,A
        MOV     A,R5
        RRC     A
        MOV     R5,A
        MOV     A,R6
        RRC     A
        MOV     R6,A
        MOV     A,R7
        RRC     A
        MOV     R7,A
        JNC     MLN             ;(CY) = 0 转 MLN
        MOV     A,R5            ;执行双字节加法
        ADD     A,R3
        MOV     R5,A
        MOV     A,R4
        ADDC    A,R2
        MOV     R4,A
MLN:    DJNZ    R1,MLP          ;循环 16 次
        MOV     A,R4            ;再右移一次,将部分积相
        RRC     A,              ;加的 CY 移入 R4 的最高位
        MOV     R4,A
        MOV     A,R5
        RRC     A
        MOV     R5,A
        MOV     A,R6
        RRC     A
        MOV     R6,A
        MOV     A,R7
        RRC     A
        MOV     R7,A
        RET
```

【例 4-20】　无符号双字节快速乘法。

以上通过加法实现乘法的速度较慢,下面利用 MCS-51 的单字节乘法指令实现多字节乘法,其特点是运算速度快,工作原理和程序如下。

我们比较熟悉十进制的乘法,下面以两位十进制的乘法为例来看一下,两位十进制的乘法是怎样通过一位十进制的乘法来实现的。例如

$$56 \times 32 = ?$$

$$56$$
$$\times 32$$
$$\overline{12}$$
$$10$$
$$18$$
$$+15$$
$$\overline{1792}$$

同理要求 $R_5R_4 \times R_3R_2$。

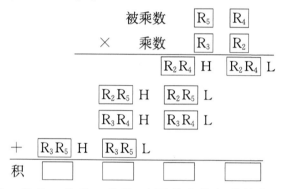

其中，R_2R_4、R_2R_5、R_3R_4、R_3R_5 表示单字节相乘的积，积为双字节，分别用 R_2R_4 H、 R_2R_4 L、 R_2R_5 H、 R_2R_5 L、 R_3R_4 H、 R_3R_4 L、 R_3R_5 H、 R_3R_5 L 表示，其中 H 为后缀的为积的高 8 位，L 为后缀的为积的低 8 位，先按单字节做乘法，再按上式的排列顺序进行部分积的累加，即可实现双字节乘法。

虽然部分积为二字节，但考虑可能产生的进位，部分积累加用三字节相加，我们把三字节相加编成子程序。程序流程如图 4-21 所示，程序如下。

```
        ;三字节相加子程序 ADDM。
        ;入口:B、A 中为的单字节相乘的 16 位积。
        ;R1 为当前的低字节地址指针。
        ;出口:部分积累加一次,(R1) = (R1) + 1。
        ORG    0000H
ADDM:   ADD    A,@R1           ;部分积 + 低字节
        MOV    @R1,A
        MOV    A,B
        INC    R1
        ADDC   A,@R1           ;部分积 + 高字节
        MOV    @R1,A
        INC    R1
        MOV    A,@R1
        ADDC   A,#00H          ;部分积的最高字节 + CY
```

```
MOV    @R1,A
DEC    R1
RET
```

;双字节乘法子程序 SUBBIN, 框图如图 4-22 所示。

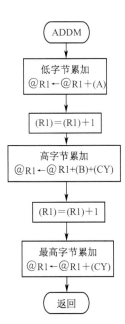

图 4-21　程序流程

图 4-22　程序流程

;入口:R5R4 中为被乘数,R3R2 中为乘数。

;R1 为积的低位地址指针。

;出口:R1 为积的低位地址指针。

```
           ORG    0000H
MUBIN: MOV    A,R1
           MOV    R6,A              ;保存地址指针
           MOV    R7,#05H           ;积为 5 字节
CLEAR: MOV    @R1,#00H          ;积清 0
           INC    R1
           DJNZ   R7,CLEAR
           MOV    A,R6              ;恢复地址指针
           MOV    R1,A
           MOV    A,R2
           MOV    B,R4
           MUL    AB               ;R2×R4
           LCALL  ADDM             ;部分积累加
           MOV    A,R2
           MOV    B,R5
           MUL    AB               ;R2×R5
           LCALL  ADDM             ;部分积累加
           DEC    R1               ;指针退一级
           MOV    A,R3
           MOV    B,R4
           MUL    AB               ;R3×R4
           LCALL  ADDM             ;部分积累加
           MOV    A,R3
           MOV    B,R5
           MUL    AB               ;R3×R5
           LCALL  ADDM             ;部分积累加
           MOV    A,R6              ;恢复指针
           MOV    R1,A
           RET
```

【例 4-21】　无符号双字节除法。

二进制的除法运算法则与十进制类似。

$$
\begin{array}{r}
101 \\
111\overline{\smash{\big)}\,100100} \\
-\ 111 \\
\hline
1000 \\
-\ 111 \\
\hline
001
\end{array}
$$

根据人工除法法则，二进制除法的计算步骤如下：

① 将被除数高位和除数比较，若被除数大于等于除数，则商 1，将被除数（部分余）减去除数；若被除数小于除数，则商 0，部分余不变。

② 将被除数（部分余）左移一位。

③ 判被除数的所有位是否处理完，若未处理完，则重复以上步骤，直到被除数的最低位处理完。

此算法的程序流程框图如图 4-23 所示。

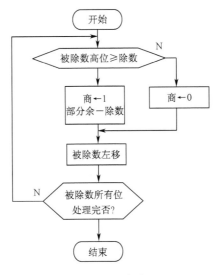

图 4-23　程序流程

虽然 MCS-51 有单字节的除法指令，但很难用于多字节的除法运算，多字节的除法运算通常采用人工除法的法则编程。

【注意】

① 从人工除法可看出被除数的字长比除数和商的字长要长，在计算机中若除数和商为双字节，则被除数为四字节，如果商大于双字节（当被除数的高位大于除数时），则溢出，所以进行除法之前应先检验，若溢出，则置溢出标志，不执行除法。

② 编程时应注意，在做"部分余－除数"的操作时，考虑到向高位的借位，做减法的位数应比除数的位数多取一位。如上述人工除法例子中除数和商为 3 位，被除数为 6 位，在做部分余数相减时应取 4 位，否则就会出错。例如第 2 步，部分余为 1000，若只取 3 位，则为 000，此时计算就会出错。以下的程序实现

$$(R_2R_3R_4R_5) \div (R_6R_7) \rightarrow (R_4R_5)$$

程序流程框图如图 4-24 所示。

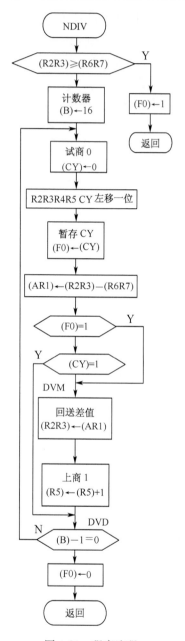

图 4-24 程序流程

;入口:被除数在 R2R3R4R5 中,除数在 R6R7 中。

;出口:商在 R4R5 中,用户标志 F0 表示是否溢出。

; F0 = 1 则溢出,F0 = 0 则结果正常。

ORG   0000H

```
NDIV: MOV   A, R3            ;先比较是否发生溢出
      CLR   C
      SUBB  A,R7
      MOV   A,R2
      SUBB  A,R6
      JNC   DVE             ;(R2R3)≥(R6R7)溢出转
      MOV   B,#16           ;计数器
DVL:  CLR   C               ;试商为 0
      MOV   A,R5            ;R2R3R4R5CY 左移一次,
      RLC   A               ;商移入 R5 的低位
      MOV   R5,A
      MOV   A,R4
      RLC   R4,A
      MOV   R4, A
      MOV   A,R3
      RLC   A,
      MOV   R3, A
      MOV   A,R2            ;(A)←(R2)
      RLC   A
      MOV   R2, A
      MOV   F0,C            ;保存移出的最高位
      CLR   C               ;以下进行(R2R3)-(R6R7)
      MOV   A, R3
      SUBB  A,R7
      MOV   R1,A            ;低字节差暂存 R1
      MOV   A,R2
      SUBB  A,R6            ;若有借位,存于 CY 中
      JB    F0,DVM          ;F0(原 CY)=1,够减则转
      JC    DVD             ;F0(原 CY)=0 但现 CY=1,
                            ;则不够减转 DVD
DVM:  MOV   R2,A            ;差值结果回送 R2R3
      MOV   A,R1
      MOV   R3,A
      INC   R5             ;上商 1
DVD:  DJNZ  B,DVL           ;循环 16 次
      CLR   F0
      RET
DVE:  SETB  F0             ;溢出
      RET
```

【小结】

本章介绍了汇编语言程序的三大基本结构：顺序结构、分支结构、循环结构的程序设计方法。本章的学习基础是指令系统，学习时要注意复习第三章的指令，如分支和循环程序经常用到的控制转移类指令。

```
(1)CJNE A, #date, rel    ;(A)≠date 转移
   CJNE A, direct, rel    ;(A)≠(direct)转移
   若(C) = 0,目的操作数≥源操作数
   (C) = 1,目的操作数<源操作数
(2)DJNZ Rn , rel    ;(Rn) = (Rn) - 1,(Rn)≠0 转移
   DJNZ direct, rel    ;(direct) = (direct) - 1, (direct)≠0 转移
(3)JZ rel    ;(A) = 0 转移
   JNZ rel    ;(A)≠0 转移
(4)JC rel    ;(C) = 1 转移
   JNC rel    ;(C) = 0 转移
```

【注意】　数据存放在不同的区域，要用不同的指令取数，如片外 RAM 区用 MOVX 指令、ROM 区用 MOVC 指令。

本章通过大量的例题、习题，希望学生能够掌握常用的数值比较、数据传送、查找、运算及代码转换等程序的设计，从而提高汇编语言的设计及应用能力。本章的基本要求是简单的程序会编，较复杂的程序能读懂。

习题与思考

1. 编程比较片内 RAM 30H 和 31H 单元中两无符号数的大小，将小数存入 32H 单元中。

2. 编程将片内 RAM 的 20H、21H、22H 连续 3 个单元的内容依次存入 2FH、2EH、2DH 单元中。

3. 试编程将片内 RAM 单元 30H～37H 的数据块传送到片外 RAM 的 40H～47H 单元中。

4. 编程查找片内 RAM 30H～3FH 单元中是否有 AAH 这个数，若有这数，则将 50H 单元置为"FFH"，否则清零 50H 单元。

5. 有 8 个数以表格的形式存放在以 2100H 为首址的 ROM 单元中，求 8 个数的平均值，将结果存入片内 RAM 30H 单元。

6. 设有 10 个无符号数，连续存放在以 2000H 为首址的片外 RAM 单元中，试编程统计奇数和偶数的个数。

7. 设 A 中有一变量 X，请编写计算下述函数值的程序，将结果存入 B 单元。

$$Y=\begin{cases} X^2-1, & X<10 \\ X^2+8, & 15\geqslant X\geqslant10 \\ 41, & X>15 \end{cases}$$

8. 片内 RAM 22H 单元开始有一组无符号的数,其长度在 21H 单元中。求出该组数中最小值,并存入 20H 单元中。

9. 求片内 RAM 以 20H 单元为首址的连续 5 个 BCD 码的和,结果取 16 位存于 SUM_1(高 8 位)和 SUM_2(低 8 位)两单元中。

10. 将片内 RAM 40H~42H 中的 6 位 BCD 码拆开送显缓 30H~35H 单元。

11. 统计片内 RAM 20H 单元开始存放的 16 个数中,能被 4 整除的数的个数,结果存入 30H 单元。

第五章 输入/输出及中断

【学习目标】

（1）了解：四种输入/输出传送方式及 I/O 接口的作用。

（2）理解：中断的基本概念和中断处理的过程。

（3）掌握：MCS-51 单片机中断系统的基本结构、控制方法，以及查询和中断方式的程序设计。

5.1 概　　述

本章主要介绍输入输出的四种方式，中断处理的一般步骤，以及 MCS-51 的中断系统。

输入输出是计算机与外界交换信息不可缺少的手段。输入输出设备是计算机系统的重要组成部分。常用的外设有显示器、键盘、打印机、绘图仪、A/D、D/A 等。

所有这些设备都必须通过接口电路与微计算机相联的。因为外设结构复杂多样，传送速度差别很大，传送的信息也多种多样（有模拟量、数字量、控制信息、状态信息），所以必须采用接口电路作为外设与 CPU 沟通的桥梁。微计算机与外部设备的连接如图 5-1 所示。

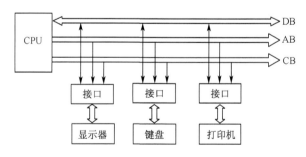

图 5-1　微计算机与外部设备的连接图

接口的作用如下。

（1）锁存作用。当 CPU 通过 DB 总线向打印机输出打印时，由于微计算机采用的是总线结构，输出数据仅在短暂的时间内呈现在数据线上，而后 DB 总线又要传送其他信息，这样在短暂的时间内打印机还来不及动作数据已消失，这时就需要设置数据锁存器,先将 CPU 输出的信息锁存在数据锁存器中,然后由外设慢慢处理。由此可解决外设与 CPU 的速度匹配问题。数据锁存器一般由 D 触发器组成,此时的 D 触发器即为外设与 CPU 的接口电路(图 5-2)。

(2)隔离作用。CPU 与多个外设之间的信息交换都是通过 CPU 的数据总线来完成的。因此不允许单个外设长时间占用数据总线,而仅允许被选中的设备在读写时占用总线。通过接口电路可使各个外设在 CPU 发来"允许信号"有效期间将 $ID_7 \sim ID_0$ 与总线接通,其他时间该接口与总线连接处于高阻悬空状态,起到总线隔离作用。这样各个设备互不干扰,从而可提高总线的利用率(图 5-3)。

(3)变换作用。将输入信号变换成计算机能接收的信号,或者将输出信号变成外设便于接收的信号。例如,外部设备输入电流量,通过接口电路可变为电压量;若外设的电平幅度不符合计算机的需要,通过接口电路可进行电平匹配。此外通过接口可将模拟量转换成数字量输入,或把并行数据转换成串行数据输出,以适应不同外设的需要。

(4)联络作用。通过接口电路,可使计算机和外部设备事先进行联络,当收、发双方都处于"就绪状态"时再进行数据交换,这样可避免出错,提高工作效率。

目前,接口电路已采用大规模集成电路制成标准化的接口芯片,并且具有可编程功能,因而使用十分灵活方便。在以后的章节中我们将详细介绍几种常用的接口芯片。

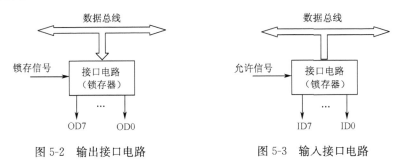

图 5-2 输出接口电路   图 5-3 输入接口电路

5.2 输入输出传送方式

外设与 CPU 的数据传送方式有四种:无条件传送方式、查询方式、中断方式、DMA 方式。下面分别介绍。

5.2.1 无条件传送方式

这种方式不考虑外设的状态,由 CPU 直接执行指令进行输入输出。这样就要求程序员根据外设的工作特点或定时关系，将输入输出指令安排在程序中适当的位置，以保证 CPU 执行它们时，外设已处于"准备就绪"或"空闲"状态。对于开关和指示灯可认为其总是处于准备好状态，所以可采用无条件传送。

【例 5-1】　单片机接口电路如图 5-4 所示，要求编程实现当开关 K0～K3 为低电平时，对应的 D0～D3 点亮。

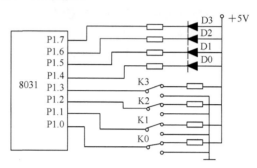

图 5-4　无条件传送

```
        ORG    0110H
        MOV    A,#0FH
        ORL    P1,A          ;设 P1 低 4 位(高电平)为输入方式
LP:     MOV    A,P1          ;读开关状态
        SWAP   A
        ORL    A,#0FH        ;低四位为输入方式
        MOV    P1,A          ;输出驱动 LED 亮
        LJMP LP
```

5.2.2　查询方式

在这种方式下，CPU 执行输入/输出前，必须对外设状态进行检测，如果外设未准备就绪则反复查询外设状态，直到外设准备就绪后，再发出指令进行输入/输出传送。以打印输出为例，每次输出前先查看打印机是否忙，若忙则继续查询等待，直到打印机空闲，才输出数据进行打印。处理流程如图 5-5 所示。

【例 5-2】　打印机接口如图 5-6 所示。编程将片内 20H 单元开始的 8 个数据输出打印。

```
STRING: MOV    DPTR,#7FFFH   ;打印机的地址为 7FFFH
        MOV    R0,#20H       ;数据地址指针
        MOV    R2,#08H       ;8 个数
BUSY:   JB     P1.0,BUSY     ;忙,继续等待
        LCALL  DEL5us        ;延时 5μs
        MOV    A,@R0         ;取数据
```

```
MOVX    @DPTR,A      ;送打印
INC     R0           ;指向下一单元
DJNZ    R2,BUSY      ;8 个数未打印完,继续
RET                  ;返回
```

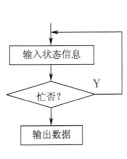

图 5-5　查询方式

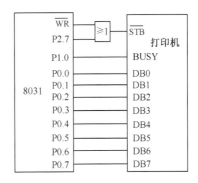

图 5-6　微型打印机与 8031 直接接口

此种方式可很好地保证数据传送的正确性,但缺点在于 CPU 的大部分时间用于查询等待,大大地降低了 CPU 的工作效率。

5.2.3　中断方式

为了提高 CPU 的利用率,可采用中断方式传送数据。下面还是以打印机为例来说明采用中断方式传送数据的过程。首先 CPU 在主程序中进行中断初始化,设置打印机发出中断申请的条件,规定打印机每打印完一个数据可申请一次中断,然后 CPU 向打印机输出一个数据,接着 CPU 执行主程序。当打印机打印完一个数据后,通过接口电路主动向 CPU 提出中断申请,若 CPU 响应,则暂时中断自己的主程序,转去为打印机服务(执行中断服务子程序),输出一个新的数据至打印机数据端口,然后 CPU 又回去继续执行原来的主程序,直到打印机打印完毕再次提出中断请求,CPU 再去响应中断。这样就省去了 CPU 反复查询外设状态的等待时间,这种方式称为中断处理方式。中断处理示意如图 5-7 所示。

【注意】　CPU 转中断服务子程序的过程与调用子程序的过程很相似,所不同的是前者由外设提出中断申请,CPU 自动转向中断服务子程序,中断服务程序什么时候执行是由外部设备决定的;而子程序调用是由程序员在需要的时候安排 CALL 指令转向子程序。

下面用图 5-8 进一步说明查询方式和中断方式时 CPU 的工作情况比较。

由图可见,采用中断方式避免了查询等待的时间,在打印机打印期间,CPU 可不管外设而去处理其他事情(执行主程序),只有当外设请求中断时,才转去为其服务(如传送数据),而这种服务的时间很短,因此大大提高了 CPU 的利用率。

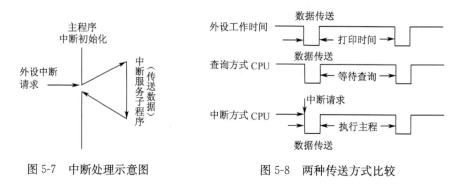

图 5-7　中断处理示意图　　　　图 5-8　两种传送方式比较

5.2.4　存储器直接存取方式

在上述的中断处理方式中，数据的传送仍然由 CPU 执行指令来实现，通常传送 1 个字节约需几十微秒。如果要求数据传送速率较高，如高速数据采集系统，要求在 $2 \sim 3\mu s$ 内传送一个字节，上述传送方式已不再适应，为此可采用存储器直接存取（DMA）方式。这种方式是利用硬件（DMA 控制器）使数据在外设与内存之间进行传送，而不通过 CPU 程序的介入。所以，这是一种有效的快速数据传送方式。DMA 工作方式如图 5-9 所示。

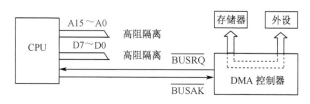

图 5-9　DMA 工作方式

传送时，首先由外设通过接口向 DMA 控制器发出 DMA 申请，然后再由 DMA 控制器向 CPU 发出总线请求 $\overline{\text{BUSRQ}}$，CPU 回答总线响应 $\overline{\text{BUSAK}}$ 后，CPU 与系统总线处于高阻隔离状态，总线控制权由 DMA 控制器接管。于是在 DMA 控制器的控制下，实现存储器与外设之间的直接数据传送。

DMA 方式的优点主要是速度高，适用于高速外设，缺点是需要额外增加 DMA 硬件控制器，其电路比较复杂，成本高，所以在小系统中较少使用。

5.3　中断的基本概念

所谓中断，是指 CPU 在执行主程序的过程中，外部发生了异常情况或特殊请求，要求 CPU 暂停主程序的运行，转去执行异常情况或特殊情况的处理（中断服务子程序），待处理完后，又回到被中断的主程序继续运行，这样的过程称为中断，引起中断的原因或来源称为中断源。中断源一般都是微机系统的外围器件或外围设备，如定时器、A/D、D/A 转换器、打印机等。

5.3.1 中断技术的必要性

中断可用于解决快速的主机和慢速的外设之间的信息交换。图 5-10 显示，当一个 CPU 与多个外设并行工作时，采用中断方式，CPU 可根据外设的请求，及时地处理外部实时事件和突发事件，如数据传送、故障报警等，提高整个微机系统的工作效率。

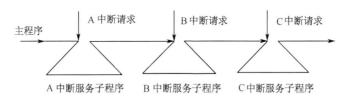

图 5-10　多中断处理示意图

此外，当计算机在运行中，出现如电源掉电、运算溢出等紧急情况，CPU 可采用中断方式，自动转向故障处理，中断服务子程序，及时处理故障。这些是在查询工作方式下很难做到的。

5.3.2 中断系统的功能

为完成中断处理服务并返回，中断系统应具备以下功能：
(1) 随时检测有无中断申请。
(2) CPU 决定是否响应中断。
(3) 进行中断处理。
(4) 返回主程序。

下面从 CPU 对中断的检测，中断响应条件和中断处理过程几个方面来说明。

1. CPU 对中断的检测

如图 5-11 所示，CPU 在每条指令执行后，会自动检测有无中断申请。

2. 中断响应条件

中断可分为非屏蔽中断和可屏蔽中断两种类型。当 CPU 检测到非屏蔽中断请求时，必须响应，因为它通常是一些特别重要的中断源发出的请求，如电源掉电等紧急情况。对于可屏蔽中断 CPU 可根据实际情况决定是否响应。MCS-51 系列单片机的中断属于可屏蔽中断。以下着重讨论可屏蔽中断。

对于可屏蔽中断，中断是否被响应？外设在什么情况下可发中断申请？这些条件均可在中断初始化程序中设置，如图 5-12 所示。如果 CPU 正在执行重要的主程序,不允许被打断,可在中断初始化程序中将内部中断允许触发器清 0,禁止中断。

综上所述,可屏蔽中断响应的条件是:

(1) 外设满足预先设好的中断条件(如打印完一个字符),且提出了中断申请。

(2) CPU 内部中断允许是开放的,中断允许触发器为 1。

只要满足上述条件,则 CPU 可响应中断。

3. 中断处理过程

CPU 决定响应中断后,就开始中断响应的处理过程,中断处理的过程如图 5-12 所示,包括以下几个步骤。

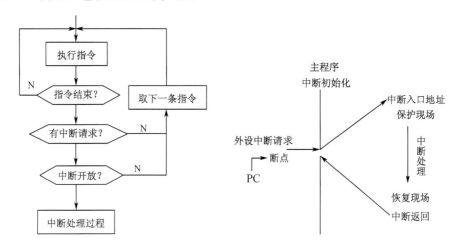

图 5-11　中断响应条件示意图　　　　图 5-12　中断处理过程示意图

(1) 保存断点。CPU 响应中断时,PC 正好指向主程序中断时的下一条指令,此处通常称为断点。CPU 能自动将当前 PC 的内容(断点地址)压栈保存(与子程序调用时的 PC 压栈类似),以便中断返回时能弹出断点,继续执行主程序。此过程称为保存断点。

(2) 转至中断服务子程序。CPU 根据中断源提供的中断入口地址转向中断服务子程序。根据中断入口地址提供的方法不同,可分为向量中断和非向量中断。向量中断方式由中断源通过硬件或软件向 CPU 提供其中断服务程序的入口地址,MCS-51 单片机采用的就是向量中断的方式。非向量中断方式通过其他方法转至中断服务程序。

(3) 执行中断服务子程序。CPU 根据不同的情况以及中断源的要求,执行中断服务子程序,为中断源服务。在中断服务程序中,要进行现场保护和恢复现场(与子程序调用类似)。

(4) 中断返回。从堆栈中弹出断点赋给 PC,返回主程序的断点处继续执行主程序。

【注意】　CPU 如果允许中断（内部中断允许触发器置 1），只要外设需要，中断服务子程序会随时打断主程序。由于预先保存了断点，所以中断子程序执行完后 CPU 能自动回到断点处继续执行主程序。

4. 中断的优先权

CPU 在同一时刻只能响应一个中断申请，当两个或多个中断源同时提出中断申请时，CPU 应根据中断事件的轻重缓急分时进行处理。这时需要事先给每一个中断源分配一个中断优先级。

每个计算机系统都采用软件或硬件的方法给每个中断源确定一个优先级。MCS-51 单片机采用内部硬件排队加软件查询实现优先权排队，用户可编程确定各个中断源的优先级。

5. 中断嵌套

若在中断的处理过程中，又有新的优先级较高的外设申请中断，那么应该暂停正在执行的中断处理，转向执行中断优先级较高的中断服务子程序，处理完后再回来处理中断优先权低的中断服务，最后再返回主程序继续执行，这种情况称为中断嵌套。如图 5-13 所示为三级中断嵌套的处理示意图。

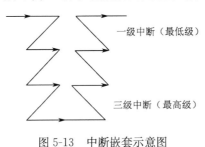

图 5-13　中断嵌套示意图

5.4　MCS-51 单片机的中断系统

5.4.1　中断源

MCS-51 单片机的中断系统由一些与中断有关的特殊功能寄存器 TCON、SCON、IE、IP 和顺序查询逻辑电路等组成。其结构框图如图 5-14 所示。

MCS-51 共有 5 个中断源，两级中断优先权。CPU 响应中断转向中断子程序的方法采用的是向量中断方法，即每一个中断源在提出中断申请时，同时提供一个固定的入口地址。5 个中断源对应的中断入口地址如下所示。

中断源	入口地址	注释
外中断 0（$\overline{INT0}$）	0003H	P3.2 引脚下降沿或低电平申请中断
定时器 0 中断（T0）	000BH	定时器 0，计数/定时满申请中断

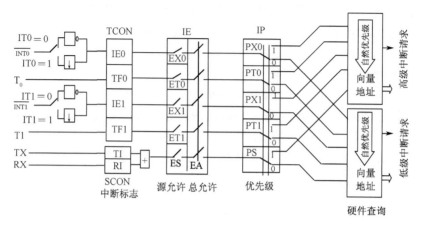

图 5-14　中断系统结构图

外中断 1（$\overline{\text{INT1}}$）　　　0013H　　　　　P3.3 引脚下降沿或低电平申请中断
定时器 1 中断（T1）　　001BH　　　　　定时器 1，计数/定时满申请中断
串口中断　　　　　　　0023H　　　　　串口接收、发送完毕申请中断

下面分别讨论各特殊功能寄存器的功能以及中断响应的条件和响应过程。

5.4.2　中断请求标志

MCS-51 中断源发中断申请是通过置位中断源所对应的标志位来表示的。当中断源满足中断条件时，则把对应标志位置 1，表示该中断源有中断申请，这些标志位分别在特殊功能寄存器 TCON 和 SCON 中，如图 5-14 所示。

1. TCON 中的中断标志（可位寻址）

TCON 是定时器 T0 和 T1 的控制寄存器，其中有 4 位为 T0 和 T1 的溢出中断标志及外部中断$\overline{\text{INT0}}$和$\overline{\text{INT1}}$的中断标志。TCON 中与中断有关的位如下。

TCON	8FH		8DH		8BH	8AH	89H	88H
(88H)	TF1		TF0		IE1	IT1	IE0	IT0

（1）TF0（TF1）定时器 T0、T1 的溢出中断标志。

当定时器 T0（T1）定时时间到，自动将 TF0（TF1）置 1，向 CPU 表示有定时器中断申请。

【注意】　CPU 响应中断后，自动将 TF0（TF1）清 0。

（2）IE0（IE1）外中断$\overline{\text{INT0}}$（$\overline{\text{INT1}}$）的中断标志。

当外中断需要向 CPU 发中断申请时，自动将 IE0（IE1）置 1，向 CPU 表示有外中断申请。

（3）IT0（IT1）选择外中断的触发方式。

外中断$\overline{INT0}$和$\overline{INT1}$有两种触发方式：电平触发和边沿触发。可通过 IT0（IT1）来设置。

IT0＝0 外中断 0 为电平触发，即$\overline{INT0}$为低电平时，自动将 IE0 置 1 向 CPU 发中断申请。

【注意】　CPU 响应中断后，不能自动或软件清 0 标志 IE0，只有当$\overline{INT0}$引脚重新变为高电平，才能清除外中断标志 IE0。

IT0＝1 外中断 0 为边沿触发，即$\overline{INT0}$的下降沿，自动将 IE0 置 1 向 CPU 发中断申请。

【注意】　CPU 响应中断后自动清除 IE0。

2. SCON 中的中断标志（可位寻址）

SCON 是串口控制寄存器，其低 2 位 TI 和 RI 分别为串口的发送中断和接收中断标志。

SCON						99H	98H
(98H)						TI	RI

（1）TI 串口发送中断标志。

串口每发送完一帧数据，将 TI 置 1，向 CPU 表示有发送中断申请。

【注意】　CPU 响应中断后不能自动清除 TI，必须在中断服务程序中由软件清 0。

（2）RI 串口接收中断标志。

串口每接收完一帧数据，就将 RI 置 1，向 CPU 表示有接收中断申请。

【注意】　CPU 响应中断后，同样不能自动清除 RI，必须由软件清 0。

单片机复位时，TCON 和 SCON 中的各位均为 0。

5.4.3　中断控制

1. 中断的允许与禁止

MCS-51 的 5 个中断均为可屏蔽中断，对中断源的中断是允许还是禁止，是由中断允许控制寄存器 IE（可位寻址）来设置的。

IE	AFH			ACH	ABH	AAH	A9H	A8H
(A8H)	EA			ES	ET1	EX1	ET0	EX0

（1）EA 中断总允许。

EA＝1，CPU 开放中断，如图 5-14 所示的联动开关闭合。

EA＝0，CPU 禁止中断，如图 5-14 所示的联动开关断开。

（2）ES 串口中断允许。

ES＝1，允许串口中断，如图 5-14 所示的对应开关闭合。

ES＝0，禁止串口中断，如图 5-14 所示的对应开关断开。

（3）ET0（ET1）定时器中断允许。

ET0（ET1）＝1，允许定时器 0（1）中断。

ET0（ET1）＝0，禁止定时器 0（1）中断。

（4）EX0（EX1）外中断允许。

EX0（EX1）＝1，允许外中断 0（1）中断。

EX0（EX1）＝0，禁止外中断 0（1）中断。

【注意】 某一个中断源要允许中断必须是 CPU 总允许开放（EA＝1），且对应的源中断允许也要开放（E ＊ ＝1）。

单片机复位时，IE 寄存器中的各位均被清 0，即禁止所有中断。

2. 中断优先级设定

MCS-51 单片机有两级中断级，可由软件通过中断优先级控制寄存器 IP 来设置，从而实现两级中断嵌套。

中断优先级控制寄存器 IP（可位寻址）的格式如下。

IP				BCH	BBH	BAH	B9H	B8H
(B8H)				PS	PT1	PX1	PT0	PX0

（1）PS 串口中断优先级控制位；

（2）PT0（PT1）定时器 0（1）中断优先级控制位；

（3）PX0（PX1）外中断 0（1）中断优先级控制位。

$$P* = \begin{cases} 1, & 高级中断 \\ 0, & 低级中断 \end{cases}$$

以上的各位置 1 时，对应中断源被设为高级中断源，清 0 时，各对应中断源被设为低级中断源。单片机复位时，IP 的低 5 位全部清 0，即将所有的中断源设为低级优先中断。

两级中断优先级中，同时有两个不同优先级的中断申请，先响应优先级高的，且高级中断可以打断低级中断，实现中断嵌套，而同级中断源不能进行中断嵌套。当同级中有多个中断源同时发出中断申请，CPU 通过内部的硬件排队及查询，响应自然优先级高的一个中断请求。当一个中断被响应后，所有与之同级中断源的中断申请都被禁止。单片机中的自然优先顺序是由硬件排队形成的，排列如下。

中断源	自然优先级
外中断 0	最高级
定时器 0 中断	
外部中断 1	↓
定时器 1 中断	最低级
串口中断	

5.4.4　中断响应条件及响应过程

1. 响应条件

根据上面的叙述 MCS-51 单片机的中断能被 CPU 响应的条件是：

（1）中断源有请求，即对应中断标志位置 1。

（2）CPU 中断总允许开放，即 EA＝1。

（3）对应中断源的源允许开放，即 E＊＝1。

2. 中断响应过程

中断响应过程如图 5-15 所示。

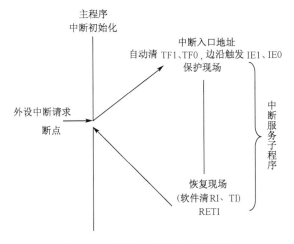

图 5-15　单片机中断处理示意图

CPU 响应中断后，自动清除中断标志（能自动清除外中断边沿触发的 IF0、IF1 标志，不能清电平触发的 IE0、IE1 标志以及串口中断 RI、TI 标志），进行断点保护，然后自动转到中断源对应的中断入口地址，执行中断服务子程序。

CPU 中断响应后能自动保存断点而不能保护现场，所以在中断服务子程序的开始时必须保护现场，中断返回前，要恢复现场，以便 CPU 中断处理完后，通过 RETI 指令返回到断点处，继续执行主程序。

【注意】

(1) MCS-51 的 5 个中断源，有 5 个固定的入口地址。

(2) CPU 在中断返回前（执行 RETI 前），必须撤除中断请求，即清除中断标志，否则返回后会再次引起错误中断。

(3) 串口中断响应不能自动清除中断标志 RI、TI，应注意在中断子程序中用软件清。

(4) 对于电平触发的外中断标志 IE0（IE1），只能通过外部硬件电路使 P3.2（P3.3）引脚变为高电平才能清除。

5.4.5　中断方式编程

MCS-51 中断方式是通过中断系统硬件结合软件编程实现的。中断响应示意如图 5-15 所示。

(1) 主程序中首先要进行中断初始化，设置中断的条件，开放系统的中断。

(2) 当外设满足中断条件时主动申请中断。

(3) CPU 响应中断后，自动进行断点压栈，然后根据不同的中断源转向对应的固定中断入口地址。

(4) 中断子程序执行完后通过 RETI 指令弹出断点，返回主程序。

【注意】　为了使中断子程序不影响主程序的执行，中断子程序应编写得越短越好。

主程序中中断的初始化，主要是设定各个中断源的中断条件。如果是外中断，初始化程序中要选择外中断是边沿触发还是电平触发，若是定时器中断要选择定时器工作方式及定时时间等。开机复位时所有中断被屏蔽，在初始化程序中要开放中断的源允许和总允许。

中断初始化编程的步骤如下：

(1) 设置中断源的中断条件。

对于外中断：边沿触发 IT0＝1、电平触发 IT0＝0。

(2) 开放源允许（置 E＊＝1）。

(3) 开放总允许（置 EA＝1）。

5.5　中断编程举例

【例 5-3】　电路如图 5-16 所示。KK＝1 时，D4，D5，…，D11 以 1s 的间隔轮流点亮；KK＝0 闭合时，将 4 个开关 K0～K3 的状态读入并输出到 4 个 LED，开关接地时，则对应 LED 灯点亮（设 1s 的延时子程序为 DEL1S）。

(1) 采用 $\overline{INT0}$ 边沿触发方式，程序如下。

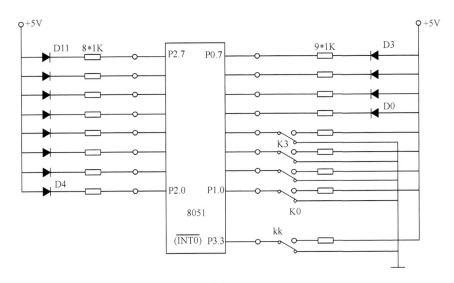

图 5-16

```
        ORG     0000H
        LJMP    MAIN
        ORG     0013H
        LJMP    PINT1
        ORG     0100H
MAIN：  SETB    IT1         ;选择INT1为边沿触发
        SETB    EX1         ;允许INT1中断
        SETB    EA          ;CPU 开中断
LOOP1：MOV     A,#0FEH      ;LED 轮流点亮
LOOP2：MOV     P2,A
        LCALL   DLY
        RL      A
        LJMP    LOOP2
        ORG     0200H
DLY：   MOV     R6,#0FH
DLY1：  MOV     R5,#0FFH
DLY2：  MOV     R4,#0FFH
DLY3：  DJNZ    R4,DLY3
        DJNZ    R5,DLY2
        DJNZ    R6,DLY1
        RET
        ORG     0300H
```

```
PINT1: PUSH    ACC
       MOV     A,P1          ;读开关状态
       SWAP    A
       ORL     A,#0FH        ;低 4 位保持高电平
       MOV     P1,A          ;输出驱动 LED 亮
       POP     ACC
       RETI
       END
```

运行程序可见,开始 D4~D11 以 1s 的间隔轮流点亮(流水灯);当闭合开关 KK 产生下降沿时,触发中断,中断程序中读入 K0~K3 开关的状态,输出控制 D0~D3 灯亮灭,开关 K0~K3 接地时,则对应灯亮;然后中断返回,流水灯继续循环。

(2)采用$\overline{INT0}$电平触发方式,程序如下:

```
       ORG     0000H
       LJMP    MAIN
       ORG     0013H
       LJMP    PINT1
       ORG     0100H
MAIN:  CLR     IT1           ;选择INT1为电平触发
       SETB    EX1           ;允许INT1中断
       SETB    EA            ;CPU 开中断
LOOP1: MOV     A,#0FEH       ;LED 轮流点亮
LOOP2: MOV     P2,A
       LCALL   DLY
       RL      A
       LJMP    LOOP2
       ORG     0200H
DLY:   MOV     R6,#0FH
DLY1:  MOV     R5,#0FFH
DLY2:  MOV     R4,#0FFH
DLY3:  DJNZ    R4,DLY3
       DJNZ    R5,DLY2
       DJNZ    R6,DLY1
       RET
       ORG     0300H
PINT1: PUSH    ACC
       MOV     A,P1          ;读开关状态
       SWAP    A
       ORL     A,#0FH        ;低 4 位保持高电平
```

```
MOV      P1,A              ;输出驱动 LED 亮
POP      ACC
RETI
END
```

运行程序可见,开始 D4~D11 仍然以 1s 的间隔轮流点亮(流水灯),当开关 KK 接地($\overline{INT0}=0$)时,触发中断,在中断程序中读入 K0~K3 开关的状态,输出控制 D0~D3 灯亮灭。

保持开关 KK=0($\overline{INT0}=0$),中断返回后,程序会再次跳到中断程序中,直到开关 KK=1($\overline{INT0}=1$),因此当保持开关 KK=0,即当$\overline{INT0}=0$ 时,随时改变开关 K0~K3 的状态,灯 D0~D3 随开关状态改变亮灭状态。

只有当开关 KK=1($\overline{INT0}=1$),程序返回到主程序后不会再跳到中断程序中,流水灯 D4~D11 继续循环点亮。

由此例可见电平触发与边沿触发的区别。当外中断采用电平触发方式时,如果$\overline{INT0}$(P3.2)一直为 0 时,则中断标志 IE0=1 不会被清除,CPU 会反复跳到中断子程序中执行,只有当$\overline{INT0}=1$,硬件清除 IE0=0,程序才会返回主程序继续执行流水灯程序;而当外中断采用边沿触发方式时,$\overline{INT0}$下降沿触发中断 IE0=1,中断响应后,IE0 自动清 0,一次下降沿只触发一次中断。

【例 5-4】 中断与查询相结合的多中断源系统。

MCS-51 只有两个外中断源,若系统需要多个外中断源,可采用如下的方法实现。

设有 5 个外中断源,当引脚线为高时发中断申请,5 个中断源的中断优先级顺序如下。

XI0   最高
XI1
XI2
XI3
XI4   最低

我们将最高级的外部中断接到外中断$\overline{INT0}$输入端,其余 4 个外部中断源通过集电极开路的"非门"所构成的"或非"门电路接到外中断$\overline{INT1}$的输入端,如图 5-17 所示。当 XI1~XI4 任一根线为 1 时,$\overline{INT1}=0$ 触发中断申请。同时利用输入口线 P1.0~P1.3 作为外中断 XI1~XI4 的中断识别线,当 CPU 通过$\overline{INT1}$中断线接到中断请求,则进入$\overline{INT1}$的中断服务子程序,在中断服务程序中顺序查询 P1.0~P1.3 的逻辑电平来识别是哪个中断源的中断申请。因为查询的顺序是按外部中断源的优先级顺序进行的,从而实现了对多个外部中断源系统的优先级处理。

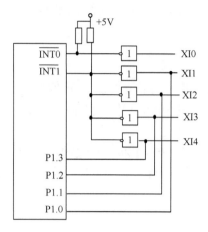

图 5-17　多中断源系统

下面给出$\overline{INT1}$查询中断源的服务子程序。

```
            ORG     0000H
            LJMP    MAIN
            ORG     0003H
            LJMP    XINT0
            ORG     0013H
            LJMP    XINT1
MAIN：      ：              ;主程序
            ：

XINT1：PUSH   PSW            ;保护现场
      PUSH   ACC
      JB     P1.0, SAV1     ;P1.0 为 1 转 SAV1
      JB     P1.1, SAV2     ;P1.1 为 1 转 SAV2
      JB     P1.2, SAV3     ;P1.2 为 1 转 SAV3
      JB     P1.3, SAV4     ;P1.3 为 1 转 SAV4
BACK：POP    ACC            ;恢复现场
      POP    PSW
      RETI
SAV1：：                     ;XI1 服务程序
      LJMP   BACK
SAV2：：                     ;XI2 服务程序
      LJMP   BACK
SAV3：：                     ;XI3 服务程序
      LJMP   BACK
```

```
SAV4：   ⋮                              ;XI4 服务程序
         LJMP      BACK
```

【小结】

本章主要介绍了无条件、查询、中断、DMA 四种输入/输出方式及中断的基本概念。重点要求掌握 MCS-51 单片机中断系统基本结构、控制方法，以及查询和中断方式的程序设计。查询方式虽然能保证数据传送的正确性，但 CPU 花费大量的时间去查询外设的状态，降低了 CPU 的工作效率。中断方式是一种常用的能够提高 CPU 工作效率的方法。

MCS-51 有 5 个中断源，对应 5 个固定的入口地址，有两级中断优先级。

中断源	入口地址	注释
外中断 0（$\overline{\text{INT0}}$）	0003H	P3.2 引脚下降沿或低电平申请中断
定时器 0 中断（T0）	000BH	定时器 0，计数/定时满申请中断
外中断 1（$\overline{\text{INT1}}$）	0013H	P3.3 引脚下降沿或低电平申请中断
定时器 1 中断（T1）	001BH	定时器 1，计数/定时满申请中断
串口中断	0023H	串口接收、发送完毕申请中断

MCS-51 中断系统结构图（图 5-14）归纳了与中断系统相关的特殊功能寄存器的功能和作用，MCS-51 中断系统的应用编程主要是对与中断相关的特殊功能寄存器的编程。中断处理示意如图 5-18 所示。

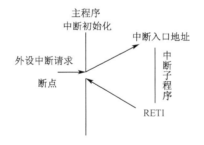

图 5-18　中断处理示意图

（1）主程序中首先要进行中断初始化，设置中断的条件，开放系统的中断。

（2）外设满足中断条件则主动申请中断。

（3）保存断点后，根据不同的中断源跳转到对应的中断入口地址。

（4）中断子程序执行完后通过 RETI 指令，弹出断点返回主程序。

中断的初始化编程步骤如下：

（1）设置中断源的中断条件。

对于外中断：边沿触发 IT0＝1，电平触发 IT0＝0。

（2）开放源允许。（置 E*＝1）

（3）开放总允许。（置 EA＝1）

【注意】　　中断编程时要注意中断标志的清除方式，否则会引起错误中断。例如，定时器中断标志 TF1、TF0 以及边沿触发的外中断标志 IE0、IE1，CPU 在响应中断时能自动清除；串口中断标志 TI 和 RI，CPU 响应中断不能自动清除，要注意在中断服务子程序中清除。而电平触发的外中断标志 IE0、IE1 必须通过硬件将 $\overline{INT0}$ 和 $\overline{INT1}$ 引脚变为高电平，才能清除。

习题与思考

1. 8031 单片机有几个中断源？有几级中断优先级？

2. 8031 单片机在什么条件下可以响应中断？

3. 8031 单片机响应中断后，各中断源的入口地址分别是多少？

4. MCS-51 的外部中断请求有哪两种触发方式？这两种方式有什么不同？

5. 各种中断源的中断标志的清除方式有什么不同？

6. 中断响应后是怎样保护断点和现场的？在中断处理程序中，若 PUSH 和 POP 指令不是成对出现的，中断程序能否正常返回？

7. 试编写一段中断初始化程序，使 $\overline{INT0}$ 采用电平触发方式、$\overline{INT1}$ 采用边沿触发方式，且 $\overline{INT0}$ 为中断优先级为高级。

8. 接口电路如图 5-16 所示，试编程实现，由开关 K 启动 D0，亮 1s、灭 1s，循环 10 次后停止。

第六章　MCS-51 单片机内部定时计数器

【学习目标】
(1) 了解：计数/定时器的内部结构。
(2) 理解：计数/定时器的工作原理。
(3) 掌握：计数/定时器的工作模式、初始化及使用方法。

6.1　定时器的结构与工作原理

MCS-51 单片机内有两个 16 位的计数/定时器，定时器 0（T0）和定时器 1（T1），它们均可用作定时控制、延时以及对外部事件的计数及检测。定时器有两种工作方式，即定时和计数工作方式。其结构如图 6-1 所示。

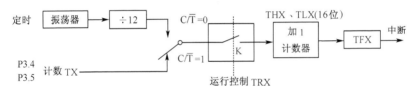

图 6-1　定时器工作方式结构图

(1) 定时方式。控制位 $C/\overline{T}=0$ 时，开关打向振荡器。加 1 计数器输入端由振荡器的 12 分频控制，因一个机器周期由 12 个振荡周期组成，所以每经过 1 个机器周期，计数器自动加 1，直到计满溢出。根据计数次数乘以机器周期，可得定时时间。

(2) 计数方式。控制位 $C/\overline{T}=1$ 时，开关打向外部引脚 TX 端，加 1 计数器的加 1 脉冲由外部输入信号 TX（T0 或 T1）的下降沿触发计数。具体的过程是：计数器在每一个机器周期采样一次 TX 引脚，若一个周期的采样值为 1，下一个周期的采样值为 0，则计数器加 1。因为识别一个负跳变需要 2 个机器周期，所以外部输入信号的周期应大于或等于两个机器周期（24 个振荡周期）。换句话说，外部输入脉冲的最高计数频率为晶振频率的 1/24。

可见计数/定时器的核心是一个加 1 计数器。加 1 计数器溢出时，则计数或定时，由 TFX 置 "1"，向 CPU 发中断请求。

MCS-51 单片机内部与定时器相关的特殊功能寄存器有 TCON，TMOD，THX，TLX。其中定时器 T0 的加 1 计数由 TL0 和 TH0 构成，定时器 T1 的加

1 计数由 TL1 和 TH1 构成，用于存放定时或计数的初值；控制寄存器 TMOD 主要用来设置定时器的工作方式及模式；控制寄存器 TCON 中的 TRX 主要用来控制定时器的启动与停止。

6.2　计数/定时器的工作方式选择及控制

MCS-51 单片机的计数/定时器是一种可编程的部件。它的工作方式、工作模式、计数初值、启停操作均要求在其工作之前写入。下面介绍与定时器工作有关的寄存器。

6.2.1　工作方式寄存器 TMOD

计数/定时器可工作于定时和计数两种工作方式，每种工作方式又有 4 种工作模式，这些均可通过 TMOD 进行设置。各位定义如下。

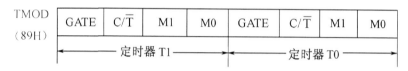

TMOD (89H)	GATE	C/$\overline{\text{T}}$	M1	M0	GATE	C/$\overline{\text{T}}$	M1	M0
	定时器 T1				定时器 T0			

（1）M1M0 工作模式控制位。

M1	M0	模式	说明
0	0	0	13 位计数/定时器
0	1	1	16 位计数/定时器
1	0	2	自动重装 8 位计数/定时器
1	1	3	T0 分成 2 个独立的 8 位计数器，T1 停止计数

（2）C/$\overline{\text{T}}$ 计数/定时工作方式选择位。

C/$\overline{\text{T}}$=0，选择定时工作方式；

C/$\overline{\text{T}}$=1，选择计数工作方式。

【注意】TMOD 寄存器不能进行位寻址，只能直接寻址。若要修改某些位的值，可用 ANL、ORL、XRL 等指令实现。

（3）GATE 选通控制位。

主要用于控制启动条件：

① GATE=0，计数/定时器的启动由 TCON 中的 TR0（TR1）控制。即通过软件将 TR0（TR1）置 1，则启动 T0（T1）计数/定时开始。

② GATE=1，计数/定时器的启动由 TR0（TR1）结合 $\overline{\text{INT0}}$（$\overline{\text{INT1}}$）的电平控制。只有在软件对 TR0（TR1）置 1，且 $\overline{\text{INT0}}$（$\overline{\text{INT1}}$）引脚为 1 时，才能启动计数/定时器工作。

TMOD 控制寄存器不能进行位寻址，只能用字节传送指令设置定时器的工作方式及工作模式，低 4 位用于定义定时器 T0，高 4 位用于定义定时器 T1。系统复位时 TMOD 中各位均为 0。例如，若设置定时器 T1 为 16 位计数工作方式，由软件启动；定时器 T0 为 8 位定时工作方式，软件启动。TMOD 各位设置为

　　0　1　0　1　0　0　1　0　　　　52H

用"MOV TMOD，♯52H"指令写入 TMOD 中。

6.2.2　控制寄存器 TCON

TCON 用于控制定时器的启、停及定时器的溢出和中断情况。各位定义如下。

TCON (88H)	TF1	TR1	TF0	TR0	IE1	IT1	IE0	IT0

（1）TF1：定时器 T1 溢出标志。当 T1 计满溢出时由硬件自动置"1"，并申请中断，CPU 响应中断后，由硬件自动清 0，在查询方式时，也可由软件清 0。

（2）TF0：定时器 T0 的溢出标志。功能同 TF1。

（3）TR1：定时器 T1 运行控制位，可由软件清 0 或置 1 来启动或停止 T1。

【注意】　定时器的启动与门控位和外部中断引脚有关。当 GATE 设置为 0，定时器的启动由 TR1＝1 控制；而当 GATE 设置为 1 时，定时器启动除 TR1＝1 外，还要求外部中断引脚 $\overline{INT1}$＝1 时定时器方可启动工作。

（4）TR0：定时器 T0 运行控制位，功能同 TR1。

（5）IE1：$\overline{INT1}$ 的中断请求标志。

（6）IE0：$\overline{INT0}$ 的中断请求标志。

（7）IT1：$\overline{INT1}$ 的中断触发方式选择。

（8）IT0：$\overline{INT0}$ 的中断触发方式选择。

【注意】　TCON 可位寻址，系统复位时 TCON 中各位均为 0。

6.3　计数/定时器工作模式及应用

由上节可知，通过对 TMOD 中的 M1 和 M0 位的设置，可以选择 4 种工作模式，4 种工作模式主要不同在于加 1 计数器的长度不同。下面分别介绍这 4 种操作模式基本原理及应用。

计数/定时器的功能是由软件编程来设置的，在使用前对它的设置称为初始化，初始化编程包括下述几个步骤。

1. 对 TMOD 寄存器赋值

确定工作方式、工作模式、启动控制方式，对 TMOD 寄存器赋值。

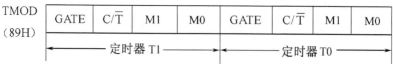

TMOD （89H）	GATE	C/$\overline{\mathrm{T}}$	M1	M0	GATE	C/$\overline{\mathrm{T}}$	M1	M0
	← 定时器 T1 →				← 定时器 T0 →			

2. 写入计数初值

确定定时或计数的初值，并将初值写入 TH0、TL0 或 TH1、TL1 中。

计数初值的计算如下。

（1）定时工作方式。

定时时间

$$t = (2^n - \mathrm{TX} \text{初值}) \times \text{机器周期} = (2^n - \mathrm{TX} \text{初值}) \frac{12}{f_{\mathrm{osc}}}$$

$$\mathrm{TX} \text{初值} = 2^n - \frac{f_{\mathrm{osc}}}{12} t$$

（2）计数工作方式。

$$\mathrm{TX} \text{初值} = 2^n - \text{计数值}（N）$$

【说明】　根据不同的工作模式，n 分别为 13、16、8。

3. 设置中断

若定时器采用中断方式，则需要开放 CPU 的中断总允许（EA=1），以及对应的定时器中断允许（ETX=1）

4. 启动定时器工作

通过将 TCON 中的 TRX 置 1，启动计数/定时器工作。

6.3.1　模式 0

1. 模式 0 的结构及工作过程

模式 0 为 13 位计数/定时器。T0 工作于模式 0 的逻辑结构如图 6-2 所示。16 位计数器只用了 13 位（TL0 低 5 位，TH0 的 8 位），构成一个 13 位的定时计数器。

在这种模式下，TL0 低 5 位计数满时向 TH0 进位，TH0 溢出时，则置 "1" TCON 中的中断标志 TF0，并向 CPU 申请中断。若不用中断方式，则 T0 是否溢出也可由软件查询 TF0 是否为 1 来判断计数或定时到否。

（1）工作方式。

① C/$\overline{\mathrm{T}}$=0，定时工作方式。计数器的输入端接内部振荡器，T0 对机器周期进行加 1 计数。

定时时间

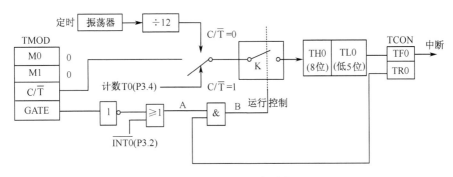

图 6-2　T0 模式 0 逻辑结构图

$$t = (2^{13} - T0 \text{初值}) \times \text{机器周期}$$

$$= (2^{13} - T0 \text{初值}) \times \frac{12}{f_{osc}}$$

$$T0 \text{初值} = 2^{13} - \frac{f_{osc}}{12} t$$

② $C/\bar{T}=1$，计数工作方式。计数器输入端接外部输入引脚 P3.4，由 P3.4 的下降沿触发计数器加 1，对外部事件计数。

$$\text{计数值} N = (2^{13} - T0 \text{初值})$$
$$T0 \text{初值} = 2^{13} - N$$

（2）控制启动条件。

① GATE=0：$\overline{INT0}$ 被封锁，A=1，由 TR0 控制 T0 的启、停。当 TR0=1 时，B=1，K 闭合启动计数/定时；当 TR0=0 时，B=0，K 断开停止计数/定时。

② GATE=1：由 $\overline{INT0}$ 与 TR0 配合启动定时器工作。只有当 $\overline{INT0}=1$ 和 TR0=1 时，T0 才被开启。

【注意】　由计数/定时器的工作原理可知，模式 0 的最大计数值为 $(2^{13}-0)=8192$，最大的定时时间为 $(2^{13}-0) \times \frac{12}{f_{osc}}$，若晶振频率为 6MHz，则最大定时时间为 $16\,384\mu s$。

2. 模式 0 的应用

【例 6-1】　用 T0 定时，选择工作模式 0，由 P1.0 输出周期为 10ms 的方波，$f_{osc}=6MHz$。

P1.0 输出周期为 10ms 的方波，只需在 P1.0 上输出 5ms 的高电平和 5ms 的低电平。5ms 到向 CPU 发中断申请，CPU 在中断服务程序中将 P1.0 内容求反送出。

（1）对 TMOD 赋初值：由于 T0 工作于模式 0 定时
　　TMOD=00000000B=00H

（2）计算计数初值：13 位计数器定时方式

$$初值 = 2^{13} - \frac{f_{osc}}{12}t$$

$$= 2^{13} - \frac{6 \times 10^6}{12} \times 5 \times 10^{-3}$$

$$= 5692 = 163\text{CH} = 000 \underline{10110001} \ \underline{11100}$$

$$\phantom{= 5692 = 163\text{CH} = 000 } \text{TH0} \qquad \text{TL0}$$

$$(\text{TH0}) = 0\text{B1H}, \qquad (\text{TL0}) = 1\text{CH}$$

程序如下：

```
          ORG    0000H
          LJMP   MAIN
          ORG    000BH
          LJMP   INTT
          ORG    1000H
MAIN：MOV      TMOD,＃00H        ;设工作方式
          MOV    TL0,＃1CH         ;设初值
          MOV    TH0,＃0B1H
          SETB   TR0               ;启动定时
          SETB   ET0               ;开放 T0 中断
          SETB   EA                ;开放总中断
          SJMP   $                 ;等待
INTT：MOV      TL0,＃1CH         ;重赋初值
          MOV    TH0,＃0B1H
          CPL    P1.0              ;求反
          RETI
```

本例也可编成查询方式。

```
          ORG    1000H
MAIN：MOV      TMOD,＃00H
          MOV    TL0,＃1CH
          MOV    TH0,＃0B1H
          SETB   TR0               ;启动定时
LP1：JBC      TF0,LP2           ;查询 T0 计数是否溢出,同时清除 TF0
          AJMP   LP1               ;没有溢出等待
LP2：CPL      P1.0              ;输出取反
          MOV    TL0,＃1CH         ;溢出重置计数初值
          MOV    TH0,＃0B1H
          SJMP   LP1               ;重复循环
```

6.3.2　模式 1

1. 模式 1 的结构及工作过程

模式 1 为 16 位计数/定时器。其结构和工作过程几乎与模式 0 完全相同。模式 1 和模式 0 唯一的区别是模式 1 的计数器长度为 16 位，由此可获得更大的计数值和更长的定时时间。

定时时间：$t = (2^{16} - \text{T0 初值}) \times$ 机器周期

T0 的初值 $= 2^{16} - \dfrac{f_{osc}}{12} t$

【注意】　模式 1 的最大计数值为 $2^{16} = 65\,536$，若晶振频率为 6MHz，则最大定时时间约为 131ms。

2. 模式 1 的应用

【例 6-2】　用定时器 T0 实现定时 1 秒后将 P1.0 输出一个机器周期的高电平。$f_{osc} = 12\text{MHz}$。

根据前面的计算公式，采用模式 1（16 位）定时，最长的定时时间为 131ms，要实现定时 1s，只用定时器是不行的。下面采用定时器定时 10ms，再加上软件计数器计 100 次，则用 $100 \times 10 = 1000\text{ms} = 1\text{s}$，来实现。

设 T0 为模式 1 定时 10ms，则

$$\begin{aligned} \text{T0 初值} &= 2^{16} - \frac{f_{osc}}{12} \times t \\ &= 2^{16} - \frac{12 \times 10^6}{12} \times 0.01 \\ &= 55536\text{D} = \text{D8F0H} \end{aligned}$$

程序如下：

```
        ORG    0000H
        LJMP   MAIN
        ORG    000BH
        LJMP   INTT
        ORG    1000H
MAIN：  MOV    TMOD,#01H        ;设工作方式
        MOV    TL0,#0F0H        ;设初值
        MOV    TH0,#0D8H
        MOV    R1,#64H          ;R1 计数 100 次
        CLR    P1.0             ;P1.0 清 0
        SETB   TR0              ;启动定时
        SETB   ET0              ;开放 T0 中断
        SETB   EA               ;开放总中断
```

```
        SJMP    $               ;等待
INTT:   MOV     TL0,#0F0H       ;重赋初值
        MOV     TH0,#0D8H
        DJNZ    R1,RENT         ;1秒未到返回
        SETB    P1.0            ;P1.0置1
        NOP                     ;延时1个机器周期
        CLR     P1.0
        CLR     TR0             ;停止定时
RENT:   RETI
```

6.3.3　模式2

1. 模式2的结构及工作过程

模式0和模式1若用于循环重复定时计数，每次计满溢出时，计数器的内容变为0，第二次计数还得重新装入计数初值。这样编程麻烦，而且影响定时时间精度，而模式2解决了这种缺陷。模式2可在计数器计满溢出时由硬件自动装入计数初值，不占用软件时间，模式2的逻辑结构如图6-3所示。

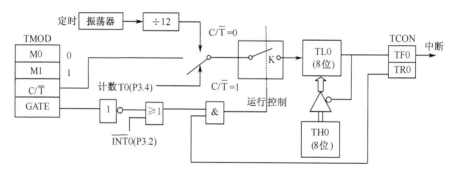

图6-3　T0模式2逻辑结构图

模式2把16位的计数器拆成两个8位的计数器。TL0用作8位计数器，TH0用来保存计数初值，每当TL0计满溢出时，可自动将TH0的初值再装入TL0中。

定时时间 $t=（2^8-\text{T0 初值}）\times$ 机器周期

T0 的初值 $=2^8-\dfrac{f_{osc}}{12}\times t$

【注意】　模式2的最大计数值为 $2^8=256$，若晶振频率为6MHz，则最大定时时间为 $512\mu s$。

2. 模式2的应用

【例6-3】　用 T1 工作于模式2定时，实现 P1.0 引脚输出占空比为 2∶5，周期为 $500\mu s$ 的方波，$f_{osc}=6MHz$。

根据题意画出输出信号的波形如图 6-4 所示，由于整个波形的周期为 $500\mu s$，占空比为 2：5，所以高电平为 $200\mu s$，低电平为 $300\mu s$。下面我们采用定时器定时 $100\mu s$，高电平时软件计数 2 次，即 $100\mu s \times 2 = 200\mu s$，低电平时软件计数 3 次，即 $100 \times 3 = 300\mu s$ 来实现。

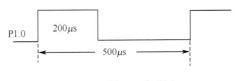

图 6-4　例 6-3 波形图

(1) 对 TMOD 赋初值：由于 T1 工作于模式 2 定时

　　TMOD＝00100000B＝20H

(2) 计算计数初值：8 位计数器定时方式

$$T1\ 初值 = 2^8 - \frac{f_{osc}}{12} \times t$$

$$= 2^8 - \frac{6 \times 10^6}{12} \times 100 \times 10^{-6}$$

$$= 206 = CEH$$

　　（TH1）＝0CEH　　　　　　（TL1）＝0CEH

查询方式的程序如下：

```
        ORG    1000H
MAIN：  MOV    TMOD,＃20H          ;设工作方式
        MOV    TL1,＃0CEH          ;设初值
        MOV    TH1,＃0CEH
        SETB   P1.0               ;P1.0 置 1
        SETB   TR1                ;启动定时
LP：    MOV    R1,＃02H            ;R1 计数 2 次
LP1：   JBC    TF1,LP2            ;查询 T1 计数是否溢出,若溢出则转 LP2,
                                  ;同时清 TF1＝0
        AJMP   LP1                ;没有溢出等待
LP2：   DJNZ   R1,LP1             ;200μs 未到返回
        CPL    P1.0               ;输出取反
        MOV    R2,＃03H            ;R2 计数 3 次
LP3：   JBC    TF1,LP4
        AJMP   LP3
LP4：   DJNZ   R2,LP3             ;300μs 未到返回
        CPL    P1.0
        SJMP   LP                 ;重复循环
```

6.3.4 模式 3

模式 3 的结构及工作过程。

前三种方式，T0 和 T1 的功能完全相同，而模式 3 只适用定时器 T0，T0 在该模式下被拆成两个独立的 8 位计数器 TH0 和 TL0，其中 TL0 可作为 8 位定时器或计数器，并且使用原来 T0 的一些控制位和引脚，它们是：C/$\overline{T}$、GATE、TR0、$\overline{INT0}$ 和 TF0。该模式下的 TH0，此时只可用作简单的内部定时器功能，它借用原定时计数器 T1 的控制位 TR1 和溢出标志位 TF1，同时占用了 T1 的中断源。模式 3 的逻辑结构如图 6-5 所示。

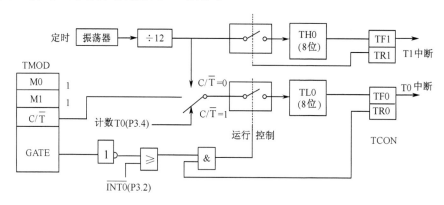

图 6-5   T0 模式 3 逻辑结构图

通常情况下不使用模式 3，只有在将定时器 T1 用作串口波特率发生器，且工作在模式 2 定时（8 位自动重装模式），才将 T0 置成模式 3，以便额外增加一个定时器。此时 T1 不需 TR1 信号，即计数器的启动控制开关已接通，仅用 C/$\overline{T}$ 切换到定时即可启动 T1。其逻辑结构如图 6-6 所示。

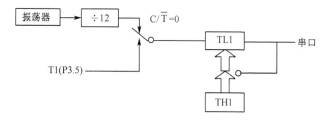

图 6-6   T1 模式 2 结构

【小结】

本章较详细地介绍了 MCS-51 单片机中两个 16 位可编程计数/定时器 T0 和 T1 的工作方式、工作模式及应用。T0 和 T1 有定时与计数两大工作方式，程序中通过软开关 C/$\overline{T}$ 进行设置，C/$\overline{T}$ = 0 为定时方式，C/$\overline{T}$ = 1 为计数方式如

图 6-7 所示。每种工作方式又有 4 种不同的工作模式，工作模式的主要区别在于加 1 计数器的长度。

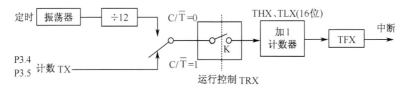

图 6-7　定时器工作方式结构图

【注意】　当 $f_{osc}=6\text{MHz}$，8 位定时器最长时间为 $512\mu s$，13 位定时器的最长时间为 $16\,384\mu s$，16 位定时器的最长时间为 131ms，在使用时根据需要选择合适的工作模式及工作方式。当定时时间较长时，可采用定时器定时加软件计数的方法实现。

计数/定时器的初始化步骤如下。

1. 对 TMOD 寄存器赋值。

确定工作方式、工作模式、启动控制方式，对 TMOD 寄存器赋值。

2. 写入计数初值。

确定定时或计数的初值，并将初值写入 TH0、TL0 或 TH1、TL1 中。

计数初值的计算。

（1）定时工作方式

$$\text{TX 初值}=2^n-\frac{f_{osc}}{12}t$$

（2）计数工作方式

$$\text{TX 初值}=2^n-\text{计数值}（N）$$

【说明】　根据不同的工作模式，n 分别为 13、16、8。

3. 设置中断。

若定时器采用中断方式，则需要开放 CPU 的中断总允许（EA＝1），以及对应的定时器中断允许（ETX＝1）。

4. 启动定时器工作。

通过将 TCON 中的 TRX 置 1，启动计数/定时器工作。

【注意】　若采用中断方式，CPU 响应中断后自动清零 TFX 标志，若采用查询方式，可省去初始化步骤中的第 3 步，通过软件检测 TFX＝1 时，定时器定时或计数到。

习题与思考

1. MCS-51 内部有几个计数/定时器？它们由哪些专用寄存器组成？

2. MCS-51 的计数/定时器有几种工作方式？它们有什么区别？每种工作方式有几种工作模式？各有什么特点？

3. MCS-51 计数/定时器作定时或计数时其计数脉冲由谁提供？定时时间与哪些因素有关？作计数时对外部计数脉冲的频率有什么要求？

4. 用定时器 T0 工作模式 1 产生一个 50Hz 的方波，由 P1.0 输出，$f_{osc}=$ 12MHz。

5. 用 T1 定时方式 2 实现由 P1.0 输出矩形波。其矩形波周期为 400μs，占空比为 1∶4，$f_{osc}=$6MHz。

6. 用 T0 对外部事件计数，每计满 1000 个脉冲，通过 T1 延时 2ms，然后 T0 又开始计数，反复循环，$f_{osc}=$6MHz。

7. 采用定时计数器实现 P1.0 每秒产生 1 个机器周期的正脉冲，P1.1 每 5s 产生 1 个机器周期的正脉冲，$f_{osc}=$6MHz。

第七章　串行接口通信

7.1　串行通信的基础知识

【学习目标】

（1）了解：串行通信的基础知识，MCS-51 的串口结构，多机通信原理。

（2）理解：单片机串口四种工作方式的特点，全双工串口通信的基本原理。

（3）掌握：用串口扩展并口的方法和双机通信的程序设计。

7.1.1　并行通信和串行通信

在实际工作中，计算机的 CPU 与外设之间需要进行信息交换，计算机与计算机之间也要进行数据交换，所有这些信息交换均可称为通信。通信的方式有两种，即并行通信和串行通信。8031 单片机具有并行和串行通信两种基本通信方式。

并行通信是指数据的各位同时传送的方式。其优点是传送速度快，缺点是传输信号线的根数和数据的位数相同，传送成本高，因此并行通信常用于近距离通信。例如，单片机与打印机之间的数据传送常采用并行通信。

串行通信是指数据一位一位按顺序传送的方式。它的突出优点是只需一对传送线进行数据传送，这样传送成本降低，特别适用于远距离通信，其缺点是传送速度降低。串行通信是一种较常用的通信方式，单片机之间，单片机与系统机之间的数据通信常采用串行通信。

7.1.2　串口通信的数据传送方向

串行通信通常有三种数据传送方向：第一种为单工（或单向）方式，只允许数据向一个方向传送；第二种为半双工（或交替双向）方式，收发交替进行，同一时刻只能收或发；第三种是全双工（或全双向）方式，可同时进行双向数据传送，它要求两端的通信设备都具有完整和独立的发送、接收能力。

7.1.3　同步通信和异步通信

同步问题是串行通信的一个重要问题，为了使发送信息准确，收发端的动作必须在同一时间进行，否则就不能正确传送信息。目前串行通信中常采用同步通信和异步通信两种通信方式。

1. 同步通信

同步通信方式是指在发送设备的时钟频率与接收设备的频率一致的条件下，发送设备先发出一个同步码，随之自动发送一组数据的方式。如图 7-1 所示，因此同步通信方式属于一种连续传送数据的方式，适用于大批量数据传送，其特点是传送速率高，但要求收、发双方的时钟保持严格的同步。

图 7-1　同步数据格式

要保证相距很远的收发双方的时钟频率严格一致实现起来较为困难，因此同步通信方式的硬件复杂，造价高。所以目前使用较多的是异步通信。

2. 异步通信

异步通信方式的数据是一帧一帧传送的，数据帧格式如图 7-2 所示。

每一帧数据由一个起始位，5～8 个数据位，一个奇偶校验位（可省略），1～2 个停止位组成。线路在不传送数据时保持为"1"，起始位为"0"，用来通知接收设备一个待收的数据帧开始。奇偶校验位由发送设备根据本帧数据是奇数个"1"，还是偶数个"1"来确定。当接收设备收到数据后，根据此位进行校验，以判断接收到的数据是否正确。停止位为高电平表示一帧数据的结束，若停止位后不接着传送下一个数据则线路保持为"1"。

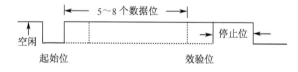

图 7-2　异步数据帧格式

由于异步通信方式的数据是一帧一帧发送的，接收端一但接收完一帧数据，马上恢复对起始位的搜索，原有的误差积累全部消除，所以对收发双方的时钟要求不高，只要双方的时钟误差较小，就可保证正确地接收异步数据，硬件价格较同步通信便宜，但传送速率较慢。

3. 波特率

波特率，即串行数据传送的速率，表示每秒传送的二进制位数，它的单位是 bps。若发送一位二进制信号的时间为 t，则波特率为 $1/t$。在串口通信时，接收和发送双方的波特率必须保持一致，才能正常工作。异步通信的传送速率为 50～19 200bps。

7.2　单片机的串口工作原理

8031 单片机除了具有四个 8 位的并行口外，还有一个全双工的串行通信接口，它可作为通用的异步接收和发送器，也可作同步移位寄存器。应用串行接口既可以实现 8031 单片机之间点对点的单机通信或多机通信，又可实现 8031 单片机与系统机（如 IBM-PC 机）的单机或多机通信。

7.2.1　串口结构

单片机的串口主要由两个物理上独立的串行数据缓冲器 SBUF（发送缓冲器、接收缓冲器）、发送控制器、接收控制器、输入移位寄存器和输出控制门组成，如图 7-3 所示。

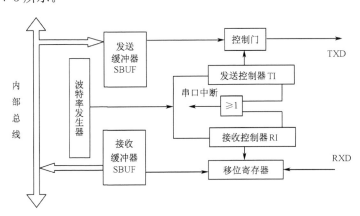

图 7-3　MSC-51 串口组成结构示意

发送数据时，CPU 将数据送入发送缓冲器 SBUF，在发送控制器的控制下，将数据一位一位通过 TXD（P3.1）引脚发送出去；接收时，外面的数据通过 RXD（P3.0）引脚，在接收控制器的控制下，一位一位地移入移位寄存器，待接收完一个完整的字节后，就将该字节装入接收缓冲器 SBUF，由 CPU 通过读 SBUF 取走。

其中发送缓冲器只能写入，不能读出；接收缓冲器只能读出，不能写入，所以两个缓冲器共用一个地址 99H（SBUF）。该串口有四种工作方式，其工作方式和传送波特率可通过特殊功能寄存器 SCON、PCON 进行设置。

7.2.2　串口的工作寄存器

1. 串口控制寄存器 SCON

SCON（复位时清 0，可位寻址）主要用于设定串口的工作方式，接收和发送控制以及状态标志。其格式如下。

SCON (98H)	SM0	SM1	SM2	REN	TB8	RB8	TI	RI

（1）SM0、SM1 工作方式控制位（复位时清 0，可位寻址）。

SM0	SM1	方式	说明	波特率
0	0	0	8 位同步移位寄存器	$f_{osc}/12$
0	1	1	10 位异步收发	由定时器 1 设置
1	0	2	11 位异步收发	$f_{osc}/32$ 或 $f_{osc}/64$
1	1	3	11 位异步收发	由定时器 1 设置

其中，10 位、11 位是指异步通信中的数据帧格式。10 位数据帧格式为：1 位起始位，8 位数据位，1 位停止位。11 位数据帧格式为：1 位起始位，8 位数据位，1 位可编程位（奇偶校验），1 位停止位（图 7-4）。

图 7-4　11 位数据帧格式

（2）REN 允许接收控制位。

可由软件置 1 或清 0。

REN＝1　　　　允许接收

REN＝0　　　　禁止接收

（3）TB8 方式 2、3 中，准备发送的可编程位（第 9 位），可用软件清 0 或置 1。

此位可作为数据的奇偶校验位，也可作为多机通信的数据帧（TB8＝0）和地址帧（TB8＝1）的标志位，以区别发送的是数据还是地址。

（4）RB8 方式 2、3 接收到的可编程位（第 9 位）。

（5）TI 发送中断标志。

8 位数据发送完，开始发送停止位时，由硬件置 TI＝1，向 CPU 申请中断。

【注意】　CPU 响应中断后不能自动清 TI＝0，必须用软件清 0。

启动发送条件是：当 TI＝0 时，由写 SBUF 的指令（例如：MOV SBUF，A）启动。

（6）RI 接收中断标志（即接收缓冲器满标志）。

8 位接收完，开始接收停止位时，由硬件置 RI＝1。

【注意】　CPU 响应中断后不能自动清 0，必须用软件清 0。

启动接收条件是：允许接收 REN＝1，且 RI＝0 时启动。

【注意】　如图 7-3 所示，无论 TI＝1 或 RI＝1，都会通过同一中断源（串口中断）向 CPU 发出中断申请。

（7）SM2 多机通信控制位。

单片机用于双机通信时，设置 SM2＝0。当串口工作于方式 2、3 的多机通信时，可由软件置 1 或清 0，来控制多机通信。

$$SM2=\begin{cases} 0, & \text{无论 RB8＝0 或 RB8＝1，均可申请中断} \\ 1 & \begin{cases} \text{接收到的可编程位为 1，即 RB8＝1，可申请中断} \\ \text{接收到的可编程位为 0，即 RB8＝0，不能申请中断} \end{cases} \end{cases}$$

2. 电源控制寄存器 PCON

PCON（复位时 SMOD 清 0，不可位寻址）中的最高位 SMOD 与串口工作有关。

PCON (87H⁻)	SMOD	

SMOD 波特率选择位，在方式 1～3 时有效。

$$SMOD=\begin{cases} 1, & \text{波特率加倍} \\ 0, & \text{波特率不加倍} \end{cases}$$

7.3 串口工作方式

7.3.1 工作方式 0

方式 0 为 8 位同步移位寄存器输入/输出方式，其波特率固定为 $f_{osc}/12$。此时通过串口输入/输出的 8 位串行数据没有起始位和停止位。此方式不用于串行通信，而常与外部的移位寄存器相结合，用于扩展并行 I/O 口。方式 0 的 RXD（P3.0）作为串行数据的输入/输出端，TXD（P3.1）作为外接器件的同步时钟信号。

1. 串行输出

采用串口扩展并行输出口如图 7-5（a）所示，74LS164 为串入并出的接口芯片。串行数据输出时，在 TI＝0 的条件下，由一条以 SBUF 为目的地址的指令（如 MOV SBUF，A）启动发送。在发送过程中，通过 RXD 端，将发送缓冲器 SBUF 中的 8 位数据由低位到高位顺序发送出去，同时由 TXD 端输出移位脉冲。当一个字节发送完毕，串行口自动停止发送数据和移位脉冲，并置 TI＝1 申请中断。

【注意】 若要再次发送数据，必须用软件将 TI 清 0。

2. 串行输入

用串口扩展的并行输入口如图 7-5（b）所示，74LS165 为并入串出芯片。串行数据输入时，由允许接收位 REN＝1 和 RI＝0 启动接收。在接收过程中，

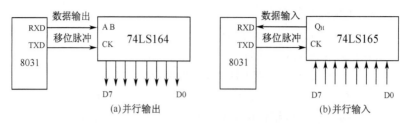

图 7-5　用 74LS164 和 74LS165 扩展 I/O 口

TXD 端输出移位时钟脉冲，控制外设将 8 位数据通过 RXD 端按位移入串口的输入移位寄存器，再存入 SBUF 接收缓冲器中。当串行口控制电路检测到最后一次移位结束后，置 RI＝1 申请中断。CPU 可在中断程序中将 SBUF 中的数据读入。若要再次启动接收，必须用软件清 RI＝0。

3. 方式 0 举例

利用 MCS-51 串口的方式 0，即 8 位移位寄存器，外接一个串入并出的芯片，可扩展一个并行输出口；若外接一个并入串出的芯片，则可扩展一个并行输入口。此方法扩展的并行接口不占用片外 RAM 的地址，且硬件接口简单。

下面分别通过两个例子加以说明。

1）扩展并行输入口

采用两片 74LS165 扩展 16 位并行输入口，接口电路如图 7-6 所示。

其中，SIN 为串行输入端，Q$_H$ 为串行输出端，CK 为时钟端，CK 的上升沿使数据移位，CLK 为时钟禁止端，CLK＝1 时钟禁止，CLK＝0 时钟有效，S/$\overline{L}$ 为移位/置入端，S/$\overline{L}$＝0 时，并行数据置入各位寄存器，S/$\overline{L}$＝1 时，数据锁存，允许串行移位。

【例 7-1】　从扩展的输入口读入 10 组数据，存入片内 RAM 40H 开始的单元。

程序如下：

```
            MOV    R7,＃0AH        ;10 组数
            MOV    R0,＃40H        ;片内 RAM 指针
    RCV0：  CLR    P1.0           ;并行数据置入
            SETB   P1.0           ;允许串行移位
            MOV    R2,＃02H        ;每组二个字节
    RCV1：  MOV    SCON,＃10H      ;SM0 SM1＝00,方式 0 由 REN＝1,RI＝0 启动接收。
    WAIT：  JNB    RI,WAIT        ;等待 8 位接收完毕
            MOV    A,SBUF         ;取输入数据
            MOV    @R0,A          ;送片内 RAM。
            INC    R0
```

```
      DJNZ    R2,RCV1              ;2 个字节(16 位)未输入完,转 RCV1。
      DJNZ    R7,RCV0              ;10 组数未输入完,转 RCV0。
      SJMP    $
```

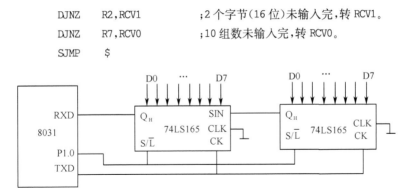

图 7-6　利用 74LS165 扩展并行输入口

2) 扩展并行输出口

采用二片 74LS164 扩展 16 位并行输出口,接口电路如图 7-7 所示。

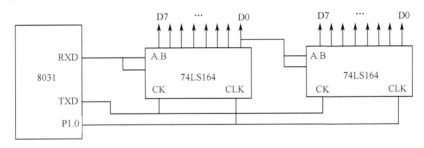

图 7-7　利用 74LS164 扩展并行输出口

其中 A、B 为两个串行输入引脚（相与关系）,D0 为串行输出引脚,CLK 为清 0 端,CLK＝0,清输出端 D7～D0 为 0,CK 为移位脉冲输入端。

【例 7-2】　将片内 RAM 30H、31H 单元中的内容经 74LS164 并行输出。

程序如下:

```
START: MOV    R7,#02H
       MOV    R0,#30H
       MOV    SCON,#00H          ;串口方式 0,禁止接收,REN = 0,TI = 0
SEND:  MOV    A,@R0
       MOV    SBUF,A             ;输出,启动发送
WAIT:  JNB    TI,WAIT            ;等待 8 位发送完毕
       CLR    TI                 ;清发送中断标志
       INC    R0
       DJNZ   R7,SEND            ;判二个字节发送完否?
       SJMP   $
```

7.3.2　工作方式1

串行口工作于方式1时，为一个8位的异步通信口，传送的帧数据的格式为：8位数据位，一位起始位和一位停止位，如图7-8所示。此时的 TXD 端为发送端，RXD 为接收端。传输的波特率可变，由定时器 T1 的溢出率确定。

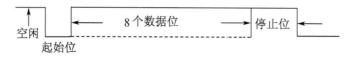

图7-8　方式1数据帧格式

1. 方式1输出

方式1的发送是在发送中断标志 TI 为 0 时，由一条写发送缓冲器指令（如 MOV SBUF，A）启动。发送时，串口在 SUBF 中的数据前自动插入一个起始"0"，然后逐位发送出去，8 位发送完后，最后发送停止位"1"。在开始发送停止位时，置 TI＝1，向 CPU 发中断申请，通知 CPU 当前数据发送完毕。

【注意】　CPU 响应中断后，不能自动清 TI＝0，而在发送第二个数据时，TI 必须为 0，所以在程序中应注意用软件清 TI＝0。发送程序段如下。

```
        MOV     SCON,#40H       ;串口工作于方式1,TI = 0
        MOV     R0, #30H
        MOV     A, @R0
        MOV     SBUF, A         ;发送数据
WAT:    JNB     TI, WAT         ;未发送完,等待
        CLR     TI              ;清 TI = 0
        INC     R0              ;准备发送下一个数据
        ⋮
```

2. 方式1输入

方式1的接收是在 SCON 寄存器中的 REN＝1，同时 RI＝0 时启动，从检测起始位开始，无信号时 RXD 端为"1"，当检测 RXD 到由"1"到"0"的变化时，即收到一个数据的起始位，则开始自动接收数据。当开始接收停止位时，置 RI＝1 向 CPU 申请中断，通知 CPU 从接收缓冲器 SBUF 中取数据。

【注意】　CPU 响应中断后，同样不能自动清 RI＝0，在程序中要用软件清 RI＝0，否则不能接收第二个数据。接收程序段如下。

```
        MOV     SCON,#50H       ;方式1,REN = 1,RI = 0 启动接收
        MOV     R0, #30H
WAT:    JNB     RI, WAT         ;未接收完,等待
        CLR     RI              ;清 RI = 0
```

```
        MOV    A, SBUF              ;取接收的数据
        MOV    @R0, A
        ⋮
```

3. 方式 1 的波特率

方式 1 的波特率由定时器 T1 的溢出率的 32 分频或 16 分频决定，当 PCON 中的 SMOD＝0，为 32 分频；SMOD＝1，为 16 分频，波特率的计算公式如下

$$\text{方式 1 的波特率}=\frac{2^{\text{SMOD}}}{32}\times\text{T1 的溢出率}$$

T1 用作波特率发生器时，通常工作于模式 2 定时（8 位自动重装），禁止中断方式。由此可知

$$\text{T1 的溢出周期}=\left[2^{8}-\left(\text{TH1 初值}\right)\right]\times\frac{12}{f_{\text{osc}}}$$

$$\text{T1 的溢出率}=\frac{f_{\text{osc}}}{12\left[2^{8}-\left(\text{TH1}\right)\right]}$$

所以

$$\text{方式 1 的波特率}=\frac{2^{\text{SMOD}}}{32}\times\frac{f_{\text{osc}}}{12\left[2^{8}-\left(\text{TH1}\right)\right]}$$

7.3.3　工作方式 2 和方式 3

1. 数据帧格式

串口工作方式 2 和方式 3 与方式 1 一样，均为 8 位数据通信口，但方式 2、方式 3 的数据帧格式为 11 位，即除了 1 位起始位，8 位数据位，1 位停止位外，还多了 1 位可编程的第 9 位，这一位既可作为奇偶校验位，也可在多机通信时作为地址帧和数据帧的标志位，如图 7-9 所示。

图 7-9　方式 2 和方式 3 数据帧格式

2. 方式 2 和方式 3 输出

附加的可编程位可通过发送方的 SCON 的 TB8 进行设置，发送时 TB8 被自动地加在 8 位数据后面。

我们知道 MCS-51 单片机在执行某些指令如"MOV A，@Ri"之后将影响状态寄存器 PSW 中的奇偶校验标志 P 的值：当累加器 A 中 1 的个数为奇数时，P＝1，当累加器 A 中 1 的个数为偶数时，P＝0。据此可对数据进行奇偶校验。

当可编程位作为奇偶校验位时，由发送方在发送时对数据进行奇偶校验，并

将发送方的 SCON 中的 TB8 设置为相应的"1"（奇）或"0"（偶），与 8 位数据一起发送出去。发送程序段如下：

```
          ⋮                     ;串口初始化
CLR       TI                    ;清 TI = 0
MOV       A,@R0                 ;取数据
MOV       C,P                   ;奇偶标志位送 TB8
MOV       TB8,C                 ;奇偶位送 TB8
MOV       SBUF,A                ;发送数据和 TB8
          ⋮
```

3. 方式 2 和方式 3 输入

接收时，接收设备自动将可编程位取入接收方的 RB8 中，接收方接收到数据后再对数据进行一次奇偶校验，若校验的结果与收到 RB8 中一致，即校验结果为奇时，发送为奇（RB8＝1）；校验结果为偶时，发送为偶（RB8＝0），则接收正确，否则接收出错。接收程序段如下。

```
          ⋮
     MOV      A,SBUF           ;取接收数据
     JB       P,ONE            ;P = 1 接收数据为奇,转 ONE
     JB       RB8,ERR          ;P = 0 接收为偶,RB8 = 1 原发送为奇,转出错
     LJMP     RIG              ;转正确
ONE: JNB      RB8,ERR          ;P = 1 接收为奇,RB8 = 0 发送为偶,转出错
RIG: MOV      @R1,A            ;P 与 RB8 同奇、偶,接收正确,存放数据
     INC      R1               ;修改接收数据指针
          ⋮
ERR: ⋮
```

可见方式 2 和方式 3 与方式 1 最大的区别在于，方式 2 和方式 3 的数据帧中多了一位可编程位，此位可用于奇偶效验位或多机通信的标志位，因此方式 2 和方式 3 可工作于多机通信，而方式 1 只能工作于双机通信。

4. 方式 2 和方式 3 波特率

方式 2 与方式 3 的区别在于波特率的设置方式不同。

方式 2 的波特率只有两种选择，而方式 3 的波特率的选择与方式 1 相同，可通过 T1 的溢出率来设置。它们的计算公式分别为

$$方式 2 波特率 = \frac{2^{\text{SMOD}}}{64} \times f_{\text{osc}}$$

$$方式 3 波特率 = \frac{2^{\text{SMOD}}}{32} \times T1 溢出率$$

$$= \frac{2^{\text{SMOD}}}{32} \times \frac{f_{\text{osc}}}{12[2^8 - (\text{TH1})]}$$

7.4 串口通信举例

双机的异步通信，可采用串口方式 1～3 进行，通信中数据容易出错，通常在接收数据时都要进行校验，以排除误码，对于方式 2 和方式 3 可用数据帧的可编程位作为奇偶效验位进行校验；对于方式 1 只有采用其他的方法进行校验，如求和校验，异或校验。

假设两个 8031 单片机系统距离很近，可直接将它们的串口连接起来，以实现全双工的双机数据通信，如图 7-10 所示。在 8031 单片机中串口通信可采用中断方式进行，也可采用查询方式进行。

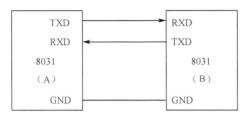

图 7-10 双机通信

7.4.1 中断方式的双机通信

为实现全双工通信，即能同时发送和接收，就必须采用中断方式进行数据传送。下面我们采用串口的工作方式 2（数据帧 11 位，波特率 $f_{osc}/32$ 或 $f_{osc}/64$）编程实现双机通信。

无论是发送完一个数据，还是接收到一个数据，串口都向 CPU 申请中断；CPU 在中断服务程序中，通过检测是 RI＝1 还是 TI＝1 来决定是发送中断还是接收中断，从而进行相应的发送操作或接收操作。

程序的思路为：先在主程序中对串口进行初始化，设串口既可发送又允许接收，然后发送一个数据，其余的发送和接收操作在中断程序中实现。

校验方法采用数据帧的可编程位作为奇偶校验，若收到数据的奇偶性与发送数据的奇偶性一致，则接受正确，否则出错。

【例 7-3】 中断方式的双机通信，设发送数据区的首地址为 20H，接收数据区首地址为 40H。

主程序。

```
ORG    0000H
LJMP   MAIN
ORG    0023H
LJMP   SBR1
```

```
MAIN:  MOV    SCON,#90H          ;串口方式 2,REN＝1 允许接收
       MOV    PCON,#80H          ;SMOD＝1,波特率为 fosc/32
       SETB   ES                 ;允许串口中断
       SETB   EA                 ;总允许开放
       MOV    R0,#20H            ;发送数据区首址
       MOV    R1,#40H            ;接收数据区首址
       LCALL  SOUT               ;发送一个数据
       SJMP   $                  ;模拟主程序
```

中断服务子程序。

```
SBR1:  JB     TI,SEND            ;TI＝1,为发送中断,转 SEND
       LCALL  SIN                ;RI＝1,为接收中断,调接收子程序
       SJMP   NEXT               ;转至统一的出口
SEND:  LCALL  SOUT               ;调发送子程序
NEXT:  RETI                      ;中断返回
```

发送子程序。

```
SOUT:  MOV    A,@R0              ;取发送数据到 A
       MOV    C,P                ;奇偶标志送 C
       MOV    TB8,C              ;奇偶标志作为发送的第 9 位
       INC    R0                 ;修改发送数据指针
       CLR    TI                 ;清发送中断
       MOV    SBUF,A             ;发送数据
       RET
```

接收子程序。

```
SIN:   MOV    A,SBUF             ;取接收数据
       JB     P,ONE              ;接收数据为奇,转 ONE
       JB     RB8,ERR            ;接收为偶,原发送为奇,转出错处理
       LJMP   RIG
ONE:   JNB    RB8,ERR            ;接收为奇,发送为偶,转出错处理
RIG:   MOV    @R1,A              ;接收正确,送接收缓冲区
       INC    R1                 ;修改接收数据指针
       CLR    RI                 ;清接收中断标志
       CLR    F0                 ;出错标志清 0,接收数据有效
       RET
ERR:   SETB   F0                 ;出错标志置 1,接收的数据无效
       CLR    RI
       RET
```

　　程序中的 F0 为 PSW 中的用户标志，这里定义为接收出错标志。以上的程序基本具备了全双工通信的能力，但还不很完善，如校验出错时只是设定了出错

标志，程序中没有具体的出错处理程序等，但已经有了一个以中断方式实现全双工通信的基本框架，在以后的应用程序中可以逐步完善。

7.4.2 查询方式的双机通信

通常情况下，若不需要全双工通信，可采用半双工方式：即双方都具有接收和发送能力，但同一时刻只能有一方发送，一方接收。

下面我们用串口方式 1（数据帧 10 位，波特率由 T1 设定），采用查询方式实现双机异步通信。由于串口方式 1 的数据帧中无奇偶校验位，所以采用"校验和"的方式检查数据传送的正确性。

【例 7-4】 要求将 A 机片内 RAM 30H～37H 单元的 8 个数据发向 B 机，并存入 B 机片内 RAM 30H 开始的单元中。

在设计异步通信时，必须遵循一定的约定，通常称为"通信协议"，以保证双方正确地传送信息。协议制定的优劣对通信的灵活和质量有直接的影响，因此实用场合的通信协议往往很复杂，在本例中则制定出下面几条简单的协议：

（1）设 A 机为发送机，B 机为接收机。双方均采用 6MHz 的晶振，通信波特率设为 2400bps。

（2）双方联络信号是 A 机先发"AAH"，B 机收到后发回"AAH"信号，若 B 机收到的联络信号不为"AAH"，则发回联络出错信号"FFH"；A 机收到"AAH"后开始发送数据，若不是则重新联络，从而保证 B 机能收到 A 机发送的数据。

（3）A 机每发送一个数据，求一次"校验和"，数据发送完后，发送"校验和"。

（4）B 机在接收数据时也求"校验和"，最后将两机的"校验和"进行比较，若相等，则表示接收正确，B 机随即向 A 机发一个"00H"回答信号，否则接收错误，向 A 机发"FFH"信号，要求 A 机重发一次数据。

（5）A 机若收到"00H"信号结束发送，收到非零信号重新发送一次。

根据上述要求，T1 设为方式 2 定时产生波特率，其定时初值为

$$T1 \text{ 初值} = 2^8 - \frac{f_{osc}}{\text{波特率} \times 12 \times (32/2^{SMOD})}$$

$$= 2^8 - \frac{6 \times 10^6}{2400 \times 12 \times (32/2^0)} = 249 = F9H$$

A 机发送程序流程如图 7-11 所示。

程序如下。

```
START:  MOV   TMOD,#20H      ;T1 为方式 2 定时
        MOV   TL1,#0F9H       ;定时初值
```

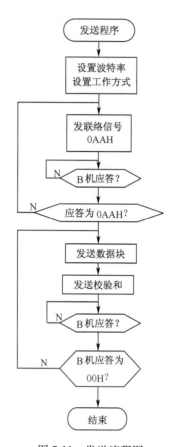

图 7-11　发送流程图

	MOV	TH1,＃0F9H	;8 位重装值
	MOV	SCON,＃50H	;串口方式 1,REN＝1
TT1：	MOV	SBUF,＃0AAH	;发联络信号 AAH
WAIT1：	JBC	TI,RR1	;等待发送完毕,清 TI＝0
	SJMP	WAIT1	
RR1：	JBC	RI,RR2	;等待 B 机应答信号
	SJMP	RR1	
RR2：	MOV	A,SBUF	;取应答信号
	XRL	A,＃0AAH	;应答信号为 AAH?
	JNZ	TT1	;不是继续联络
TT2：	MOV	R0,＃30H	;置发送数据区首址
	MOV	R7,＃08H	;字节数
	MOV	R6,＃00H	;清校验和
TT3：	MOV	SBUF,@R0	;发送一个字节

```
              MOV      A,R6            ;计算校验和
              ADD      A,@R0           ;
              MOV      R6,A            ;校验和存入 R6
              INC      R0              ;修改发送数据指针
WAIT2:        JBC      TI,TT4          ;等待发送一个字节
              SJMP     WAIT2
TT4:          DJNZ     R7,TT3          ;8 个字节发送完否?
              MOV      SBUF,R6         ;发校验和
WAIT3:        JBC      TI,RR3          ;等待发送完毕
              SJMP     WAIT3
RR3:          JBC      RI,RR4          ;等待 B 机回答信号
              SJMP     RR3
RR4:          MOV      A,SBUF          ;取回答信号
              JNZ      TT2             ;回答信号为非 0,
                                       ;则转 TT2 重发
AEND:         SJMP     AEND            ;结束
```

B 机接收程序流程如图 7-12 所示。

```
START:        MOV      TMOD,#20H
              MOV      TL1,#0F9H
              MOV      TH1,#0F9H
              MOV      SCON,#50H
RR1:          JBC      RI,RR2          ;等待 A 机联络信号
              SJMP     RR1
RR2:          MOV      A,SBUF          ;取联络信号
              XRL      A,#0AAH         ;是 AAH 吗?
              JZ       TT1             ;是继续 TT1
              MOV      SBUF,#0FFH      ;发联络错误信号
WAIT1:        JNB      TI,WAIT1        ;等待发送完毕
              CLR      TI
              SJMP     RR1             ;转从新联络
TT1:          MOV      SBUF,#0AAH      ;发回答信号 AAH
WAIT2:        JBC      TI,RR3          ;等待发送完
              SJMP     WAIT2
RR3:          MOV      R0,#30H         ;接收数据区首址
              MOV      R7,#08H         ;字节数
              MOV      R6,#00H         ;清校验和
RR4:          JBC      RI,RR5          ;等待接收一个数据
              SJMP     RR4
```

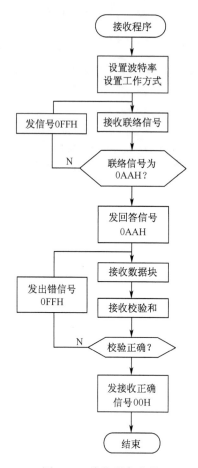

图 7-12　接收程序流程

RR5:	MOV	A,SBUF	;取接收数据
	MOV	@R0,A	;送片内单元
	INC	R0	;修改接收数据指针
	ADD	A,R6	;计算校验和
	MOV	R6,A	
	DJNZ	R7,RR4	;8 个字节接收完否?
WAIT3:	JBC	RI,RR6	;等待 A 机发校验和
	SJMP	WAIT3	
RR6:	MOV	A,SBUF	;取校验和
	XRL	A,R6	;两机校验和是否相等?
	JZ	BEND1	;相等转 BEND1
	MOV	SBUF,#0FFH	;不等发 FFH 回答信号
WAIT4:	JBC	TI,RR3	;发送完毕,转 RR3,重新接收

```
        SJMP    WAIT4
BEND1：  MOV     SBUF,＃00H        ;相等发00H回答信号
WAIT5：  JBC     TI, BEND
        LJMP    WAIT5
BEND2：  SJMP    BEND             ;结束
```

7.5　多 机 通 信

以上介绍的均为双机通信，串口控制寄存器 SCON 中的多机通信控制位 SM2 均设为 0。根据前面对 MCS-51 单片机串口的介绍，我们知道当串口工作于方式 2 和方式 3 时，通过对 SM2 的设置，可实现多机通信。

图 7-13 为主从分布式多机通信的系统结构，主机可指定同任何一台从机进行双向数据通信，各从机通过主机也能间接地实现数据交换。此处的主机和从机均由 8031 单片机组成，在实际应用中，主机也可由 PC 机担任，从而组成一个两级分布式的控制系统。

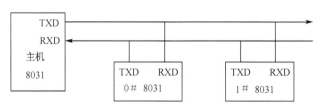

图 7-13　主从式多机通信

7.5.1　多机通信原理

根据前面的叙述，当串口工作于方式 2 和方式 3 时，数据帧的第 9 位为可编程位，发送时此位可通过发送端的 TB8 进行设置，接收时数据帧的第 9 位自动取入接收端的 RB8。

【注意】　多机通信时利用可编程位来区别地址帧和数据帧，地址帧的第 9 位为 1，数据帧的第 9 位为 0。

当 SM2＝0 时，不管 RB8（接收的第 9 位）为 0 还是 1，接收端一律将接收到的数据装入 SBUF，并置 RI＝1 向 CPU 发中断申请，即 SM2＝0 时，收到的无论是地址帧还是数据帧都接收，并向 CPU 发中断请求。

当 SM2＝1 时，串口的接收分两种情况：若收到的 RB8 为 1 时（地址帧），数据装入 SBUF，置 RI＝1 向 CPU 发中断申请；若收到的 RB8 为 0（数据帧），则数据被丢弃，不置位 RI，也不会申请中断。即 SM2＝1 时，接收端选择性的只接收地址帧。

根据上述原理，主从分布式多机通信的工作过程可表述如下。

（1）对从机编号，且从机的 SM2 均设为 1，即只允许接收地址帧。

（2）主机发送一帧地址信息（代表从机编号）。其中，第 9 位 TB8＝1，作为地址帧的标志。

（3）所有的从机（处于 SM2＝1 状态）同时接收地址。从机将收到的地址信息与各自的地址编号相比较：若编号不符，则保持 SM2＝1；若编号相同，则从机置 SM2＝0，准备接收数据帧。

（4）主机发送数据（可为具体的命令或参数），同时置第 9 位 TB8＝0，作为数据帧的标志。

（5）主机发送的数据帧只有指定编号的从机（即 SM2＝0 的从机）可以接收到，而非通信对象的从机由于保持 SM2＝1，而不能接收数据帧。这样就保证了主机与指定从机实现的一对一的数据通信，而其余的从机则保持等待呼叫状态。

7.5.2　多机通信实例

下面我们举例说明主从式的多机通信的程序设计。假若一台主机与二台从机通信，要求主机与从机的通信任务由主机来决定，若主机向从机发出"接收"控制命令，则从机接收由主机发来的数据，若主机向从机发出"发送"控制命令，则从机向主机发送数据。下面我们先制定相关的通信协议。

1. 通信协议

（1）从机的地址为：00H、01H（主机发送时 TB8＝1，作为地址帧发送）。

（2）从机状态字格式。

ERR	0	0	0	0	0	TRDY	RRDY
D7						D1	D0

ERR＝1：表示从机收到非法命令。

TRDY＝1：表示从机发送准备就绪。

RRDY＝1：表示从机接收准备就绪。

00H：表示从机接收正确。

FFH：表示从机接收出错。

（3）主机对从机的命令字（发送时 TB8＝0，作为数据帧命令）。

00H：要求从机接收主机数据。

01H：要求从机向主机发送数据。

FFH：要求从机复位。

（4）主从机均采用 6MHz 晶振，通信波特率设为 600bps。

采用 T1 方式 2 定时产生波特率，可算出 T1 的初值 $=\dfrac{2^8\times6\times10^6}{600\times12\;(32/2^0)}=\text{E6H}$

2. 通信程序设计

主机的通信程序采用子程序的形式给出。要进行串口通信时，只需在主程序中设置好子程序的入口条件，调用通信子程序即可。

1）主机通信子程序设计

主机通信程序的流程框图如图 7-14 所示。主机先发送从机地址帧，然后等待从机回答，若从机有应答，则清 TB8＝0，为发送数据、命令帧作准备。为了保证联络无误，主机将从机应答的地址与主机呼叫的地址进行比较。若不相同，则联络出错，让从机复位后再重新联络；若相同，则联络成功，紧接着发送命令帧。在保证从机能正确接收命令的情况下，再根据命令进行数据块的发送或接收工作。在发送和接收过程中进行"求和校验"。若正确，则子程序返回时标志位 7FH＝0；若出错，则返回时 7FH＝1。

子程序的入口条件。

R2：被呼叫的从机地址。

R3：主机命令。

R0：主机发送数据块的首地址。

R1：主机接收数据块的首地址。

发送、接收的数据块长度均固定为 16 字节。

出口条件。

通信正确，则 7FH＝0；

通信出错，则 7FH＝1。

主机通信子程序框图如图 7-14 所示。

程序如下。

```
MSIO:    MOV   R7,＃16        ;设置设计块长度
         MOV   SCON,＃0D8H    ;串口设为方式3,SM2＝0,允许接收REN＝1。
MSIO1:   SETB  TB8           ;TB8＝1,置地址帧标志
         MOV   SBUF,R2       ;发送从机地址
         JNB   TI,$          ;等待发送完毕
         CLR   TI
         JNB   RI,$          ;等待接收从机应答
         CLR   RI
         CLR   TB8           ;为发送命令/数据作准备
         MOV   A,SBUF        ;取从机应答地址
         XRL   A,R2          ;核对地址
         JZ    MSIO3         ;相符,转MSIO3
```

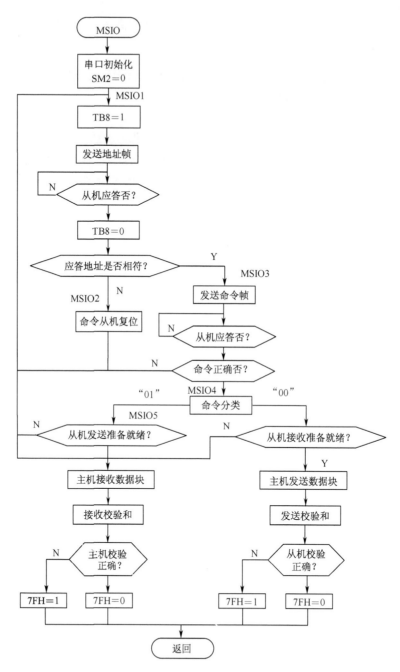

图 7-14　主机通信子程序流程

```
MSIO2:  MOV    SBUF,#0FFH        ;地址不符,发送 FFH 使从机复位
        JNB    TI,$              ;等待发送完毕
```

```
            CLR     TI
            SJMP    MSIO1               ;转 MSIO1 重新呼叫从机
    MSIO3:  MOV     SBUF,R3             ;发命令
            JNB     TI,$                ;等待发送完毕
            CLR     TI
            JNB     RI,$                ;等待接收从机状态字
            CLR     RI
            MOV     A,SBUF              ;取从机状态字
            JNB     ACC.7,MSIO4         ;ERR = 0,命令正确则转 MSIO4
            SJMP    MSIO1               ;命令出错,转 MSIO1,重新呼叫从机
    MSIO4:  CJNE    R3,#00H,MSIO5       ;要求从机发送数据命令,则转 MSIO5
            JNB     ACC.0,MSIO1         ;RRDY(ACC.0) = 0 则接收未准备就绪转 MSIO1
            MOV     R6,#00H             ;从机接收准备就绪,清校验和
    TX:     MOV     A,@R0               ;主机开始发送数据
            MOV     SBUF,A
            ADD     A,R6                ;计算校验和
            MOV     R6,A
            JNB     TI,$
            CLR     TI
            INC     R0
            DJNZ    R7,TX               ;数据块未发完,继续
            MOV     SBUF,R6             ;发送校验和
            JNB     TI,$
            CLR     TI
            JNB     RI,$                ;等待从机回答信号
            CLR     RI
            MOV     A,SBUF              ;取回答信号
            JZ      RIG1                ;正确转 RIG1
            SETB    7FH                 ;错误置 7FH = 1
            LJMP    REN1
    RIG1:   CLR     7FH                 ;正确清 7FH = 0
    REN1:   RET
    MSIO5:  JNB     ACC.1,MSIO1         ;TRDY(ACC.1) = 0 发送未准备就绪转 MSIO1
            MOV     R6,#00H             ;从机发送准备就绪,清校验和
    RX:     JNB     RI,$                ;主机开始接收数据
            CLR     RI
            MOV     A,SBUF
            ADD     A,R6                ;计算校验和
```

```
          MOV    R6,A
          INC    R1
          DJNZ   R7,RX              ;数据块未收完,继续
          JNB    RI, $              ;等待接收校验和
          CLR    RI
          MOV    A,SBUF             ;取校验和
          XRL    A,R6,
          JZ     RIG2               ;校验和相同,转 RIG2
          SETB   7FH                ;校验出错,置 7FH = 1
          LJMP   REN2
   RIG2:  CLR    7FH                ;校验正确,清 7FH = 0
   REN2:  RET
```

2) 主机通信主程序设计

如果首先要求 01H 号从机"接收"主机数据块,主机准备发送的数据块存放在片内 20H~2FH 单元中;然后要求 00H 号从机"发送"数据,主机收到的数据块存放在片内 10H~1FH 中。

完成此功能的主程序如下。

```
          MOV    TMOD,#20H          ;定时器 1 设为方式 2
          MOV    TH1,#0E6H          ;波特率 600bps,fosc = 6MHz
          MOV    TL1,#0E6H
          MOV    SP,#53H
          MOV    R2,#01H            ;从机地址
          MOV    R3,#00H            ;00H 为要求从机接收数据命令
   L1:    MOV    R0,#20H            ;置发送数据块首址
          LCALL  MSIO               ;调用主机接收/发送子程序
          JB     7FH,L1             ;出错,则重发
          MOV    R2,#00H            ;从机地址
          MOV    R3,#01H            ;01H 为要求从机发送数据命令
   L2:    MOV    R1,#10H            ;置接收数据块首址
          LCALL  MSIO               ;调用主机接收/发送子程序
          JB     7FH,L2             ;出错,则重发
          SJMP   $
```

3. 从机程序设计

考虑到从机平时有自身的操作任务,仅在主机有命令下达后才与主机交换信息,故从机的通信程序以串口中断方式接收主机发送的地址帧,当确定呼叫地址与本机地址相符后,再在中断程序中以查询方式进行数据的接收、发送。

串口的初始化、定时器的初始化,中断系统初始化等都在主程序中完成。而

在中断服务子程序中，完成地址的比较，命令的接收、分类、以及判断本机是否准备就绪等，并以查询方式完成具体的数据发送与接收。

图 7-15 为从机中断服务子程序的流程图。在中断服务子程序中，SALAVE 为本机的地址，用 F0＝1 表示从机发送准备就绪。用 F1＝1 表示从机接收准备就绪。中断程序中使用第 1 组工作寄存器（08H～0FH），以免与主程序的工作寄存器发生冲突。

（1）从机主程序。

```
        MOV    TMOD, ＃20H      ;设置定时器 1 为模式 2 定时
        MOV    TH1, ＃0E6H      ;波特率 600bps, fosc＝6MHz
        MOV    TL1, ＃0E6H
        MOV    SP, ＃53H        ;设置堆栈指针
        MOV    SCON, ＃0F0H     ;置串口为方式 3, SM2＝1, 只能接收地址帧,
                               ;允许接收 REN＝1
        MOV    08H, ＃20H       ;R0 接收数据缓冲区首地址
        MOV    09H, ＃10H       ;R1 发送数据缓冲区首地址
        SETB   F0              ;置发送准备好标志
        SETB   F1              ;置接收准备好标志
        SETB   ES              ;允许串口中断
        SETB   EA              ;开放 CPU 中断
LOOP:   SJMP   LOOP            ;模拟从机主程序
```

（2）从机串口通信中断服务子程序，程序框图如图 7-15 所示。

```
SSIO:   CLR    RI              ;清串口中断标志
        CLR    ES              ;禁止串口中断
                               ;以下的命令和数据用查询方式传送
        PUSH   ACC             ;保护现场
        PUSH   PSW             ;保护 RS1、RS0, 及状态标志
        SETB   RS0             ;选择工作寄存器 1 组
        CLR    RS1
        MOV    A, SBUF         ;读取接收的地址帧
        XRL    A, ＃SLAVE       ;与本机地址是否相符?
        JZ     SSIO1           ;相符, 转 SSIO
RETURN: SETB   SM2             ;不相符, 置 SM2＝1, 返回准备重新接收地址
        POP    PSW             ;恢复 RS1、RS0, 及状态标志
        POP    ACC             ;恢复现场
        SETB   ES              ;开放串口中断
        RETI                   ;返回
SSIO1:  CLR    SM2             ;清 SM2＝0, 准备接收命令/数据
```

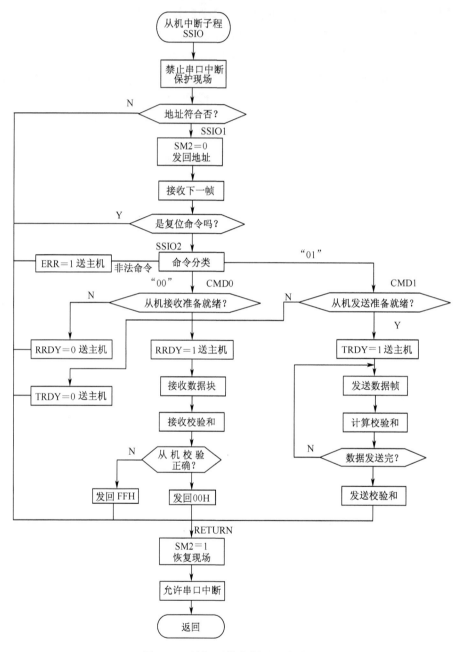

图 7-15　从机通信中断子程序流程

```
MOV    SBUF, #SLAVE    ;发回从机地址
JNB    TI, $           ;等待发送完毕
CLR    TI
```

	JNB	RI，$	;等待主机发送命令/数据
	CLR	RI	
	MOV	A，SBUF	
	CJNE	A，#0FFH，SSIO2	;不是复位命令,转 SSIO2
	SJMP	RETURN	;是复位信号,则转返回
SSIO2：	CJNE	A，#02H，LOOP	;判命令是否合法
LOOP：	JC	SSIO3	;(A)小于 02H,是合法,转 SSIO3
	MOV	SBUF，#80H	;是非法命令,发 ERR＝1 状态字
	JNB	TI，$	;等待发送完毕
	CLR	TI	
	SJMP	RETURN	;返回
SSIO3：	JZ	CMD0	;是接收命令,转接收模块 CMD0
CMD1：	JB	F0,SSIO4	;发送准备就绪,转 SSIO4
	MOV	SBUF，#00H	;未准备就绪,发 TRDY＝0 状态字
	JNB	TI，$	;等待发送完毕
	CLR	TI	
	SJMP	RETURN	;返回
SSIO4：	MOV	SBUF，#02H	;发回发送准备就绪,TRDY＝1
	CLR	F0	;清准备就绪标志
	MOV	R2，#16	;设置发送数据块长度
	MOV	R6,#00H	;校验和清 0
LOOP1：	JNB	TI，$	;等待发送完毕
	CLR	TI	
	MOV	A，@R1	
	MOV	SBUF，A	;发送数据
	ADD	A，R6	;计算校验和
	MOV	R6，A	
	INC	R1	;修改数据指针
	DJNZ	R2,LOOP1	;数据块未发完继续
	JNB	TI，$	;等待发送完毕
	CLR	TI	
	MOV	SBUF，R6	;发送校验和
	JNB	TI，$	;等待发送完毕
	CLR	TI	
	SJMP	RETURN	;转返回
CMD0：	JB	F1,SSIO5	;接收准备就绪,转 SSIO5
	MOV	SBUF，#00H	;未准备就绪,发 RRDY＝0
	JNB	TI，$	;等待发送完毕

```
        CLR     TI
        SJMP    RETURN              ;返回
SSIO5:  MOV     SBUF,#01H           ;发接收准备就绪,RRDY = 1
        CLR     F1                  ;清接收准备就绪
        JNB     TI,$                ;等待发送完毕
        CLR     TI
        MOV     R2,#16              ;设置接收数据块长度
        MOV     R6,#00H             ;校验和清 0
LOOP2:  JNB     RI,$                ;等待接收数据
        CLR     RI
        MOV     A,SBUF              ;取接收数据
        MOV     @R0,A               ;存放数据
        ADD     A,R6                ;计算校验和
        MOV     R6,A
        INC     R0                  ;修改指针
        DJNZ    R2,LOOP2            ;数据块未接收完,继续
        JNB     RI,$                ;等待接收校验和
        CLR     RI
        MOV     A,SBUF              ;接收校验和
        XRL     A,R6
        JNZ     WON                 ;校验出错转 WON
        MOV     SBUF,#00H           ;校验正确,发回 00H
        JNB     TI,$                ;等待发送完毕
        CLR     TI
        LJMP    RETURN
WON:    MOV     SBUF,#0FFH          ;校验出错,发回 FFH
        JNB     TI,$                ;等待发送完毕
        CLR     TI
        LJMP    RETURN              ;返回
```

7.6　RS-232C 串行接口标准及其与单片机的接口

　　RS-232C 是美国电子工业协会 EIA 制定的一种串行总线接口标准,常用于计算机系统的数据传送,它也是异步通信中应用最为广泛的标准总线。它可用于计算机和终端的远距离通信(借助电话线和调制解调器)及近距离通信(15m以内无须外加设备)。

　　1. 接口信号

　　完整的 RS-232C 接口有 22 根信号线,采用标准的 25 芯插座。22 根信号线的

定义见有关资料，大多数的计算机应用系统或计算机与终端之间只需要 3～9 根信号线即可工作，常用的 9 根信号线如表 7-1 所示。图 7-16 为不需要调制解调器（MODEM）的最简单 RS-232C 的三线接口。单片机与 PC 机的通信常采用此方式。

其中，TXD 为发送信号，RXD 为接受信号，GND 为地线。由于双方没有联络信号，发送方无法知道接受方是否准备就绪，所以在软件设计时应注意传输的可靠性，一般采用发送一个字符，等待接受方确认后（如回送一个响应字符）再发送下一个字符。

表 7-1 RS-232C 引脚

信 号 线	引 脚
信号地（公共回线）	7
保护地	1
发送数据（RXD）	2
接受数据（TXD）	3
请求发送（RTS）	4
允许发送（CTS，或清除发送）	5
数据装置准备好（DSR）	6
数据终端准备好（DTR）	20
载波检测（DCD）	8

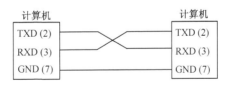

图 7-16 三线 RS-232 接口

2. 电气标准

RS-232C 的逻辑电平对地是对称的，与 TTL、MOS 逻辑电平完全不同。逻辑 0 电平规定为＋5～＋15，逻辑 1 电平规定为－5～－15。单片机的串口输入/输出信号是 TTL 电平，若要实现 RS-232C 标准的串口通信，必须通过转换器连接。常用的转换芯片有 MC1488 和 MC1489，MC1488 可实现从 TTL 电平到 RS-232 电平的转换，MC1489 可实现从 RS-232C 电平到 TTL 电平的转换，两单片机的通信，若距离较近，可不用转换为 RS-232，直接连接（图 7-10），若距离较远，则可通过如图 7-17 所示转换电路，将 TTL 电平转换成为 RS-232C 电平，再进行远距离传送。

3. 8031 与 IBM PC 机的通信接口

IBM PC 具有很强大的数据处理能力，工业过程控制中一般作为上位机使用，而单片机则作为现场控制器，单片机与 PC 机通过串口进行数据信息的交

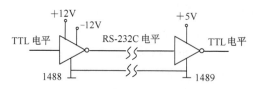

图 7-17　RS-232C 接口电平转换

换。PC 机配有通用的 RS-232C 串行口，而 MCS-51 单片机的串口是 TTL 电平，因此单片机串口在与 PC 机相接时，要进行电平转换，接口电路如图 7-18 所示。单片机的发送端 TXD 与接收端 RXD 要分别接上 1488 和 1489 将 TTL 电平转换成 RS-232C 电平与 PC 机的串口相连。

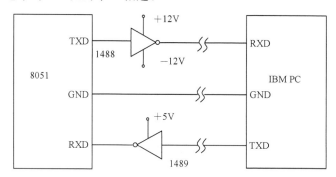

图 7-18　MCS-51 与 PC 的通信接口

【小结】

本章主要介绍了串行通信的基础知识，MCS-51 单片机串口工作原理。通过学习要使学生建立全双工异步通信，波特率、数据帧格式等基本概念。MCS-51 单片机具有全双工的异步通信串口，即它具有独立的发送和接收器，可同时进行发送和接收操作：

发送时：在中断标志 TI＝0 的条件下，CPU 只需将数据传送到发送缓冲器 SBUF 中，发送工作则在发送控制器的控制下进行，CPU 此时可进行别的工作，当发送器发送完毕，自动置 TI＝1，向 CPU 发中断申请，通知 CPU 发送完毕。

接收时：当设置允许接收标志 REN＝1，置接收中断标志 RI＝0，则启动接收控制器开始工作，当数据帧接收完毕，自动置 RI＝1，通知 CPU 可从接收缓冲器 SBUF 中取数。

【注意】　CPU 响应中断后，不能自动清 RI＝0 或 TI＝0，在程序中要用软件清 0，否则第二次的发送或接收工作不能启动。

本章还着重介绍了串口的四种工作方式及其应用，每一工作方式的数据帧格式和波特率的设置方式不同，方式 0 的数据为 8 位，方式 1 的数据帧为 10 位，方式 2、3 为 11 位（多一位可编程位），方式 0 的波特率为 $f_{osc}/12$，方式 2 的波特率为 $f_{osc}/32$、$f_{osc}/64$ 可选，方式 1、3 的波特率可由定时器 1 任意设置。应用方式也不同：方式 0 一般用于并口扩展，方式 1 只能用于双机通信，二方式 2、方式 3 可用于双机通信和多机通信。本章要求学生重点掌握串口扩展并口的方法和双机通信程序设计。

习题与思考

1. 什么是串行通信？它有什么特点？单片机的串行口有几种工作方式？用于串行通信有几种工作方式？如何选择和确定？

2. 串行口两物理上独立的缓冲器为什么可共用一个地址 SBUF？

3. 试述 MCS-51 的单片机串口在四种工作方式下的数据格式。

4. 试述单片机在串口四种工作方式下的发送和接收数据的条件。

5. 试采用查询方式编写一数据块发送程序。数据块的首地址为片内 RAM 的 30H 单元，其长度为 20 个字节，设串口工作于方式 1，传送的波特率为 1200Hz（单片机频率为 6MHz），不进行奇偶校验。

6. 试用查询方式编写一程序：从串行口接收 10 个字符，放入 2000H 为首址的片外 RAM 区，串口工作为方式 3，波特率设为 2400Hz。

7. 什么是多机通信？试结合 SCON 中的 SM2 位的作用，叙述多机通信的工作原理。

第八章 存储器及存储器扩展

【学习目标】
(1) 了解：存储器的分类和存储器的基本结构。
(2) 理解：采用单片机并行三总线扩展数据存储器与程序存储器的方法。
(3) 掌握：用线选法和译码法扩展存储器的接口技术及地址分配。

8.1 概　　述

存储器是计算机的重要组成部分，它用于存放程序、数据等基本信息。

在计算机中，存储器主要由外部存储器和内部存储器两大类组成。外部存储器主要指各种大容量的磁盘存储器，光盘存储器等。内部存储器主要指能与 CPU 直接进行数据交换的半导体存储器。在计算机运行时，外部存储器所存储的信息必须先调入内部存储器，才能被 CPU 所处理。所以半导体存储器是计算机中不可缺少的重要部件。

8.1.1　半导体存储器分类

半导体存储器按其功能分为只读存储器 ROM 和读写存储器 RAM（又称为随机读写存储器）。

1. 只读存储器 ROM

只读存储器是一种能将存储的信息读出，而不能随意写入的存储器。它存储的信息是在特殊条件下生成的，即使断电，ROM 中的内容也不会消失。因此这种存储器用于存储调试好的系统程序、监控程序、常数和表格等。

只读存储器按功能又分为下面几种。

(1) 掩膜 ROM。其存储的信息在制造过程中生成，生成后则不可改变。特点是成本低，适用于成品大批量生产的情况。

(2) 可擦除只读存储器 EPROM（erasable PROM）。其信息可由用户编程写入，且可将其信息擦除重写。根据擦除方式不同，又分为紫外线擦除型 EPROM 和电擦除型 EEPROM（electrically erasable PROM）型。适用于新产品研发阶段。

2. 读写存储器 RAM

读写存储器是一种可以随机地将信息写入或读出的存储器。它主要用来存放临时的原始数据、中间结果和最终结果。

读写存储器 RAM 可分为动态和静态两种。

静态 RAM（static RAM，SRAM）。其存储的信息在不掉电的情况下不会自动丢失。

动态 RAM（dynamic RAM，DRAM）。其存储的信息经过一定时间会自动丢失，工作中需要刷新。

半导体存储器的分类如图 8-1 所示。

图 8-1 半导体存储器分类图

8.1.2 半导体存储器的主要性能指标

（1）存储容量，即记忆信息的总量。一般用存储单元数（W）×每单元的位数（n）表示。例如，2K×8 是指芯片内有 2^{11} 个存储单元，每个单元可存放 8 位二进制信息。

（2）存取时间，即从接收存储单元的地址码开始，到将信息写入或将信息读出为止所需的时间。

8.1.3 半导体存储器基本结构

半导体存储器是由存储器矩阵，译码电路，数据输入输出缓冲等基本电路组成。其内部结构框图如图 8-2 所示。

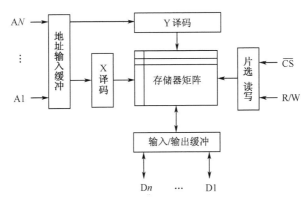

图 8-2 半导体存储器基本结构框图

存储器矩阵由很多个存储单元组成，每一个存储单元能存储 n 位二进制。

存储单元的容量：存储单元数×每单元位数（即 Wn）。

地址码 $AN\sim A1$ 的位数 N 与存储单元数 W 的关系为：$W=2^N$。

在对存储器进行读写时，先由 CPU 给出片选信号 $\overline{CS}=0$ 选中该芯片，同时给出存储单元的地址 $AN\sim A1$ 信号，经 X 译码和 Y 译码选中某一存储单元，再由 CPU 发出读或写信号，将该存储单元中的数据通过输入/输出缓冲器被读出或写入。

8.2　随机读写存储器 RAM

8.2.1　静态 RAM

静态随机存储器（SRAM）的存储电路（位记忆电路）是由 MOS 管的双稳触发器组成，由触发器的两个稳态来存储信息"0"或"1"，在没有外加触发信号时，能长期保存信息。

静态 RAM 芯片有很多种型号，常用的芯片有 Intel 公司的 RAM 6116（2K×8）、RAM 6264（8K×8）、RAM62256（32K×8），其存取时间均为200ns左右。

下面介绍 RAM 6264 芯片。

6264 芯片是采用 CMOS 工艺制作、单一＋5V 电源、28 脚双列直插式芯片，其容量为 8K×8，额定功率为 200mW，典型存取时间为 200ns，其引脚逻辑图如图 8-3 所示。

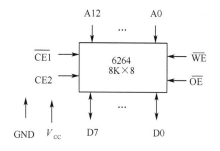

图 8-3　6264 芯片引脚逻辑图

$A0\sim A12$ 为 13 根地址线，可寻址 $2^{13}=2^3\times 2^{10}=8\times 1024=8K$ 存储单元。

$D0\sim D7$ 为 8 根数据线，片内每个存储单元可存储 8 位二进制信息。

$\overline{CE1}$、CE2 为片选线，当 $\overline{CE1}=0$、CE2=1 时，选中该芯片。

$\overline{WE}$ 为写允许，$\overline{OE}$ 为输出允许线。6264 的工作方式见表 8-1。

表 8-1　6264 工作方式选择

工作方式＼引脚	$\overline{CE1}$	CE2	$\overline{OE}$	$\overline{WE}$	D0～D7
读	0	1	0	1	数据输出
写	0	1	1	0	数据输入
未选中	1	任意	任意	任意	高阻
未选中	任意	0	任意	任意	高阻

8.2.2　动态 RAM 芯片

动态的随机读写 RAM（DRAM）是靠 MOS 器件的极间电容来存储信息的（电荷积累为"1"，电荷泄漏为"0"）。由于 MOS 器件存在极间漏电流，电容上的电荷不能长期保存，需要每间隔 2ms 刷新一次。

动态的 RAM 与静态的 RAM 相比，静态 RAM 的优点是使用方便，信息不需刷新；缺点是集成度低，价格相对较高，功耗大，一般用于较小系统。动态 RAM 的优点是集成度高，价格低，功耗小；缺点是需要刷新电路，一般用在较大的系统（如 IBM PC）中，构成大容量的内部存储器。

8.3　只读存储器 ROM

8.3.1　紫外线可擦除的 EPROM

此种可编程只读存储器 EPROM 芯片可由用户根据需要，采用专门的电路（编程器或称烧录器）在＋25V（＋21V 或＋12.5V）的高压下将信息写入，当原存信息不需要时，可在紫外线下照射约 20min，将原信息擦除，以待今后重新写入。因为它具有既能长期保持信息，又可多次擦除和重新编程的特点，所以在新产品的开发、研制中广泛采用。

常用的 EPROM 芯片有 Intel 公司的 2716（2K×8）、2732（4K×8）、2764（8K×8）、27128（16K×8）和 27256（32K×8）等。

下面介绍 Intel 2764 EPROM 芯片。

2764 EPROM 为 28 脚双列直插式的芯片，其存储容量为 8K×8，典型读取时间为 250ns，正常工作电流为 125mA，其引脚逻辑图如 8-4 所示。其中的 $\overline{CE}$ 为片选端，PGM 为编程端，V_{PP} 为编程电压端，$\overline{OE}$ 为输出允许线，它没有专门的读写引脚，读写操作是靠控制信号与电源电压配合来实现的。2764 的工作方式见表 8-2。

（1）读方式。$V_{CC}=V_{PP}=+5V$，$\overline{CE}$ 及 $\overline{OE}$ 为低电平时，可读出由 A12～A0 指定单元的内容。

（2）编程方式。

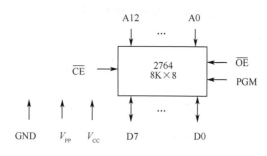

图 8-4　2764 芯片引脚逻辑图

表 8-2　Intel 2764 工作方式选择

工作方式 ＼ 引脚	$\overline{CE}$	$\overline{OE}$	PGM	V_{PP}	V_{CC}	D0～D7
读	0	0	1	+5V	+5V	数据输出
编程	0	1	50ms 负脉冲	+21V	+5V	数据写入
编程校验	0	0	1	+21V	+5V	数据输出
编程禁止	1	任意	任意	+21V	+5V	高阻
维持	1	任意	任意	+5V	+5V	高阻

注：①不同公司生产的 EPROM 芯片的对编程电压 V_{PP} 的要求不同，如有+25V、+21V 等几种。

②编程脉冲 PGM 的宽度一般为 50～55ms。

（3）V_{CC}＝+5V，V_{PP}＝+21V，$\overline{OE}$＝1，$\overline{CE}$＝0，PGM（编程端）加 50ms 的负脉冲，可将数据线上的数据写入指定单元。

（4）编程校验。与读操作类似，只是 V_{PP}＝+21V，用于对已编程单元数据进行读出比较，判是否正确。

（5）编程禁止。当 2764 芯片的 $\overline{CE}$ 为高电平，则该芯片未被选中，处于编程禁止状态。

（6）维持状态。EPROM2764 不工作时，即当 V_{PP}＝+5V，$\overline{CE}$ 为高电平，芯片功耗降低 70%，为待机方式，待机方式的工作电流为 35mA。通常在只读方式时将 $\overline{CE}$ 和 $\overline{OE}$ 连在一起，这样凡是没有选中的芯片工作在维持方式，从而降低功耗。

8.3.2　电可擦除的 EEPROM

电可擦除的可编程只读存储器 EEPROM 是近年来被广泛重视的一种只读存储器。其主要优点是能在应用系统中进行在线的改写。并能在断电的情况下保存数据。因此它既可用作程序存储器 ROM，又可用作数据存储器 RAM，且有一般 RAM 所没有的非易失性。

EEPRM 具有以下特点：

（1）对硬件无特殊要求，操作十分方便。有的并行 EEPROM 与静态 RAM 兼容，在电路中可替代。

（2）采用＋5V 电擦除操作，通常不需设置单独的擦除操作，而在写入的过程中自动擦除。但擦除时间约为 10ms，因而需保证足够的擦除写入时间。

（3）EEPROM 器件大多采用并行总线传输。但也有采用串行数据传送的 EEPROM。串行芯片具有体积小，成本低，电路连接简单，占用的系统地址线和数据线少的优点，但数据传送速率较低。串行 EEPROM 将在后面章节介绍。

常用的并行 EEPROM 有 Intel 公司的 2816A（2K×8）、2817A（2K×8）、2864（8K×8）。下面介绍 EEPROM 2816A。

2816A 为 24 脚双列直插式的芯片，管脚如图 8-5 所示。单一＋5V 电源供电，存取时间为 250ns，字节擦除时间为 9～10ms，字节写入时间为 9～10ms。

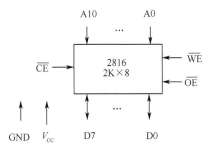

图 8-5　2816 芯片引脚逻辑图

2816A 的工作方式选择表如表 8-3 所示。由表可知该芯片在进行字节擦除时，D 端应保持高电平，并经 9～10ms 可将原字节擦除，由于 2816A 的片内具有地址和数据锁存器，在此期间，CPU 可去执行其他任务；在芯片进行字节写入时，与静态 RAM 的写入类似只需在 V_{PP}（$\overline{WE}$）端加入 250ns 的低电平，再加 9～10ms 的写入时间，所以当 2816A 需要进行在线擦写时，要保证足够的擦写时间。此外，2816A 还提供了 10ms 内对整个芯片擦除的功能，如表 8-3 所示。

表 8-3　2816A 工作方式选择

工作方式	引脚	$\overline{CE}$	$\overline{OE}$	$\overline{WE}$	D7～D0
2816A	读	0	0	1	数据输出
	维持	1	任意	任意	高阻
	字节擦除	0	1	0	高电平
	字节写入	0	1	0	数据输入
	全片擦除	0	＋10V～＋15V	0	高电平

8.4　单片机存储器扩展

虽然 MCS-51 单片机片内已集成了计算机的基本功能部件，但由于片内数据存储器、程序存储器的容量、I/O 口及计数/定时器数量是有限，在许多实际应用系统中都需要进行系统扩展，才能满足需要。本节通过对单片机存储器扩展的讲述，为单片机系统的扩展打下基础。

8.4.1　存储器的选择

前面我们介绍了各种类型和各种型号的存储器，它们有不同的特点、不同的容量和存取速度，所以在进行存储器扩展时，主要考虑以下的几个问题：

（1）根据所需扩展的是程序存储器还是数据存储器分别选择不同类型的存储器芯片。如扩展程序存储器可选 EPROM、EEPROM 等；若需扩展数据存储器可选 RAM、EEPROM 等。

（2）根据所需的存储容量选择不同的芯片，在满足容量要求时应尽可能选择大容量的芯片，以减少芯片的组合数量。目前大容量的芯片价格日趋便宜，小容量的芯片面临减产价格上升的局面，故采用较大容量芯片从长远的经济效益来看也有好处的。

（3）选择存储器时还要考虑存储器与 CPU 的速度匹配问题。对于 MCS-51 系列单片机，根据第二章公式（2-2），采用 12MHz 的晶振时，TAVDV $= 9T_{osc} -$ 165ns=585ns，因此选择数据存储器的存取时间应小于 585ns；根据公式（2-1），TAVIV $= 5T_{osc} - 115$ns=302ns，因此选择程序存储器的读取时间应小于 302ns。

8.4.2　单片机并行系统总线及地址分配

1. 单片机系统总线

单片机的系统扩展常采用并行总线方式，据前面所述 MCS-51 系列单片机的系统三总线为：地址总线 P0、P2，数据总线 P0 和控制总线。如图 8-6 所示，P2 口提供高 8 位地址总线，P0 口分时提供低 8 位地址和数据总线，P3 口的某些位提供控制总线，主要的控制总线有 $\overline{\text{PSEN}}$（程序存储器读选通信号）、$\overline{\text{RD}}$、$\overline{\text{WR}}$（数据存储器和 I/O 口的读、写选通信号）、ALE（地址锁存信号）。

由于 P0 可分时作为低 8 位地址总线和数据总线，因此 P0 在提供低 8 位地址总线时必须外加地址锁存器，由 ALE 作为地址锁存允许信号。

地址锁存器常使用三态缓冲输出的 8D 锁存器芯片 74LS373、8282 等，下面以 74LS373 为例说明地址锁存器的使用，74LS373 的内部逻辑结构如图 8-7 所示。

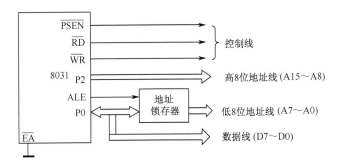

图 8-6 单片机扩展系统总线结构图

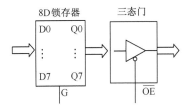

图 8-7 74LS373 逻辑结构

该芯片有两个控制信号。

$\overline{OE}$：允许输出控制信号，低电平有效。

G：数据锁存控制信号，高电平有效。

其功能如表 8-4 所示。从表中可看出，当 G 为高电平时，锁存器输出反映输入端的状态；当 G 从高电平下跳变为低电平时，输入端的数据被锁存。

表 8-4 74LS373 功能表

输出控制 $\overline{OE}$	输入		输出 Q
	G	D	
L	H	H	H
L	H	L	L
L	L	X	Q0
H	X	X	高阻

74LS373 作为系统扩展的地址锁存器使用时，$\overline{OE}$ 固定接低电平，使其三态门总处于导通状态，锁存的地址总处于输出状态。另一个控制信号 G 与单片机的 ALE 信号相连。按照时序 P0 口输出低 8 位地址有效时，ALE 信号正好处于下降沿时刻，通过 G 进行地址锁存，如图 8-8 所示。

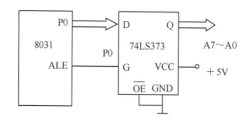

图 8-8　用 74LS373 作地址锁存器

2. 存储器的地址分配

MCS-51 单片机的程序存储器与数据存储器的地址空间是独立的，片内外程序存储器统一编址，最大寻址范围 64K；片外数据存储器和扩展的 I/O 口统一编址，最大寻址范围 64K。

程序存储器与片外数据存储器的地址范围均为 64K（0000H～FFFFH），可见它们的地址是重叠的。当单片机访问片外存储器时，是通过不同的控制信号线 $\overline{PSEN}$ 和 $\overline{RD}$ 来区分的：当 $\overline{PSEN}=0$ 时，根据地址线给出的地址读程序存储器；当 $\overline{RD}=0$ 时，根据地址线给出的地址读数据存储器。

在扩展多片存储器（或 I/O 接口）芯片时，每一芯片的地址分配与具体的地址线的连接方式有关。常采用的方法是将存储器芯片的地址线（地址线的根数与存储器的容量有关）与单片机的低位地址相连，单片机的高位地址采用线选法或者译码法与存储器的片选 $\overline{CE}$ 信号相连，这样芯片的地址分配就有线选法与译码法之分。

单片机存储器扩展时只需要将存储器以三总线方式挂在总线上。

$$
\begin{cases}
\text{数据总线} \\
\text{地址总线} \begin{cases} \text{线选法} \\ \text{译码法} \end{cases} \\
\text{控制总线}
\end{cases}
$$

8.4.3　程序存储器扩展

MCS-51 单片机的片内集成有程序存储器 4K（8031 无片内程序存储器），当片内的程序存储器容量不够时就需要扩展。扩展程序存储器可选用 EPROM 或 EEPROM，最多可扩展 64K 片外程序存储器。

假设需要扩展 8K×8 的片外程序存储器。根据容量要求，可选择两片 EPROM 2732（4K×8）组成 8K×8 的片外程序存储器，或者选用一片 8K×8 E PROM 2764。

1. 选用单片

采用单片的 EPROM 扩展程序存储器，方法结构紧凑，可靠性好。选用 2764 扩展 8K×8 的片外程序存储器的扩展连接如图 8-9 所示。

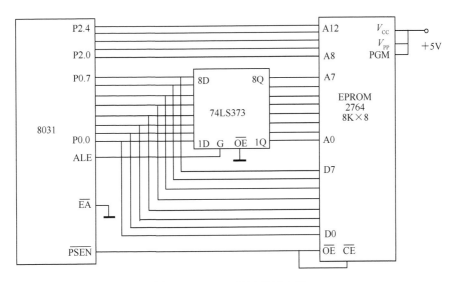

图 8-9　2764 EPRM 扩展电路

扩展存储器的主要工作是地址线、数据线和控制信号线的连接。

（1）地址线的连接：地址线的连接与存储芯片的容量有直接的关系。2764的容量为 8K 字节，有 13 根地址线（A12～A0），为此将存储器的低 8 位地址（A7～A0）与单片机 P0 口经地址锁存器输出的低 8 位地址相连，剩下的 5 根高位地址线与 P2 口输出的 P2.4～P2.0 相连。

（2）数据线的连接：将 2764 的 8 根数据线与 P0 口的 8 位数据总线直接相连。

（3）控制信号线的连接：片外程序存储器取指信号 $\overline{PSEN}$ 与存储器输出允许信号 $\overline{OE}$ 和 $\overline{CE}$ 相连，用于存储单元的读选通地址锁存信号 ALE 与地址锁存器的锁存信号 G 相连，用于锁存低 8 位地址信号。因 8031 芯片无片内程序存储器，必须扩展片外 ROM，故将 $\overline{EA}$ 接地。此处因为只扩展了一片存储器芯片，所以 2764 的 $\overline{CE}$ 与 $\overline{OE}$ 同时连接到 $\overline{PSEN}$，当芯片未选中时，工作于维持方式，从而降低功耗。

EPROM 2764 的地址范围为：0000H～1FFFH。

	P2.7 P2.6 P2.5	P2.4 P2.3 … P2.0	P0 口	
	A15 A14 A13	A12 A11 … A8	A7 … A0	
首地址	×××	0 0 … 0	0 … 0	0000H
末地址	×××	1 1 … 1	1 … 1	1FFFH

此时的高位地址线 P2.7、P2.6、P2.5（即 A15 A14 A13）未与芯片相连，A15 A14 A13 可任意为 000B～111B，所以 2764 的地址范围不是唯一的，也可是 2000H～3FFFH，4000H～5FFFH，…，E000H～FFFFH。

2. 选用多片 EPROM 扩展程序存储器

若选用多片的 EPROM 扩展程序存储器，则可采用线选和译码两种方法。下面以扩展两片 2732（4K×8）的片外程序存储器为例，分别介绍线选法和译码法。

1）线选法

所谓线选法，就是先将单片机的低位地址与存储器芯片的地址线相接，剩下的单片机的高位地址线作为存储器芯片的片选信号，每一根高位地址线选中一个芯片。

采用两片 2732（4K×8）组成 8K×8 的片外程序存储器，线选法接线如图 8-10 所示。

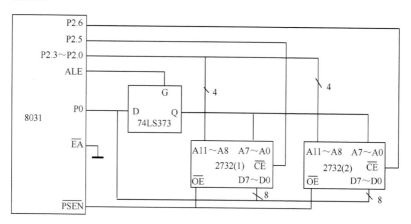

图 8-10　线选法

从图中可以看出线选法的硬件接线简单，8 位数据线、低 12 位地址线 A11～A0，控制线 $\overline{PSEN}$ 的连接与扩展单片 EPROM 类似，而两块芯片的片选信号 $\overline{CE}$ 分别连接到 P2.5 和 P2.6，当 P2.5＝0 时，选中 1♯2732 芯片，当 P2.6＝0 时，选中 2♯ 2732 芯片。

【注意】　高位地址线 P2.7 和 P2.4 未用，表中用×表示，可任意为 1 或 0，所以两片地址不是唯一的，但作为片选的两根地址线 P2.5 和 P2.6 不能同时为 0。按此原则，且将未用的地址线全设为 1，则两片 2732 的地址分配如表 8-5 所示。

表 8-5　线选法芯片地址分配表

存储芯片	P2 口		P0 口	地址范围
	P27 P26 P25 P24	A11 A10 A9 A8	A7 A6 A5 A4 A3 A2 A1 A0	
2732（1）	×１０×	0000 1111	00000000 11111111	最低地址：D000H 最高地址：DFFFH
2732（2）	×０１×	0000 1111	00000000 11111111	最低地址：B000H 最高地址：BFFFH

由表中可看出两片 2732 的地址是不连续的，不能充分地利用地址空间，且线选法可扩展的存储芯片数是有限的，如图 8-10 所示单片机高位只剩下 4 根地址线，最多可扩展 4 个接口芯片。此种方法也可变异为：用一根高位地址线 P2.4 直接选中一片，P2.4 加反相器后选中另一片，这样最多可扩展 8 个接口芯片，也是有限，因此线选法只适用于小规模单片机系统的扩展。

2）译码法

所谓译码法，是使用译码器对高位地址进行译码，以译码器输出的信号作为存储器芯片的片选信号的方法。这种编址方法，能有效地利用地址空间，适用于大容量多芯片的存储器扩展。

常用的译码器有 74LS139（双 2-4 译码器），74LS138（3-8 译码器）、74LS154（4-16 译码器）。下面介绍 74LS139 译码器。

74LS139 芯片中共有两个 2-4 译码器。其引脚排列如图 8-11 所示。

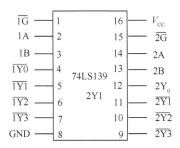

图 8-11　74LS139 引脚图

$\overline{G}$：使能信号，低电平有效。用于控制译码器的输出有效。

A、B：选择信号，即地址输入端。

$\overline{Y}3$、$\overline{Y}2$、$\overline{Y}1$、$\overline{Y}0$：译码输出信号，低电平有效。

74LS139 进行译码后有四个输出信号，对于每一种输入状态，只有一个输出信号为低电平，我们将此信号作为存储器芯片的片选信号。74LS139 真值表如表 8-6 所示。

表 8-6　74LS139 真值表

输入端			输出端			
使能	选择		$\overline{Y}3$	$\overline{Y}2$	$\overline{Y}1$	$\overline{Y}0$
$\overline{G}$	B	A				
1	×	×	1	1	1	1
0	0	0	1	1	1	0
0	0	1	1	1	0	1
0	1	0	1	0	1	1
0	1	1	0	1	1	1

采用译码法扩展两片 EPROM2732 存储器的接线如图 8-12 所示，将高位地址线的 P2.4 与 P2.5 与译码器 74LS139 的输入端相连，其译码输出信号 $\overline{Y}0$、$\overline{Y}1$ 分别作为两片 2732 的片选信号。

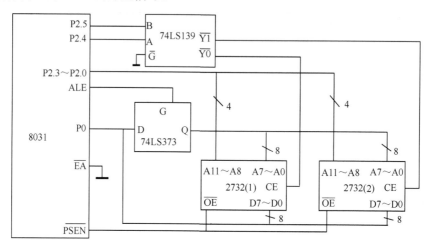

图 8-12　译码法

各芯片的地址范围如表 8-7 所示，设未用的地址线全为"0"，可见其地址空间是连续的，且用两根地址线可译码输出四个片选信号。如果将剩下的 4 根地址线全用于译码，则可产生 16 个片选信号，最多可扩展 16 个接口芯片。因此译码法适用于扩展容量比较大的单片机系统。

表 8-7　译码法各芯片地址分配表

存储芯片	P2 口		P0 口	地址范围
	P27 P26 P25 P24	A11 A10 A9 A8	A7 A6 A5 A4 A3 A2 A1 A0	
2732 (1)	× × 0 0	0 0 0 0	0 0 0 0 0 0 0 0	最低地址：0000H
		1 1 1 1	1 1 1 1 1 1 1 1	最高地址：0FFFH
2732 (2)	× × 0 1	0 0 0 0	0 0 0 0 0 0 0 0	最低地址：1000H
		1 1 1 1	1 1 1 1 1 1 1 1	最高地址：1FFFH

8.4.4　数据存储器扩展

MCS-51 单片机的片内有 128 字节的数据存储器，当需要更大的数据存储器时，可外加 RAM 芯片扩展数据存储器，最大的扩展容量可达 64K。扩展片外数据存储器一般选静态的 RAM 或者 EEPROM。

（1）选择 RAM 6264 扩展 8K×8 的数据存储器。扩展连接如图 8-13 所示。可见扩展数据存储器其数据线和地址线的连接方式与扩展程序存储器相同，不同之处在于控制总线的连接，数据存储器的输出允许信号 $\overline{OE}$ 接单片机的数据存储器读信号$\overline{RD}$，数据存储器的写信号$\overline{WE}$接单片机的数据存储器写信号$\overline{WR}$。扩展
6264采用的是线选法其地址范围为6000H～7FFFH。

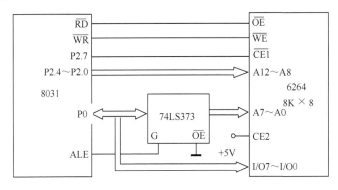

图8-13 数据存储器扩展

P2 口			P0 口		
P2.7 P2.6 P2.5	A12 A11 A10 A9 A8		A7 … A0		
首地址	0 × ×	0 0 … 0	0 … 0	6000H
末地址	0 × ×	1 1 … 1	1 … 1	7FFFH

（2）选择EEPROM扩展数据存储器（程序存储器）。前面介绍过
EEPROM2816A（2K×8），由于它可以在线地进行擦写，所以既可用作程序存
储器，又可用作数据存储器，只是在接线时，注意将程序存储器的读信号$\overline{PSEN}$
和数据存储器的读信号$\overline{RD}$经与门与存储器芯片的输出允许信号$\overline{OE}$相接，这样无
论是程序存储器的读操作还是数据存储器的读操作都可访问它，接线如图8-14
所示，它采用P2.3作为片选信号，地址范围为F000H～F7FFH。在用2816A
作为数据存储器进行写操作时，编程中应注意保证足够的擦写时间（9～10ms）。

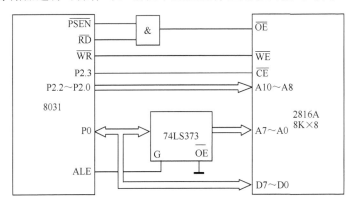

图8-14 EEPROM扩展数据程序存储器

8.4.5　单片机系统扩展

前面介绍了 MCS-51 单片机的并行系统总线，以及程序存储器和数据存储器的扩展，有时候单片机的应用系统较大，既需要扩展数据存储器，又需要扩展程序存储器，甚至 I/O 口也需要扩展。此时仍然可采用并行总线的线选法和译码法进行单片机系统的扩展。I/O 口的扩展在后面的章节介绍，下面举一个例子说明，采用线选法同时扩展的 2K×8 的数据存储器和 8K×8 的程序存储器的方法。接线如图 8-15 所示。各芯片的地址范围如表 8-8 所示。

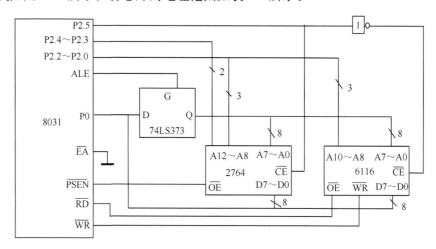

图 8-15　线选法

当 P2.5＝0 时选中 2764 芯片，P2.5＝1 时选中 6116 芯片。因为图 8-15 中单片机有些地址线未与芯片相连（×的地址线），×的地址可任意选择为"1"或"0"，因此每片的地址范围不是唯一的。设×的地址全为"0"，地址范围如表 8-8 所示。

表 8-8　译码法各芯片地址分配表

存储芯片	P2 口			P0 口	地址范围
	P27 P26 P25	P24 P23	A10 A9 A8	A7 A6 A5 A4 A3 A2 A1 A0	
2764	× × 0	0 0	0 0 0	0 0 0 0 0 0 0 0	最低地址：0000H
		1 1	1 1 1	1 1 1 1 1 1 1 1	最高地址：1FFFH
6116	× × 1	× ×	0 0 0	0 0 0 0 0 0 0 0	最低地址：2000H
			1 1 1	1 1 1 1 1 1 1 1	最高地址：27FFH

【小结】

本章主要介绍了存储器分类和常用的存储器芯片。半导体存储器主要分为只读存储器（ROM）、随机读写存储器（RAM），常用的 ROM 有掩模 PROM、紫外线可擦除 EPROM、电可擦除 EEPROM 三种类型，常用芯片有 2732（4K× 8）、2764（8K×8）等。RAM 有动态 DRAM、静态 SRAM 两种类型，常用的 SRAM 芯片有 6116（2K×8）、6264（8K×8），常用的 DRAM 芯片有 2816（2K ×8）。本章重点介绍了单片机利用三总线扩展程序存储器和数据存储器的方法和 地址分配。MCS-51 系统的三总线是：数据总线由 P0 口提供，地址总线由 P0、 P2 口提供，主要的控制总线有 $\overline{PSEN}$（程序存储器读选通信号），$\overline{RD}$、$\overline{WR}$（数 据存储器和 I/O 口的读、写选通信号），ALE 地址锁存选通信号，在进行数据存 储器和程序存储器的扩展时，数据线、地址线的连接方法类似。

【注意】 控制信号线的连接是不同的，程序存储器使用 $\overline{PSEN}$ 信号，数据 存储器使用 $\overline{RD}$、$\overline{WR}$。

多片的存储器、I/O 口等单片机系统的扩展，均可采用线选法和译码法两种 连接方式，线选法硬件简单，成本低，但能扩展的芯片数有限，地址有重叠，因 此线选法只适用于小规模单片机系统的扩展；译码法需外加译码器，硬件成本 高，但能扩展的芯片数多，因此译码法适用于扩展容量比较大的系统。本章要求 学生重点掌握采用线选法和译码法扩展存储器的方法及地址分配，为以后学习 I/O 口的扩展和单片机系统的扩展打下基础。

习题与思考

1. 半导体存储器 RAM 与 ROM 有什么区别？在扩展程序存储器和数据存 储器时分别选用哪种？为什么 EEPROM 既可用于扩展数据存储器又用于扩展程 序存储器？

2. MCS-51 单片机系统对外有几组并行总线？在需要扩展外部程序存储器 和数据存储器时，分别需要哪些总线？扩展后还剩下多少根并行 I/O 口线？

3. 8031 的扩展存储器系统中，为什么 P0 口要接一个 8 位地址锁存器？

4. 若选用 6116 芯片（2K×8）组成 16KB 的片外数据存储器需用多少块 芯片？

5. 试将 8031 单片机外接一片 2732（EPROM）和一片 6264（RAM）组成 一个应用系统，地址分配采用线选法，请画出硬件连接图并指出扩展存储器的地 址范围。

6. 如图 8-15 所示，若 2764 和 6116 共同使用 P2.5＝0 为片选信号，接线是 否正确？为什么？

7. 图 8-16 是采用译码法扩展 3 片存储器芯片的简化接线图，请确定存储器 芯片的地址范围。

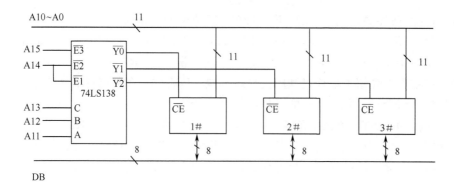

图 8-16　接线图

第九章　MCS-51 单片机系统扩展

【学习目标】

（1）了解：单片机扩展 I/O 接口的种类。

（2）理解：简单 I/O 口扩展的作用和实现方法。

（3）掌握：8155 并行 I/O 口扩展的方法，I^2C 总线的工作原理、时序模拟及应用，SPI 接口时序模拟及应用。

单片机片内集成了 128 字节的 RAM、2K 的 ROM、4 个并行 I/O 口、1 个全双工串口、两个计数/定时器等资源，但是当系统的内部资源不够用时，就需要进行系统的扩展。单片机应用系统的扩展可分为并行总线扩展技术和串行总线扩展技术，前一章存储器扩展和本章的 8155 并行 I/O 口扩展的方法，采用的就是并行总线扩展技术。

随着单片机技术的发展，目前许多新的单片机配备了芯片间的串行总线，由于它结构简单、占用单片机口线少，为单片机应用系统设计提供了灵活的串行接口方式。本章介绍比较常用的串行 I^2C 总线、SPI 接口的原理和应用。

9.1　并行总线扩展技术

本节采用了与第八章同样的方法，由 P0 分时用作数据总线和地址总线的低 8 位，P2 口用作地址总线的高 8 位，P3 口提供控制总线，即用三总线 DB、AB、CB 的方式扩展 I/O 口。

9.1.1　简单的 I/O 口扩展

1. 简单输入接口的扩展

简单输入接口扩展主要解决数据的输入问题。由于数据总线要求挂在总线上的所有数据源必须具有三态缓冲功能，因此，简单输入接口扩展实际上就是扩展三态缓冲器，其作用是：当总线系统中某器件被选通时，该数据源与数据总线直接连接；而当该器件处于非选通状态时，则把数据源与数据总线隔离，即缓冲器处于高阻状态。

作为输入接口的芯片应为具有三态缓冲功能的芯片，如 74LS244、74LS373 等。

采用 74LS244 扩展 8 位输入并行口，如图 9-1 所示。74LS244 芯片为两个 4 位的三态缓冲器，$1\overline{G}$ 和 $2\overline{G}$ 均为选通信号，当它们为低电平时 74LS244 的输出跟随输入变化，为高电平时 74LS244 的输入与输出隔离。在该图中，$1\overline{G}$ 和 $2\overline{G}$ 由单片机的$\overline{RD}$和P2.0地址选通信号通过或门控制,当$\overline{RD}$和P2.0均为低时,1$\overline{G}$和2$\overline{G}$有效,外部输入设备的输入数据通过74LS244输出到单片机的数据线P0口。

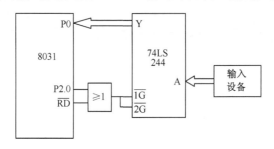

图 9-1　简单输入接口扩展

2. 简单输出接口的扩展

简单输出接口扩展的功能是进行数据保持(即数据锁存),其扩展电路主要是锁存器。简单输出接口扩展的常用芯片有74LS273,74LS377等。

采用74LS377芯片进行输出接口的扩展,其接线图如图9-2所示。74LS377是一个具有使能控制端的8D锁存器,其功能表如表9-1所示。当使能端$\overline{G}=0$时,时钟信号CK的上升沿使74LS377的输入数据锁存到输出端。当$\overline{G}=1$或CK为0时,锁存器的输出维持原状态,不受D端输入的影响。在与单片机连接时,74LS377使能端$\overline{G}$固定接地,单片机的$\overline{WR}$和地址信号P2.4经过或门后,与74LS377的CK端相连,当地址信号有效后(P2.4为低),$\overline{WR}$信号由低变高时,数据输出到锁存器。

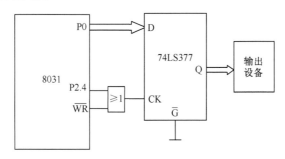

图 9-2　简单输出接口扩展

表 9-1　74LS377 功能表

输入			输出
$\overline{G}$	CK	D	Q
H	X	X	Q0
L	↑	H	H
L	↑	L	L
X	L	X	Q0

9.1.2 8155 可编程 I/O 接口芯片扩展

8155 为 Intel 公司的一种多功能可编程接口芯片，它具有两个 8 位和一个 6 位可编程的 I/O 口、256 字节的 RAM 存储器、一个 14 位的计数/定时器。它与单片机的接口简单，在单片机系统中应用广泛。

1. 8155 的引脚

8155 为 40 引脚芯片，采用双列直插式封装，其引脚图如图 9-3 所示。各引脚的功能如下：

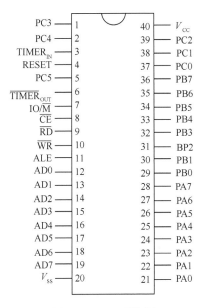

图 9-3　8155 引脚图

AD7～AD0，三态地址/数据总线；

PA7～PA0，A 口输入/输出线；

PB7～PB0，B 口输入/输出线；

PC5～PC0，C 口输入/输出线或为 A、B 口的控制信号线。

当 C 口作为控制信号线时，其功能如下：

PC0，$INTR_A$——A 口中断请求信号线。

PC1，ABF——A 口缓冲器满信号线。

PC2，$\overline{STB_A}$——A 口选通信号线。

PC3，$INTR_B$——B 口中断请求信号线。

PC4，BBF——B 口缓冲器满信号线。

PC5，$\overline{STB_B}$——B 口选通信号线。

$\overline{\text{CE}}$，片选信号线，低电平有效。

$\overline{\text{RD}}$，存储器读信号线，低电平有效。

$\overline{\text{WR}}$，存储器写信号线，低电平有效。

ALE，地址锁存信号线。

$\text{IO}/\overline{\text{M}}$，I/O 口与存储器选择信号线。$\text{IO}/\overline{\text{M}}$ 为 1 时，选择 I/O 口；$\text{IO}/\overline{\text{M}}$ 为 0 时，选择存储器。

TIMER_{IN}，计数/定时器脉冲输入端。

$\overline{\text{TIMER}_{\text{OUT}}}$，计数/定时器输出端。

RESET，复位信号线，高电平有效。

V_{CC}，+5V 电源。

V_{SS}，接地端。

2. 8155 的内部结构

8155 的内部结构如图 9-4 所示，它包括两个 8 位的并行输入/输出端口，一个 6 位并行输入/输出端口，256 个字节的静态 RAM，一个地址锁存器，一个 14 位的计数/定时器和控制逻辑电路。

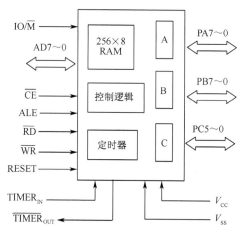

图 9-4　8155 的内部结构图

在控制信号中，$\text{IO}/\overline{\text{M}}=1$ 时，CPU 选择对 I/O 口和 8155 片内的寄存器进行读/写操作；当 $\text{IO}/\overline{\text{M}}=0$ 时，CPU 选择对存储器进行读/写操作。256 个字节的存储器地址范围为 00H～FFH，I/O 口和寄存器的地址分配见表 9-2。

3. 8155 的工作方式

8155 的控制逻辑中设置了一个命令/状态寄存器，它实际上是两个不同的寄存器，分别用于存放命令字和状态字，对控制命令寄存器只能进行写操作，而对状态寄存器只能进行读操作，因此将它们赋以同一地址（A2A1A0 为 000），合在一起称之为"命令/状态字寄存器"。其中，命令字用于选择 I/O 口的工作方式，其格式如图 9-5 所示；状态字用于锁存 A 口和 B 口和定时计数器当前的工作状态，其格式如图 9-6 所示。

表 9-2　8155 的 I/O 和寄存器地址分配

AD7～AD0		I/O 口与寄存器
A7A6A5A4A3	A2A1A0	
××××	0 0 0	命令/状态寄存器
××××	0 0 1	A 口
××××	0 1 0	B 口
××××	0 1 1	C 口
××××	1 0 0	定时器低 8 位
××××	1 0 1	定时器高 6 位与 2 位计数器方式位

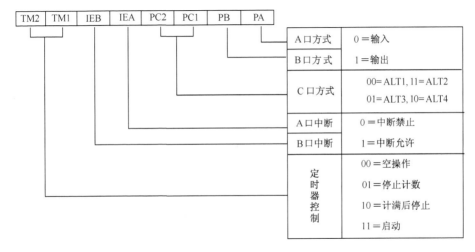

图 9-5　8155 命令字格式及定义

D7	D6	D5	D4	D3	D2	D1	D0
	TIMER	INTE$_B$	BBF	INTR$_B$	INTE$_A$	ABF	INTR$_A$

图 9-6　8155 状态字格式及定义

INTR，中断请求；INTE，端口中断允许；ABF、BBF，缓冲器满标志。TIMER，定时器中断申请

1) 命令字寄存器

8155 的 A 口和 B 口具有基本输入输出和选通输入输出两种工作方式，工作方式的选择由 C 口的工作方式决定，当 C 口作为一般的输入/输出口时，A、B 口工作于基本输入输出方式；当 C 口用于提供控制/状态信号时，A、B 口工作于选通工作方式。A、B 口具体工作于输入还是输出，由命令字的 D1、D0 位决定。

8155 的 C 口既可用作基本输入/输出口，也可用于提供 A、B 口的控制/状态信号，具体地说，有 ALT1、ALT2、ALT3、ALT4 四种工作方式，如表 9-3 所示。C 口的前两种工作方式分别为基本输入和输出方式。C 口工作于 ALT3 方式时，B 口工作于基本输入/输出，A 口工作于选通工作方式，C 口为 A 口提供 3 根控制/状态信号线（C 口的另 3 位为输出）。C 口工作于 ALT4 方式时，A 口和 B 口均工作于选通方式，C 口为 A、B 口提供 6 根控制/状态信号（C 口全为控制/状态线）。C 口的工作方式与 A、B 口工作方式的关系，如表 9-3 所示。

表 9-3　8155 I/O 口的工作方式及控制信号线

	ALT1	ALT2	ALT3	ALT4
PC0	输入	输出	$INTR_A$	$INTR_A$
PC1	输入	输出	ABF	ABF
PC2	输入	输出	$\overline{STB_A}$	$\overline{STB_A}$
PC3	输入	输出	输出	$INTR_B$
PC4	输入	输出	输出	BBF
PC5	输入	输出	输出	$\overline{STB_B}$
PA	基本输入/输出	基本输入/输出	选通输入/输出	选通输入/输出
PB	基本输入/输出	基本输入/输出	基本输入/输出	选通输入/输出

2）状态字寄存器

4. 8155 的计数/定时器

8155 片内设置了一个 14 位的减法计数器，用于对外部输入的脉冲信号进行减 1 计数。定时计数器的外部脉冲信号由 $TIMER_{IN}$ 引脚输入，定时器的输出引脚为 $\overline{TIMER_{OUT}}$。计数/定时器的计数值和工作方式，由两个 8 位的计数/定时器寄存器设定，其格式如图 9-7 所示。

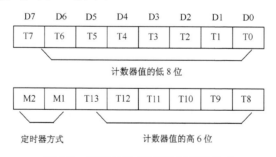

图 9-7　8155 计数/定时器寄存器格式

其中，T 13～T0 为计数器的值，其范围为 0002H～3FFFH，M2、M1 用于设置定时器的工作方式。定时器的工作方式有四种，每一种方式的区别主要在于输出波形不同，如图 9-8 所示。方式 00 和 01 常用于对输入脉冲进行分频，方式 10 和 11 为计数/定时到时，输出负脉冲信号。

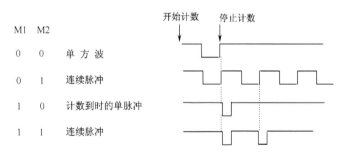

图 9-8　8155 定时器各种方式输出波形

对定时器进行编程时，应该先将计数初值和定时器工作方式装入寄存器，计数器是否启动由命令字的最高二位控制，具体控制方式如下。

TM2　TM1

0　　0：空操作，不影响计数

0　　1：停止定时器计数，若计数器没有启动，则相当于空操作

1　　0：定时器值减为 0 时，停止计数

1　　1：启动，置方式和初值后立即启动；若正在计数则表示置新的方式和初值，计数结束后，按新的方式和初值计数。

任何时刻都可以设置定时器的初值和工作方式，但是必须将启动命令写入命令寄存器。如果定时器正在计数，那么，只有在写入启动命令之后，定时器才接收新的计数初值并按新的工作方式计数。

5. 8031 与 8155 的接口电路

由于 8155 内部带有地址锁存器，因此，它与 8031 的接口电路非常简单，不需任何附加的电路。图 9-9 是 8031 与 8155 的接口电路，存储器 RAM 和 I/O 口的地址分配如下。

存储器的地址：7E00H～7EFFH。

I/O 的地址

　　　命令/状态寄存器　　　　7FF8H

　　　PA 口　　　　　　　　　7FF9H

　　　PB 口　　　　　　　　　7FFAH

　　　PC 口　　　　　　　　　7FFBH

　　　定时器低 8 位　　　　　7FFCH

　　　定时器高 8 位　　　　　7FFDH

【例 9-1】　8155 的 A 口、B 口的连接图如图 9-10 所示，要求用按键 K1～K8 分别控制指示灯 D1～D8 的开关，当按下某个按键时，对应的指示灯被点亮。编程如下：

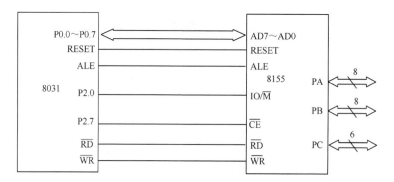

图 9-9　8031 与 8155 接口电路

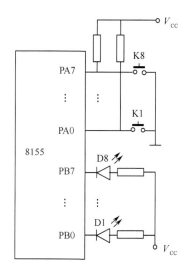

图 9-10　8155 基本输入/输出方式应用

```
        MOV   DPTR, ♯7FF8H    ; 命令寄存器
        MOV   A, ♯02H         ; A 输入、B 输出
        MOVX  @DPTR, A
LP：MOV   DPTR, ♯7FF9H    ; 指向 A 口
        MOVX  A, @DPTR        ; 读 A 口状态
        INC   DPTR            ; 指向 B 口
        MOVX  @DPTR, A        ; 输出到 B 口
        SJMP  LP
```

【例 9-2】　若将 A 口定义为基本输入，B 口定义为基本输出方式，定时器作为方波发生器，对输入脉冲进行 24 分频，如图 9-11 所示。

编程如下：

```
        MOV   DPTR, ♯7FFCH    ; 定时器低 8 位
```

```
MOV   A，#18H        ;计数器初值为 24
MOVX  @DPTR，A       ;计数初值装入低 8 位
INC   DPTR          ;指向定时器高 8 位
MOV   A，#40H        ;置定时器连续方波输出
MOVX  @DPTR，A       ;设置值装入高 8 位
MOV   DPTR，#7FF8H   ;指向命令寄存器
MOV   A，#0C2H       ;置命令控制字；A 口基本输入
MOVX  @DPTR，A       ;B 口为基本输出，启动定时
STMP  $
```

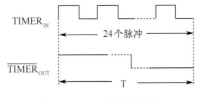

图 9-11　24 分频示意图

【例 9-3】　将立即数 6BH 写入 8155 内部 RAM 的 31H 单元。

编程如下：

```
MOV   A，#6BH        ;立即数送 A
MOV   DPTR，#7E31H   ;指向 8155 的 31H 单元
MOVX  @DPTR，A       ;立即数送 31H 单元
STMP  $
```

9.2　串行总线扩展

串行总线扩展技术是目前广泛应用的系统扩展方法，在单片机外围器件的数据传输速度要求不高的情况下，可采用此方法进行系统设计，这样可以简化系统的结构，使系统具有更高的灵活性。目前，常用的串行总线有 I^2C、SPI、Micro Wire、1-Wire 等。

9.2.1　I^2C 总线串行扩展

I^2C 总线（Inter IC BUS）是 Phillips 公司推出的芯片间串行数据传输总线，它通过两根线在器件之间传送信息，实现完善的双向数据传送，且能够十分方便地构成多机系统和外围器件扩展系统。不管是单片机、存储器、A/D 转换器、日历/时钟芯片、LCD 驱动器还是键盘接口等，只要带有 I^2C 总线接口，都可以直接与总线连接。

1. I^2C 总线的结构和术语

I^2C 总线应用系统的典型结构，如图 9-12 所示。I^2C 总线只有两根信号线，

分别是：SDA（串行数据线）和 SCL（串行时钟线）。I^2C 总线上的所有器件的 SDA 引脚均连接到总线的 SDA 线，SCL 引脚均连接到总线的 SCL 线。

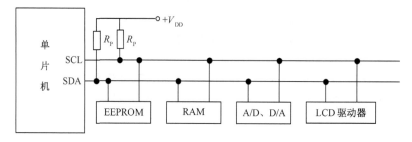

图 9-12　I^2C 总线应用系统的典型结构

对于不同的 I^2C 接口器件有不同的数据传输速率，有 100kbps、400kbps 和 3.4Mbps。连接到总线的器件受到总线的最大电容 400pF 限制，这将影响连接到总线上的器件总数。

为了避免总线信号的混乱，要求连接到总线上的器件输出端必须是集电极或漏极开路结构，以实现线"与"的逻辑功能。输出端必须接上拉电阻，上拉电阻 R_P 的值通常取 5～10kΩ，I^2C 接口的电路结构如图 9-13 所示。

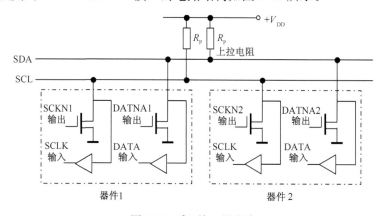

图 9-13　I^2C 接口的电路

器件的 SDA 和 SCL 接口电路都是双向的，SDA 为数据线、SCL 为时钟线。当总线处于空闲状态时，由于各器件都是开漏输出，上拉电阻 R_P 使 SDA 和 SCL 线都保持高电平。

连接到总线上的所有外围器件都是总线上的节点。总线的数据传送过程由主机（主节点）控制。所谓主机，就是启动数据的传送（即发出启动信号）、发出时钟信号、停止数据的传送（即发出停止信号）的器件，通常是由微处理器充当主机。被主机寻址的器件都称为从机。I^2C 器件不需要片选信号，每个连接到

I^2C 总线的器件都有唯一的地址，器件是否被选中是由主机发出的 I^2C 地址决定的，而 I^2C 器件的地址是由 I^2C 总线委员会进行统一分配。主机和从机之间的数据传送，可以由主机发送到从机，也可以由从机发送到主机。凡是发送数据到总线的器件称为发送器，从总线上接收数据的器件称为接收器。

I^2C 总线是一个多主机总线，总线上允许连接多个微处理器和各种外围器件，如果两个或更多主机同时初始化数据传输，由于 I^2C 总线具有冲突检测和仲裁的功能，所以可防止数据被破坏，保证数据传输的正确性。

在单主机系统中，总线上只有一个单片机，其余都是带 I^2C 总线的外围器件。由于总线上只有一个单片机成为主节点，因此不会出现总线竞争，主节点也不必有自己的节点地址。在这种情况下，单片机可以没有 I^2C 总线接口，可以用两根 I/O 口线来模拟 I^2C 总线接口。例如，在 MCS-51 系列单片机中，由于没有 I^2C 总线接口，所以可用 I/O 口线模拟 I^2C 总线接口，实现与 I^2C 总线器件的连接。

2. 总线节点的寻址方法

I^2C 总线上所有的外围器件都有规范的器件地址。器件地址由 7 位组成，它和 1 位方向位构成了 I^2C 总线器件的寻址字节 SLA R/W。寻址字节的格式如下。

D7　　　　　　　　　　　　　　　　　　　　　　　　D0

SLA R/W	DA3	DA2	DA1	DA0	A2	A1	A0	$R/\overline{W}$

器件地址（DA3、DA2、DA1、DA0）是 I^2C 总线外围接口器件固有的地址编码，器件出厂时，就已经给定。例如，I^2C 总线 EEPROM AT24C×× 的器件地址为 1010，4 位 LED 驱动器 SAA1064 的器件地址为 0111。

引脚地址（A2、A1、A0）是由 I^2C 总线外围器件的地址引脚 A2、A1、A0 在电路中接高电平或低电平的不同，形成的地址。

数据方向位（$R/\overline{W}$）：规定了总线上主节点对从节点的数据传送方向，为"1"时表明主节点对从节点的读操作，为"0"时表明主节点对从节点的写操作。

表 9-4 给出了一些常用外围器件的器件地址和寻址字节。

表 9-4　常用 I^2C 接口器件的种类、型号和寻址字节

种类	型号	器件地址及寻址字节	备注
256×8/128×8 静态 RAM	PCF8570/71	1010 A2 A1 A0 $R/\overline{W}$	三位数字引脚地址 A2 A1 A0
256×8 静态 RAM	PCF8570C	1011 A2 A1 A0 $R/\overline{W}$	三位数字引脚地址 A2 A1 A0
256×8 EEPROM	AT 24C02	1010 A2 A1 A0 $R/\overline{W}$	三位数字引脚地址 A2 A1 A0
512×8 EEPROM	AT 24C04	1010 A2 A1 P0 $R/\overline{W}$	二位数字引脚地址 A2 A1
8 位 I/O 口	PCF8574	0100 A2 A1 A0 $R/\overline{W}$	三位数字引脚地址 A2 A1 A0
	PCF8574A	0111 A2 A1 A0 $R/\overline{W}$	三位数字引脚地址 A2 A1 A0

续表

种类	型号	器件地址及寻址字节	备注
4 位 LED 驱动控制器	SAA1064	0111 0 A1 A0 R/$\overline{\text{W}}$	二位模拟引脚地址 A1 A0
160 段 LCD 驱动控制器	PCF8576	0111 0 0 A0 R/$\overline{\text{W}}$	一位数字引脚地址 A0
4 通道 8 位 A/D、1 路 D/A 转换器	PCF8951	1001 A2 A1 A0 R/$\overline{\text{W}}$	三位数字引脚地址 A2 A1 A0
日历时钟（内含 256×8 RAM）	PCF8583	1010 0 0 A0 R/$\overline{\text{W}}$	一位数字引脚地址 A0

3. I²C 总线时序

（1）总线上的时序信号。

I²C 总线为同步传输总线，总线信号完全与时钟同步，并且时钟线 SCL 的每个时钟周期只能传送一位数据。I²C 总线上与数据传输有关的信号有起始信号（S）、停止信号（P）、应答信号（A）以及数据位传送信号等。

① 起始信号（S）。当 SCL 线为高电平时，SDA 线从高电平向低电平变化，表示数据传输的起始信号，如图 9-14 所示。

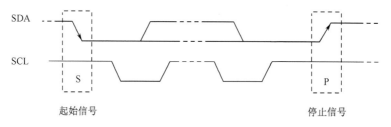

SDA

SCL

起始信号　　　　　　　　　　　　　　　　　停止信号

图 9-14　起始和停止信号

② 停止信号（P）。当 SCL 线为高电平时，SDA 线从低电平向高电平变化，表示数据传输的停止信号。如图 9-14 所示。起始信号和停止信号都是由主机产生的。

③ 应答信号（A）。I²C 总线传输数据时，每个字节之后要带应答信号，与应答信号相对应的时钟由主机产生，此时，发送器必须在这个时钟位上释放数据线（高电平），转由接收器控制。

接收器在应答时钟脉冲的高电平期间，在 SDA 线上输出低电平作为应答信号（A），在 SDA 线上输出高电平作为非应答信号（$\overline{\text{A}}$），如图 9-15 所示。

当主机作为接收器时，接收到最后一个数据字节后，必须给从机发送器发送一个非应答信号（$\overline{\text{A}}$），使从机释放数据线，以便主机发送停止信号，从而终止数据传输。

④ 数据位传送。I²C 总线传输数据位时，在时钟线 SCL 高电平期间数据线 SDA 上必须保持稳定的逻辑电平状态，高电平表示数据"1"，低电平表示数据"0"。只有时钟线 SCL 为低电平时，才允许数据线 SDA 上的电平状态变化。如图 9-16 所示。

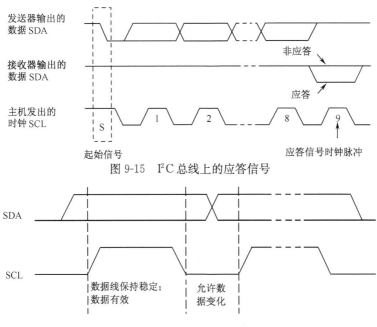

图 9-15 I²C 总线上的应答信号

图 9-16 在 I²C 总线上一位数据的传送

（2）I²C 总线上的数据传送时序。

I²C 总线上的数据传送时序如图 9-17 所示。总线上传送的每一帧数据均为一个字节。但每次启动 I²C 总线后，其传输的字节数是没有限制的，并且每个字节之后必须跟一个应答位，字节中的最高位数据（MSB）首先发送。在全部数据传输结束后，主机发出停止信号。

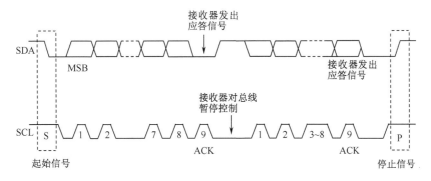

图 9-17 I²C 总线上的数据传送

在总线传送完一个字节后，接收器可以通过对时钟线的控制，使传送暂停。例如，正在接收数据的器件在完成某些操作前不能接收下一个字节的数据（如正在进行内部中断处理），可以把 SCL 线拉为低电平以迫使发送器进入等待状态。

当接收器准备好接收下一个字节时，再释放时钟线 SCL，使数据传输继续进行。

4. 主方式下的数据传输格式

在 I²C 总线上，一次完整的数据传输过程应该按照图 9-18 所示的格式进行。其完整的数据操作包括起始（S）、发送寻址字节（SLA R/$\overline{W}$）、应答、发送数据字节、应答……直到停止（P）。

对于不同方式下的操作略有不同，如果将图 9-18 中的时序过程表示成下述的操作格式，I²C 总线的数据传输过程便一目了然。

（1）主机的写操作方式。主机向被寻址的从机发送 n 个字节的数据，在整个传输过程中，数据传送的方向不变，数据格式如下。

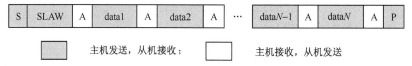

其中，SLAW 为寻址字节（写），data1～dataN 为写入从机的 N 个字节数据。

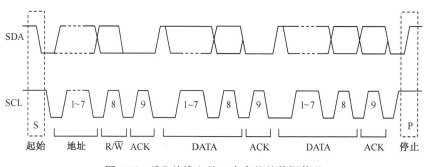

图 9-18 I²C 总线上的一次完整的数据传送

（2）主机的读操作方式。主机从从机中读出 n 个字节的数据，整个传输过程中除寻址字节外，都是从机发送，主机接收的过程。在第一次响应时，主机由发送器变成接收器，从机由接收器变成发送器，第一次应答信号仍由从机产生。主机在发送停止信号前应发送非应答位，向从机表明读操作结束。数据格式如下。

| S | SLAR | A | data1 | A | data2 | A | … | dataN–1 | A | dataN | $\overline{A}$ | P |

其中，SLAR 为寻址字节（读）。

5. I²C 总线接口的软件模拟

在单主机系统中，I²C 总线数据的传输要比多主机系统中简单得多，不存在总线的竞争，单片机对 I²C 总线外围器件的操作仅表现为读（主机接收）、写（主机发送）操作。

对于不带 I²C 总线接口的单片机，与 I²C 器件一起工作时，可用两根 I/O 口线分别作为 SDA 和 SCL 线，然后用软件模拟 I²C 总线时序的方法的来访问 I²C

器件。假设单片机的系统时钟为 6MHz，相应的机器周期为 $2\mu s$。在以下的程序中，若系统时钟大于 6MHz，则要增加程序中相应的 NOP 指令数，以达到规定的时序要求。

（1）I^2C 总线典型信号的模拟。

① 典型信号的时序要求。

I^2C 总线传送数据时，有起始信号（S）、停止信号（P）、数据位"0"及应答位（A）、数据位"1"及非应答位（$\overline{A}$）等信号。按照典型 I^2C 总线传送速率要求，这些信号的时序参数如图 9-19 所示。

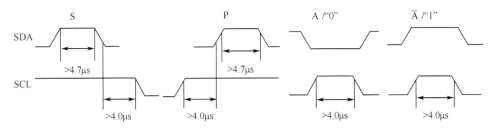

图 9-19　I^2C 总线典型信号时序

② I^2C 总线典型信号的模拟子程序。

假设用单片机的 I/O 口线 P1.2 和 P1.3 作为 I^2C 总线接口，则先把 P1.2 和 P1.3 命名为 SCL 和 SDA，这样可以方便程序的编写、阅读和维护。起始（START）、停止（STOP）、发送应答位（MACK）、发送非应答位（MNACK）的模拟子程序如下。

```
        SCL     EQU     P1.2        ; I²C总线定义
        SDA     EQU     P1.3
; 起始子程序
START：  SETB    SDA
        SETB    SCL                 ; 起始信号建立时间大于 4.7μs
        NOP
        NOP
        CLR     SDA
        NOP                         ; 起始信号锁定时大于 4μs
        NOP
        CLR     SCL                 ; 钳住总线，准备发数据
        RET
; 停止子程序
STOP：   CLR     SDA
        SETB    SCL                 ; 停止信号的时钟
        NOP                         ; 结束总线时间大于 4μs
```

```
            NOP
            SETB    SDA         ; 结束总线
            NOP                 ; 终止信号和下一个起始信号的间隔大于 4.7μs
            NOP
            RET
; 发送应答位子程序
MACK：      CLR     SDA         ; 将 SDA 置 0
            SETB    SCL
            NOP                 ; 保持数据时间，即 SCL 为高时间大于 4.0μs
            NOP
            CLR     SCL
            SETB    SDA
            RET
; 发送非应答位子程序
MNACK：     SETB    SDA         ; 将 SDA 置 1
            SETB    SCL
            NOP
            NOP                 ; 保持数据时间，即 SCL 为高时间大于 4.0μs
            CLR     SCL
            CLR     SDA
            RET
```

（2）I^2C 总线模拟的通用子程序。

从 I^2C 总线的数据传输过程可以看出，除了基本的启动（START）、停止（STOP）、发送应答位（MACK）、发送非应答位（MNACK）外，还应有应答位检查（CACK）和读写子程序。

如发送一个字节（WRBYT）、接收一个字节（RDBYT）、发送 N 个字节（WRNBYT）和接收 N 个字节的子程序（RDNBYT）。

在以下子程序中要用到位变量 ACK 和字节变量 SLA、NUMBYTE、MTD、MRD，应该先定义如下（可根据需要改变其定义的位置）：

```
ACK         BIT     10H         ; 应答标志位
SLA         DATA    50H         ; 器件从地址
NUMBYTE     DATA    52H         ; 读/写的字节数
MTD         DATA    30H         ; 发送数据缓冲区首址（缓冲区 30H～3FH）
MRD         DATA    40H         ; 接收数据缓冲区首址（缓冲区 40～4FH）
```

检查应答位子程序：用一个标志位 ACK 作为返回值，ACK＝1 时表示有应答，ACK＝0 时表示无应答。

```
CACK：          SETB    SDA     ; 置 SDA 为输入方式
```

```
                    SETB    SCL     ; 使 SDA 上数据有效
                    CLR     ACK     ; 预设 ACK = 0
                    MOV     C, SDA  ; 读取 SDA 引脚状态
                    JC      CEND    ; 判断应答位, 无应答则返回
                    SETB    ACK     ; 有应答, ACK 置 1 后返回
    CEND:           CLR     SCL
                    RET
```

① 发送字节子程序 WRBYTE。

该子程序是向 I²C 总线的数据线 SDA 上发送一个字节数据的操作。调用本子程序前, 要发送的字节数据放入 A。占用资源: R0, C 。

【注意】　每发送一字节要调用一次 CACK 子程序, 取应答位。

```
    WRBYTE:     MOV     R0, #08H    ; 8 位数据长度送 R0 中
    WLP:        RLC     A           ; 发送数据左移, 发送位进入 C
                JC      WR1         ; 判断发 "1" 还是 "0", 发送 "1" 转 WR1
                SJMP    WR0         ; 发送 "0" 转 WR0
    WLP1:       DJNZ    R0, WLP     ; 8 位是否发送完, 未完转 WLP
                RET                 ; 8 位发送完返回
    WR1:        SETB    SDA         ; 发送 1 程序段
                SETB    SCL
                NOP                 ; 锁定 SDA = 1 大于 4μs
                NOP
                CLR     SCL
                SJMP    WLP1
    WR0:        CLR     SDA         ; 发送 0 程序段
                SETB    SCL
                NOP                 ; 锁定 SDA = 0 大于 4μs
                NOP
                CLR     SCL
                SJMP    WLP1
```

② 接收字节子程序 RDBYTE。

该子程序是从 I²C 总线的数据线 SDA 上接收一个字节数据的操作, 执行本程序后, 接收到的字节值存放在 A 中。占用资源: R0, R2, C 。

【注意】　每接收一字节要发送一个应答/非应答信号。

```
    RDBYTE:     MOV     R0, #08H    ; 8 位数据长度送 R0 中
    RLP:        SETB    SDA         ; 置 SDA 为输入方式
                SETB    SCL         ; 准备接收
                MOV     C, SDA      ; 读取 SDA 引脚状态
```

```
        MOV     A, R2           ; 读入位程序段，由 C 拼装入 R2 中
        RLC     A
        MOV     R2, A
        CLR     SCL             ; 使 SCL = 0 可继续接收数据位
        DJNZ    R0, RLP         ; 8 位是否读完? 未读完转 RLP
        RET
```

③ 向从节点器件发送 N 个字节数据子程序 WRNBYTE。

在 I²C 总线的数据传送中，主节点常常需要连续地向外围器件发送多个字节的数据，该子程序是用来向 I²C 总线的数据线 SDA 上发送 N 个字节数据的操作。该子程序的编写必须按照 I²C 总线规定的读写操作格式进行。如主机向 I²C 总线上某个外围器件连续发送 N 个字节数据时，其数据操作格式如下。

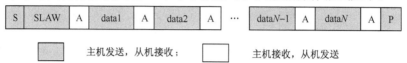

其中，SLAW 为寻址字节（写），data1~dataN 为写入从机的 N 个字节数据。

在该子程序中，使用了一些符号单元，它们在前面已经定义，有 MTD、SLA、NUMBYTE 等。

调用该子程序之前，必须把要发送的 N 个字节数据存放在以 MTD 为首的发送缓冲区中，并给器件从地址 SLA 和发送字节数 NUMBYTE 单元送相应的数值。占用资源：A，R0，R1，R3，C。

WRNBYTE 程序清单如下。

```
WRNBYTE:    MOV     R3, NUMBYTE     ; 取字节数
            LCALL   START           ; 启动总线
            MOV     A, SLA
            LCALL   WRBYTE          ; 发送器件从地址 SLAW
            LCALL   CACK            ; 检查应答位
            JNB     ACK, WRNBYTE    ; 无应答则重试
            MOV     R1, #MTD        ; 置缓冲区指针
WRDA:       MOV     A, @R1          ; 读取字节数据
            LCALL   WRBYTE          ; 写入字节数据
            LCALL   CACK
            JNB     ACK, WRNBYTE
            INC     R1              ; 指向下一个缓冲单元
            DJNZ    R3, WRDA        ; 判断是否写完，未完则继续
RETWRN:     LCALL   STOP            ; 停止发送
            RET
```

④ 向从节点器件读取 N 个字节数据子程序 RDNBYTE。

在 I²C 总线系统中，主机从外围器件中读取 *N* 个字节数据的操作格式如下。

| S | SLAR | A | data1 | A | data2 | A | ⋯ | dataN−1 | A | dataN | Ā | P |

其中，SLAR 为寻址字节（读）。

【注意】　主机接收完 *N* 个字节后，必须发送一个非应答位（Ā）。

在该子程序中，使用了一些符号单元，它们在前面已经定义，有 MRD、SLA、NUMBYTE 等。

在调用该子程序之前，必须给器件从地址 SLA 和读入字节数 NUMBYTE 单元送相应的数值。调用完成后，读取的 *N* 个字节数据存放在以 MRD 为首的接收缓冲区中。占用资源：A，R0，R1，R2，R3，C。

RDNBYTE 程序清单如下。

```
RDNBYTE:    MOV     R3, NUMBYTE     ; 取字节数
            LCALL   START           ; 启动总线
            MOV     A, SLA
            LCALL   WRBYTE          ; 发送器件从地址 SLAR
            LCALL   CACK            ; 检查应答位
            JNB     ACK, RETRDN     ; 无应答则退出
            MOV     R1, #MRD        ; 置缓冲区指针
RDN1:       LCALL   RDBYTE          ; 读字节
            MOV     @R1, A          ; 存到缓冲区
            DJNZ    R3, SACK        ; 判断是否读完，未完则继续
            LCALL   MNACK           ; 最后一字节发完后，发送非应答位
RETRDN:     LCALL   STOP            ; 停止总线
            RET                     ; 子程序结束
SACK:       LCALL   MACK            ; 发送应答位
            INC     R1              ; 指向下一个缓冲单元
            SJMP    RDN1
```

6. I²C 总线应用实例

随着 I²C 总线技术的发展，集成电路厂家相继推出了许多带有 I²C 接口的器件，使系统设计者能够方便地设计出更加简单、可靠的 I²C 总线系统。目前，I²C 总线除了广泛地用于视频、音像、通信领域的器件外，有一批 I²C 总线接口的通用器件，可广泛用于单片机应用系统之中，如 RAM、EEPROM、I/O 接口、LED/LCD 控制器、A/D、D/A 以及日历时钟等。

下面主要以 I²C 总线接口的 EEPROM 和 I/O 口器件为例，介绍 I²C 总线在单片机应用系统中的应用。

【注意】　在使用 I²C 总线时，同一个系统中不允许出现重复的节点地址。

（1）AT24C02 的原理及应用。

① AT24C02 器件介绍。

AT24C02 是带 I^2C 总线接口的 EEPROM，其容量为 $256 \times 8bit$。图 9-20 是其封装引脚示意图及外围扩展电路。AT24C02 的 TEST 脚为测试端，在系统中可接地处理。地址引脚 A2、A1、A0 可任接，因此 I^2C 总线上可连接多达 8 片 AT24C02，片内子地址采用 8 位地址指针寻址，地址范围为 00H～FFH，与引脚地址 A2、A1、A0 无关。AT24C02 的器件地址是 1010，A2、A1、A0 为引脚地址。因此，AT24C02 在系统中的寻址字节为：SLAW=A0H，SLAR=A1H。

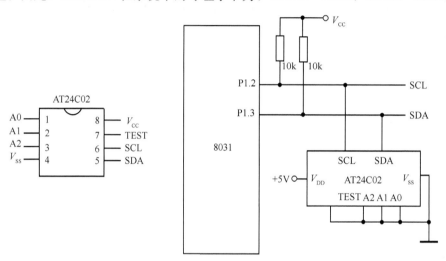

图 9-20　AT24C02 及其外围扩展电路

② AT24C02 的数据操作格式。

在 I^2C 总线系统中，对 AT24C02 内部存储单元读写时，除了要寻址该器件的节点地址外，还须指定存储器读写的子地址（SUBADR）。在 I^2C 总线中，对内部有连续地址空间的器件进行读写操作时，其内部都有地址自动加 1 功能，即读完或写完某一地址单元后，会自动指向下一地址单元。

对 AT24C02 写 N 个字节的操作格式如下。

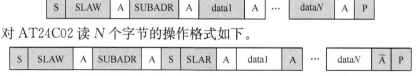

对 AT24C02 读 N 个字节的操作格式如下。

| S | SLAW | A | SUBADR | A | S | SLAR | A | data1 | A | ⋯ | dataN | $\overline{A}$ | P |

在 AT24C02 的读操作中，除了发送寻址字节（SLAW）外，还要发送子地址 SUBADR。因此，在读 N 个字节操作前，要进行一个字节（SUBADR）的写操作，然后重新启动读操作，并且寻址字节变为 SLAR（读）。

【例 9-4】　在图 9-20 的扩展电路中,将内部 RAM 的 10H~17H 单元的数据写入到 AT24C02 的 30H~37H 单元中。

分析:AT24C02 的寻址字节(写)为 A0H,子地址 SUBADR 为 30H,写入的字节数除了 8 个数据字节外,还有一个字节 SUBADR=30H,共 9 个字节的数据。在调用 WRNBYTE 子程序之前,应先把数据放入发送缓冲区 MTD 中,为此需要设计一个数据搬移子程序 DATMOV。

程序如下。

```
SLAW     EQU    0A0H
SUBADR   EQU    30H
WR24C02: ACALL  DATMOV          ; 将 SUBADR 及数据移到发送缓冲区
         MOV    SLA,#SLAW       ; 指定从节点地址(写)
         MOV    NUMBYTE,#09H    ; 写入字节数为 9
         LCALL  WRNBYTE         ; 把数据写到 AT24C02
         RET
DATMOV:  MOV    R0,#MTD         ; R0 为发送缓冲区指针
         MOV    @R0,#SUBADR     ; 发送缓冲区的第一个字节为 SUBADR
         INC    R0
         MOV    R1,#10H         ; R1 为数据区指针
         MOV    R2,#8           ; R2 为数据区长度
DATMOV1: MOV    A,@R1
         MOV    @R0,A
         INC    R0
         INC    R1
         DJNZ   R2,DATMOV1
         RET
```

【例 9-5】　在图 9-20 的扩展电路中,将 AT24C02 的 30H~37H 单元的数据读入到内部 RAM 的 10H~17H 单元中。

分析:AT24C02 的寻址字节(写)为 A0H,寻址字节(读)为 A1H,子地址 SUBADR 为 30H。在调用 RDNBYTE 子程序之后,自动存放在接收缓冲区 MRD 中,为此需要设计一个数据搬移子程序 DATMOV8,把数据搬到 10H~17H 单元中。

程序如下。

```
SLAW     EQU    0A0H
SLAR     EQU    0A1H
SUBADR   EQU    30H
RD24C02: MOV    SLA,#SLAW       ; 指定从节点地址(写)
         MOV    MTD,#SUBADR     ; 将 SUBADR 及数据移到发送缓冲区
```

```
        MOV     NUMBYTE, #01H   ; 写一个字节
        LCALL   WRNBYTE         ; 输出 SUBADR
        MOV     SLA, #SLAR      ; 指定从节点地址（读）
        MOV     NUMBYTE, #08H   ; 读入字节数为 8
        LCALL   RDNBYTE         ; 读入数据
        ACALL   DATMOV8         ; 把数据搬移到目的数据区
        RET
DATMOV8: MOV    R0, #MRD        ; R0 为接收缓冲区指针
        MOV     R1, #10H        ; R1 为数据区指针
        MOV     R2, #8          ; R2 为接收数据长度
RMOV1:  MOV     A, @R0
        MOV     @R1, A
        INC     R0
        INC     R1
        DJNZ    R2, RMOV1
        RET
```

（2）PCF8574 的原理及应用。

① PCF8574 器件介绍。

PCF8574 是 I^2C 总线到 8 位并行 I/O 口的转换器，这是一个带中断输出的 8 位准双向口，广泛用于 I/O 口的外围扩展，当 I/O 端口输入状态改变时，$\overline{INT}$ 引脚上有中断请求信号输出。在对 PCF8574 进行一次读写操作后，便自动清除中断请求。因此，PCF8574 扩展的外围器件及外设接口，可以工作在中断方式。

图 9-21 是 PCF8574 的封装引脚示意图。

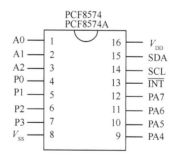

图 9-21　PCF8574 的引脚图

PCF8574 的中断输出（$\overline{INT}$）与 SCL、SDA 引脚一样，也是开漏输出，要加上拉电阻。PCF8574 的 I/O 口内部有上拉电阻。

PCF8574 的引脚功能如下。

A2～A0：地址引脚。

P0～P7：8 位准双向口，驱动能力 I_{OL}＝25mA，I_{OH}＜300μA。

SCL、SDA：I^{2}C 总线接口。

$\overline{INT}$：中断请求输出，低电平有效。

V_{DD}、V_{SS}：电源端 2.5～6V，典型值＋5V。

为了使 I^{2}C 总线中可以挂接更多 I^{2}C 总线的 I/O 口器件，I^{2}C 总线接口的 I/O 口器件有两个器件地址，即 0100 相 0111，分属于 PCF8574 和 PCF8574A。

② PCF8574 的数据操作格式。

当 I^{2}C 总线中的主机对 PCF8574 进行一个字节的写操作时，即实现了 I/O 口的数据输出。发送到 PCF8574 中的串行数据，在应答位过后出现在 I/O 端口上。I^{2}C 总线不断地写入数据时，PCF8574 的 I/O 口的数据不断更新。

当主机对 PCF8574 进行读操作时，即可实现 I/O 端口数据的输入。

当 PCF8574 的 I/O 口输入端电平状态改变时中断请求输出引脚$\overline{INT}$出现低电平，中断输出有效。从 I/O 口输入端的状态变化到中断输出引脚$\overline{INT}$变低电平的滞后时间约 4μs。在对其读写操作后，中断请求自动复位（呈现高电平）。

PCF8574/8574A 输出数据的操作格式如下。

S	SLAW	A	PO data	A	P

主机发送数据 PO data，PCF8574/8574A 送回应答位后，数据便出现在 I/O 端口上。

PCF8574/8574A 输入数据的操作格式如下。

S	SLAR	A	PI data	$\overline{A}$	P

主机发送了寻址字节 SLAR 后，PCF8574/8574A 在第一个应答位的 SCL 上升沿处将 I/O 口的状态数据 PI data 捕捉到口锁存器中，随后主机将 PCF8574/8574A 口锁存器的数据读入接收缓冲区。

【例 9-6】　按图 9-22 给出的 4 个按键输入、4 个 LED 显示的电路，设计一个按键控制的 LED 显示程序。

分析：当按下按键时，PCF8574 的$\overline{INT}$与 8031 的$\overline{INT1}$/P3.3 相连，可使用$\overline{INT1}$的中断方式，也可使用 P3.3 的查询方式进行处理。PCF8574 的从地址为 SLAW＝40H，SLAR＝41H。

图中的 LED 应按 I_{OL}点亮设计，因为 PCF8574 为非对称驱动，I_{OL}驱动电流为 25mA，而 I_{OH}驱动电流不超过 300μA。

这是一个由 4 个按键控制 4 个 LED 点亮的"彩灯"演示系统。当按下 K1～K4 中某个按键时，8574 的 I/O 口电平输入状态改变，$\overline{INT}$引脚出现中断信号，在单片机的$\overline{INT1}$中断服务程序中，判断按下的按键并点亮对应编号的 LED（D1～D4）。

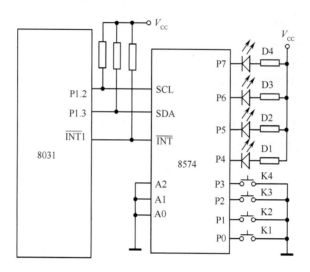

图 9-22　由 8574 组成的 4 键 4 个 LED 电路

程序如下。

```
                ORG     0000H
                LJMP    MAIN
                ORG     0013H           ; INT1 中断入口地址
                LJMP    INTPRG          ; 跳转到中断服务程序
    SLAW        EQU     40H
    SLAR        EQU     41H
    ; 主程序 MAIN
    MAIN:       MOV     SLA, #SLAW      ; 寻址的从地址
                MOV     MTD, #0FFH      ; PCF8574 初始化, P0~P3 为输入, 灭 LED
                MOV     NUMBYTE, #01H   ; 写入一个字节
                LCALL   WRNBYTE         ; FFH 写入 PCF8574
                SETB    EA
                SETB    EX1             ; 允许 INT1 中断
                SJMP    $               ; 等待中断
    ; 中断服务程序 INTPRG
    INTPRG:     MOV     SLA, #SLAR      ; 读入 PCF8574 的状态
                MOV     NUMBYTE, #01H
                LCALL   RDNBYTE
                MOV     A, MRD
                SWAP    A               ; 高低半字节交换
                ORL     A, #0FH         ; 低 4 位置 "1"
                MOV     MTD, A          ; 送到发送缓冲区
```

```
DISP:   MOV     SLA, #SLAW              ; 输出 MTD 的数据, 点亮相应的 LED
        MOV     NUMBYTE, #01H
        LCALL   WRNBYTE
KEND:   RETI                           ; 中断返回
```

9.2.2　SPI 接口的扩展

1. 概述

串行外围接口 (serial peripheral interface, SPI) 是 Motorola 公司推出的同步串行外围接口, 它可以使单片机与各种外围器件之间以串行方式进行数据传输。常用的 SPI 外围器件有: EEPROM、实时时钟 RTC、A/D 转换器等。

SPI 总线系统可直接与各个厂家生产的多种标准外围器件直接接口, 该接口一般使用 4 根信号线: 串行时钟线 (SCK)、串行数据输入 SI、串行数据输出 SO 和片选线 CS。通过这 4 根线, 单片机可以与外围器件进行双向数据传输。

2. SPI 总线的组成及原理

在软件的控制下, 利用 SPI 总线可构成单主机系统或者多主机系统。SPI 接口总线系统的典型结构如图 9-23 所示。

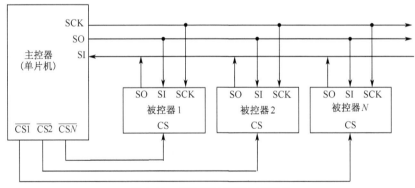

图 9-23　SPI 接口系统典型结构

在大多数应用场合下, 可使用一个单片机作为主控器, 并向一个或几个作为被控器的外围器件传送数据; 被控器只有在主控器发出命令时才能接收或发送数据。SPI 接口的数据在 SI 或 SO 线上传输, 数据传输格式是: 最高位 (MSB) 先发送。外围器件的片选信号 CS 和时钟信号 SCK 由主控器输出, 片选信号 CS 为低电平有效。当外围器件被选中时, 在时钟信号的上升沿或者下降沿控制下, 外围器件在自身的 SO 引脚上输出数据, 在 SI 引脚上输入数据到内部。SPI 接口的典型时序如图 9-24 所示。

【注意】　SPI 接口的连接方法, 主控器的 SO 与外围器件的 SI 连接, 主控器的 SI 与外围器件的 SO 连接。

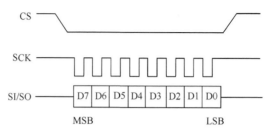

图 9-24　SPI 接口典型时序

当一个单片机作为主控器，通过 SPI 接口同时与几个 SPI 接口外围器件相连时，单片机应能够分别控制每个外围器件的片选端（CS），这可通过单片机的 I/O 口线直接连接或者经过 74LS138 译码器后连接到外围器件的片选端来实现。

【注意】　SPI 接口外围器件的输入输出特性。

（1）外围器件的串行数据输出（SO）是否有三态控制端。当未选中该器件时，其串行数据输出端应处于高阻态。若没有三态控制端，则应外加三态门。否则，单片机的 SI 端只能连接 1 个输入器件。

（2）外围器件的串行数据输入（SI）是否有允许控制端。只有在此芯片被允许时，SCK 脉冲才把串行数据移入该芯片。

3. 常用的 SPI 接口器件

在单片机应用系统中，常用的 SPI 接口器件、功能和厂商，如表 9-5 所示。

表 9-5　常用 SPI 接口器件

器件	功能	厂商
MC145053	5 路 10 位 A/D 转换器	Motorola
ADC0833	4 路 8 位 A/D 转换器	NS
MC144110	6 路 6 位 D/A 转换器	Motorola
AT93C46	128 字节 EEPROM	Atmel
X25045	CPU 监控器：带 256 字节 EEPROM、看门狗、低电检测	Xicor
MC68HC68T1	实时时钟 RTC 和 32 字节 SRAM	Motorola

4. SPI 接口器件 X25045 的工作原理

X25045 是带有串行 EEPROM 的 CPU 监控器，它通过 SPI 接口与 CPU 进行通信，SPI 接口最高可达 1MHz 串行时钟频率。

（1）X25045 的主要特点。

① 512 字节的 EEPROM。

② 可编程看门狗定时器：可设定看门狗的超时时间为 200ms、600ms、1.4s 或禁止看门狗工作。

③上电复位及低电压检测复位，复位信号高电平有效。

④ 具有块锁定功能：可以对 1/4、1/2 或全部的 EEPROM 进行锁定保护。

⑤ 防止偶然性写保护（包括：上电/掉电保护电路、写使能锁存器、写保护引脚）。

⑥ 每字节擦写次数可达 10 万次、数据可保存 100 年。

⑦ 支持单字节的读/写操作和多字节的读/写操作。

（2）引脚定义。

X25045 的引脚图如图 9-25 所示。各引脚功能如下。

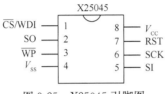

图 9-25　X25045 引脚图

$\overline{\text{CS}}$/WDI——片选输入/看门狗复位输入引脚。当 $\overline{\text{CS}}$ 为低电平时，X25045 被选择；当 $\overline{\text{CS}}$ 为高电平时，X25045 不被选择，并且 SO 输出引脚处于高阻状态。同时，$\overline{\text{CS}}$/WDI 也作为看门狗定时器的复位输入端，在看门狗定时器超时前，在 $\overline{\text{CS}}$/WDI 引脚上输入下降沿使看门狗定时器复位。

$\overline{\text{WP}}$——写保护输入脚。当 $\overline{\text{WP}}$ 为低电平时，向 X25045 的 EEPROM 写操作被禁止，但是器件的其他功能仍然正常；当 $\overline{\text{WP}}$ 保持为高电平时，向 X25045 的 EEPROM 写操作允许。

V_{ss}——接地引脚。

V_{cc}——电源引脚。

RESET——复位输出引脚，高电平有效。这是开漏型输出引脚，使用时应该外接上拉电阻。

当对 X25045 上电时，其内部的复位电路产生一个大约 200ms 的复位脉冲，可对 CPU 进行复位。只要 V_{cc} 下降至最小 V_{cc} 检测电平，RESET 也将输出复位信号，它将保持至 V_{cc} 上升到最小检测电平之后 200ms。同时，复位输出也受看门狗定时器的控制，只要看门狗处于工作状态，并且 $\overline{\text{CS}}$/WDI 引脚保持为高电平或低电平的时间大于定时时间，就会产生复位信号。$\overline{\text{CS}}$/WDI 引脚上出现下降沿时，可以对看门狗定时器进行复位。

SCK——时钟输入引脚。用于控制串行数据输入和串行数据输出。

SI——串行输入引脚。SI 引脚上的输入操作码、地址或数据位在此引脚上输入，在 SCK 的上升沿被锁存。

SO——串行输出引脚。在对 X25045 的读操作期间，数据位在 SCK 的下降沿同步输出。

（3）指令集。

对 X25045 的操作共有 6 条指令，如表 9-6 所示。所有的指令、地址及数据都是以高位在前的方式传送。

表 9-6　X25045 的指令集

指令名称	指令格式	功能
WREN	0000 0110	设置写使能锁存器（允许写操作）
WRDI	0000 0100	复位写使能锁存器（禁止写操作）
RDSR	0000 0101	读状态寄存器
WRSR	0000 0001	写状态寄存器
READ	0000 A8011	从 EEPROM 存储器读取字节
WRITE	0000 A8010	写数据到 EEPROM 存储器

WREN 和 WRDI 是写使能的开/关指令。它们都是单字节指令。

X25045 包含 1 个写使能锁存器。在进行任何写操作之前，必须先设置写使能锁存器；写使能锁存器被复位之后，进行的写操作将不起作用。WREN 指令可以设置锁存器，而 WRDI 指令可以复位锁存器。上电后、字节或状态寄存器的写周期完成以后，写使能锁存器被自动复位。如果 WP 引脚变为低电平，该锁存器也会自动复位。

RDSR：读状态寄存器的指令。CPU 向 X25045 输出 RDSR 指令后，读入状态寄存器的状态。

WRSR：写状态寄存器的指令。CPU 向 X25045 输出 WRSR 指令后，紧接着输出状态字，设置块保护和看门狗。

READ 和 WRITE 是 EEPROM 存储单元的读/写指令。CPU 向 X25045 输出 READ 或 WRITE 指令后（指令码中的 A8 位代表读/写操作的地址最高位，用于选择存储器的上半区/下半区），接着输出读/写操作的低 8 位地址（A7～A0），最后可以连续读出或写入数据。

（4）状态寄存器。

通过 RDSR 指令对该寄存器进行读操作，可确定器件写使能锁存器和内部写操作的当前状态；WRSR 指令对该寄存器进行写操作，可以设置保护区和看门狗定时器。当上电复位时，状态寄存器的各位都被清零。其中，WIP 和 WEL 位是只读的。状态寄存器各位的定义如下。

D7		WD1	WD0	BL1	BL0	WEL	WIP

其中，WIP（write in process，正在写）表示 X25045 内部写操作是否忙。WIP

位是只读的，为"1"表示芯片内部写操作忙，为"0"时表示内部没有进行写操作。

WEL（write enable latch，写使能锁存器）表示写使能锁存器的状态。WEL 位是只读的，为"1"表示写使能锁存器置位，为"0"表示写使能锁存器复位。执行指令 WREN 将使该位变为"1"，执行指令 WRDI 将使该位变为"0"。

BL1、BL0（block protect，块保护）表示保护的范围。通过对 BL1、BL0 位的设置，可以选择存储区的 1/4、1/2 或全部进行写保护，也可以选择全部不进行写保护，如表 9-7 所示。被写保护的存储区域是可读的，但是不能改变其内容（即写操作无效）。BL1、BL0 的设置通过 WRSR 指令实现。

表 9-7　存储器块保护地址范围

BL1	BL0	写保护的存储区域
0	0	没有保护
0	1	180H~1FFH
1	0	100H~1FFH
1	1	000H~1FFH

WD1、WD0（watchdog timer，看门狗定时器）是看门狗定时器的超时设置位，可以选择 3 种不同的时间间隔或禁止看门狗工作，如表 9-8 所示。这两位的设置通过 WRSR 指令实现。

表 9-8　看门狗定时器超时周期

WD1	WD0	看门狗定时器超时周期/s
0	0	1.4
0	1	0.6
1	0	0.2
1	1	禁止看门狗工作

【注意】　执行一次写操作（WRSR 或 WRITE）后，由于 X25045 的写入时间较长，所以在进行下一次写操作之前，应该先读取 WIP 状态位，只有 WIP 为"0"时才可发送下一条写指令。

（5）读/写操作及其时序。

从 EEPROM 中读取数据的操作步骤如下。

① 先置 $\overline{CS}$ 为低电平；

② 在 SCK 控制下，发送 8 位的 READ 指令到 X25045 的 SI 引脚上，其中指令的第 3 位为 EEPROM 的最高位地址 A8；

③ 在 SCK 控制下，发送 8 位的字节地址 A7~A0 到 X25045 的 SI 引脚上；

④ 在 SCK 的控制下，X25045 把相应的数据位依次发送到 SO 线上，CPU 进行读取。

继续提供 SCK 时钟脉冲，可连续读出下一个单元的数据。每移出一个字节数据之后，内部地址自动加一。达到最高地址时，地址计数器翻转至 00H，无限循环下去，直到把$\overline{CS}$置为高电平，可以终止操作。从 EEPROM 中读取数据的时序图，如图 9-26 所示。

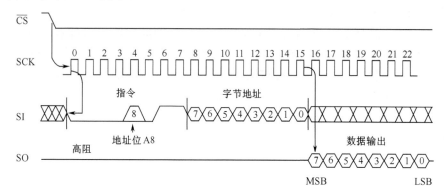

图 9-26　读 X25045 的 EEPROM 时序

读状态寄存器的操作，不需要发出地址，其余的步骤与读 EEPROM 的操作类似，时序图如图 9-27 所示。

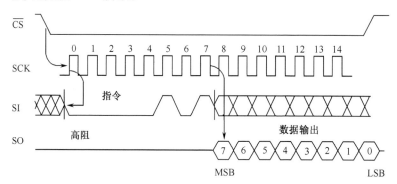

图 9-27　读 X25045 状态寄存器的时序

在写数据到 EEPROM 之前，必须先发出写使能指令 WREN，使写使能锁存器置位。写使能指令的时序图，如图 9-28 所示。写数据到 EEPROM 的时序图，如图 9-29 所示。写 EEPROM 的步骤如下。

① 先置为$\overline{CS}$低电平；

② 在 SCK 的控制下，发送 WRITE 指令到 X25045 的 SI 引脚上，其中指令的第 3 位为 EEPROM 的最高位地址 A8；

③ 在 SCK 控制下，发送 8 位的字节地址 A7～A0 到 X25045 的 SI 引脚上；

④ 在 SCK 的控制下，按字节依次发出各数据位到 X25045 的 SI 引脚上，可

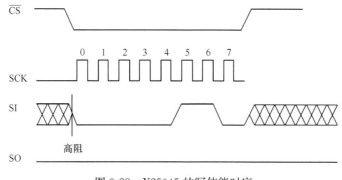

图 9-28　X25045 的写使能时序

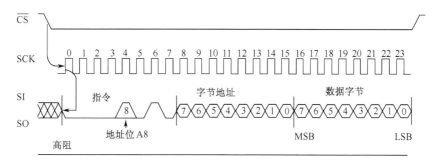

图 9-29　X25045 的字节写操作时序

以连续写入多达 4 字节的数据，但这 4 字节的数据必须在同一页上；

⑤ 写完数据后，将$\overline{\text{CS}}$变为高电平。

写状态寄存器的操作，不需要发出地址，其余的步骤与写 EEPROM 的操作类似。同样地，必须先发出写使能指令 WREN，再执行写状态寄存器指令WRSR。

5. SPI 接口的软件模拟及应用

对于带 SPI 接口的单片机，如 Motorola 公司的 68HC11 系列单片机，可以直接与具有 SPI 接口的外围器件相连接。但是，对于不带 SPI 接口的单片机来说，可以通过在 I/O 口线上软件模拟 SPI 接口时序的方法来实现，包括片选、串行时钟、数据输入和数据输出的操作时序。

单片机与 X25045 的连接图，如图 9-30 所示。由于 8031 单片机本身不带SPI 接口，因此利用单片机的 4 个 I/O 口 P1.0～P1.3，通过软件模拟读写时序的方法与 X25045 通信。假设 8031 的系统时钟频率为 6MHz。

先定义单片机 SPI 接口的引脚如下。

```
CS    BIT    P1.0
SCK   BIT    P1.1
```

```
SO    BIT    P1.2
SI    BIT    P1.3
```

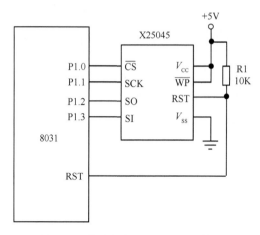

图 9-30　单片机与 X25045 的连接图

EEPROM 的最高位地址即 A8 位，以及读写操作的地址和数据暂存单元定义如下。

```
HIGHA8      BIT    20H        ; 最高位地址 A8
BYTE _ ADDR EQU    30H        ; X25045 的地址缓冲单元
BYTE _ DATA EQU    31H        ; X25045 的数据缓冲单元
```

（1）发送字节子程序 OUTBYT。

该子程序把累加器 A 中的字节数据在时钟信号的控制下依次发送到 X25045 中，字节的高位先发送。占用资源：A、R0。

```
OUTBYT:     MOV    R0，#08H    ; R0 为发送的比特数
OUTBYT1:    CLR    SCK        ; 时钟信号清 "0"
            RLC    A          ; 高位送 C
            MOV    SI, C      ; 数据送到 SI 引脚上
            SETB   SCK        ; 时钟置 "1"，发出一位数据
            DJNZ   R0, OUTBYT1 ; 未发送完，则继续
            RET
```

（2）接收字节子程序 INBYT。

该子程序把 X25045 中某个单元的数值读出到累加器 A 中，字节的高位先读出。占用资源：A、R0。

```
INBYT:      MOV    R0，#08H    ; R0 为读出的位数
INBYT1:     SETB   SCK        ; 准备好时钟，置 "1"
            CLR    SCK        ; 时钟清 "0"，读出一位数据
            MOV    C, SO      ; SO 引脚上的电平状态送 C
```

```
            RLC     A                      ; 数据左环移一位
            DJNZ    R0, INBYT1             ; 未读完，则继续
            RET
```

（3）等待 X25045 内部写周期结束子程序。占用资源：A、R0。

```
WIP _ POLL:   MOV     R0, #99               ; 检测 X25045 内部写周期的最大次数 99
WIP _ P:      LCALL   RDSR _ CMD             ; 读状态寄存器
              JNB     ACC.0, WIP _ POLL2    ; 写操作已完成，则退出等待
              DJNZ    R0, WIP _ P            ; 写操作未完成，则继续等待操作完成
WIP _ POLL2: RET
```

（4）看门狗复位子程序，CS 引脚出现电平变化即可。占用资源：无。

```
RST _ WD:     CLR     CS
              SETB    CS
              RET
```

（5）X25045 的写使能命令 WREN _ CMD。

该子程序可以置位写使能锁存器，在任何写操作之前都应该先调用该子程序。占用资源：A。

```
WREN _ CMD:   CLR     SCK
              CLR     CS                     ; 片选有效
              MOV     A, #06H                ; 06H 为写使能命令
              LCALL   OUTBYT                 ; 发送写使能命令
              CLR     SCK
              SETB    CS                     ; 片选无效
              RET
```

（6）写状态寄存器命令 WRSR _ CMD。

该子程序修改状态寄存器的值，调用前应先把值存放在 R0 中。占用资源：A、R0。

```
WRSR _ CMD:   CLR     SCK
              CLR     CS                     ; 片选有效
              MOV     A, #01H                ; 01H 为写状态寄存器命令
              LCALL   OUTBYT                 ; 发送命令码
              MOV     A, R0                  ; 输入值 R0 送 A
              LCALL   OUTBYT                 ; 输出状态寄存器的值
              CLR     SCK
              SETB    CS                     ; 片选无效
              LCALL   WIP _ POLL             ; 等待内部写周期结束
              RET
```

（7）读状态寄存器命令 RDSR _ CMD。

该子程序读取状态寄存器的值，读出的值存放在 A 中。占用资源：A。

```
RDSR_CMD:  CLR    SCK
           CLR    CS              ; 片选有效
           MOV    A, #05H         ; 05H 为读状态寄存器命令
           LCALL  OUTBYT          ; 发送命令
           LCALL  INBYT           ; 读取数据
           CLR    SCK
           SETB   CS              ; 片选无效
           RET
```

（8）写字节到 EEPROM 子程序 BYTE_WRITE。

该子程序把 BYTE_DATA 单元的数据写到 X25045 的 EEPROM 中，其地址由 HIGHA8 位以及 BYTE_ADDR 单元的值组成。占用资源：A、R0、C。

```
BYTE_WRITE: CLR   SCK
            CLR   CS              ; 片选有效
            MOV   A, #02H         ; 02H 为写字节命令
            MOV   C, HIGHA8
            MOV   ACC.3, C        ; 设置地址高位 HIGHA8
            LCALL OUTBYT          ; 发送命令及 A8
            MOV   A, BYTE_ADDR
            LCALL OUTBYT          ; 发送地址字节
            MOV   A, BYTE_DATA
            LCALL OUTBYT          ; 发送数据字节
            CLR   SCK
            SETB  CS              ; 片选无效
            LCALL WIP_POLL        ; 等待内部写周期结束
            RET
```

（9）从 EEPROM 读取字节子程序 BYTE_READ。

该子程序从 X25045 的 EEPROM 中读出一个字节的数据存放在 A 中，其地址由 HIGHA8 位以及 BYTE_ADDR 单元的值组成。占用资源：A、R0、C。

```
BYTE_READ: CLR    SCK
           CLR    CS              ; 片选有效
           MOV    A, #03H         ; 03H 为读字节命令
           MOV    C, HIGHA8
           MOV    ACC.3, C        ; 设置地址高位 HIGHA8
           LCALL  OUTBYT          ; 发送命令及 A8
           MOV    A, BYTE_ADDR
           LCALL  OUTBYT          ; 发送地址字节
```

```
        LCALL   INBYT                    ; 读取数据字节
        CLR     SCK
        SETB    CS                       ; 片选无效
        RET
```

【例 9-7】　根据图 9-30 的电路连接关系，编写程序，把单片机片内 RAM 的 41H～45H 单元的数据写到 X25045 的 01H～05H 单元。

程序如下。

```
WR_EE:  LCALLWREN_CMD                    ; 写使能
        MOV     R0, #30H                 ; 状态寄存器设置：无保护区，
                                           禁止看门狗
        LCALL   WRSR_CMD                 ; 写状态寄存器
        MOV     R2, #05H                 ; R2 为数据长度
        MOV     R1, #41H                 ; R1 为源数据缓冲区指针
        CLR     HIGHA8
        MOV     BYTE_ADDR, #01H          ; 设置 EEPROM 的起始地址
LP:     LCALLWREN_CMD                    ; 写使能
        MOV     A, @R1                   ; 读取源数据
        MOV     BYTE_DATA, A             ; 源数据送缓冲区
        LCALL   BYTE_WRITE               ; 发出数据字节到 EEPROM
        INC     BYTE_ADDR                ; 指向下一个单元
        INC     R1
        DJNZ    R2, LP                   ; 未完成，则继续
        RET
```

【小结】

本章主要介绍了 MCS-51 单片机的并行总线和串行总线扩展方法。简单 I/O 接口扩展主要是通过硬件来实现单片机并行总线的数据锁存以及三态缓冲功能。MCS-51 单片机本身带有并行扩展总线，传输速度快，但是需要占用 P0 和 P2 口；I^2C 和 SPI 串行总线接口具有连线简单、占用口线少的特点，在 MCS-51 单片机中，要用软件来模拟其操作时序，经常被用在对速度要求不高的场合。

8155 包含有两个 8 位的 I/O 口、一个 6 位的 I/O 口，还有 256 字节的 RAM 和一个 14 位的计数/定时器，其内部的地址总线接口带有地址锁存器，通过命令寄存器来控制 8155 的工作方式。

AT 24C02 是 I^2C 接口的 EEPROM 存储器，其存储器大小为 256 字节。PCF8574 是 I^2C 总线到 8 位并行 I/O 口的转换器，它是带中断输出的、准双向口。

X25045 是带有串行 EEPROM 的 CPU 监控器，它通过 SPI 接口与 CPU 进行通信，其存储器大小为 512 字节，带看门狗定时器以及上电复位及低电压检测的功能。

习题与思考

1. 试将 8031 单片机外接一片 2764EPROM 和一片 8155I/O 扩展芯片组成一个应用系统。请画出扩展系统的电路连接图,并指出程序存储器和扩展 I/O 端口的地址范围。

2. 8155 芯片内部主要由哪几个部分组成?各部分的功能如何?

3. 8155 的接口电路如图 9-9 所示,试编程实现,从 8155 的 A 口输入数据,反相运算后再从 B 口输出。

4. 试设计符合下列要求的 8031 应用系统。

(1) 外接 8KB 的程序存储器,用 2 片 74LS377 扩展两个 8 位的输出口,画出接线图并确定程序存储器与 2 个输出口的地址。

(2) 编程实现将 2 个输出口分别输出数据 80H 和 81H。

5. 试简述 I^2C 总线的工作原理。

6. AT24C02 的接口电路如图 9-20 所示,试编写子程序实现以下功能:把片内 RAM 的 30H 单元的数据写到 AT24C02 的 20H 单元,然后再从 AT24C02 的 20H 单元读出该数据,与片内 RAM 的 30H 单元的数据进行比较,确定对 AT24C02 的写操作是否成功。

7. 在一个 8031 单片机应用系统中,要通过 I^2C 总线扩展 256 字节的 EEPROM 和 2 个 8 位的并行 I/O 口。试选择合适的 I^2C 器件并画出系统接线图,然后确定每个 I^2C 器件的从地址。

8. 根据图 9-30 的电路连接关系,编写程序:把 X25045 的 11H~19H 单元的数据复制到片内 RAM 的 31H~39H 单元中。

第十章 键盘、显示器接口技术

【学习目标】
(1) 了解：常用键盘显示接口原理。
(2) 理解：非编码键盘的工作原理。
(3) 掌握：键盘扫描程序的原理，显示接口电路及显示程序。

10.1 LED显示接口技术

一般的微机应用系统都需要输出显示系统的运行状况和结果，因此显示器是微机应用系统设计不可缺少的外部设备。常用的显示器有LED显示器（发光二极管显示）、LCD（液晶显示器）和CRT（荧光屏显示器），对于不太复杂的单片机应用系统常选用LED作为显示器。下面介绍LED显示器及其接口电路。

10.1.1 七段LED显示器简介

LED显示器是由8个发光二极管构成。其中，7个LED构成7笔字型，1个LED构成小数点（故有时称为八段显示器）如图10-1所示七段LED显示器有两大类产品，一类是共阴极接法，另一类是共阳极接法，前者是高电平点亮，后者是低电平点亮。七段LED显示器显示原理很简单，只要控制其中各段LED的亮与灭即可显示出相应的数字、字母或符号，控制七段LED显示器进行显示的信息称为七段码，如表10-1所示为共阴极接法的七段码。

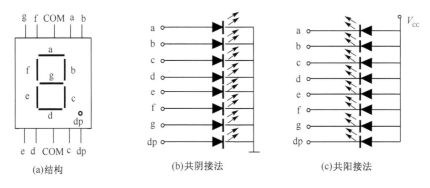

(a)结构   (b)共阴接法   (c)共阳接法

图 10-1 七段码显示器的结构及接法

表 10-1　七段码（字形码）表

显示字符	D7	D6	D5	D4	D3	D2	D1	D0	七段码
	dp	g	f	e	d	c	b	a	
0	0	0	1	1	1	1	1	1	3FH
1	0	0	0	0	0	1	1	0	06H
2	0	1	0	1	1	0	1	1	5BH
3	0	1	0	0	1	1	1	1	4FH
4	0	1	1	0	0	1	1	0	66H
5	0	1	1	0	1	1	0	1	6DH
6	0	1	1	1	1	1	0	1	7DH
7	0	0	0	0	0	1	1	1	07H
8	0	1	1	1	1	1	1	1	7FH
9	0	1	1	0	1	1	1	1	6FH
A	0	1	1	1	0	1	1	1	77H
B	0	1	1	1	1	1	0	0	7CH
C	0	0	1	1	1	0	0	1	39H
D	0	1	0	1	1	1	1	0	5EH
E	0	1	1	1	1	0	0	1	79H
F	0	1	1	1	0	0	0	1	71H
P	0	1	1	1	0	0	1	1	73H
U	0	0	1	1	1	1	1	0	3EH
H	0	1	1	1	0	1	1	0	76H
·	1	0	0	0	0	0	0	0	80H
空白	0	0	0	0	0	0	0	0	00H

10.1.2　LED 显示接口

LED 是由发光二极管组成，二极管属于电流控制型器件（每段二极管工作电流通常为 2～20mA），而一般的单片机端口能提供几毫安的输出电流，因此 LED 与单片机的接口都应加驱动器。根据选择的是共阴极的还是共阳极的 LED 显示器，可采用不同的接口电路，如图 10-2 所示为共阴极的接口电路，其输出锁存驱动器端口的地址为 7FFFH。

【例 10-1】　设某单片机应用系统的 LED 显示器采用图 10-2 的接口电路，要求编程在 LED 上显示闪动的"P"字符（闪动间隔为 1s）。

根据表 10-1，"P"字符的七段码为 73H，"空白"的七段码为 00H。

程序如下。

```
        ORG    1000H
START:  MOV    DPTR, #7FFFH    ;输出锁存器地址
LOOP:   CLR    A
```

```
            MOVX    @DPTR,A        ;关显示
            LCALL   DEL1S          ;延时1s
            MOV     A,#73H         ;"P"七段码
            MOVX    @DPTR,A        ;送驱动器
            LCALL   DEL1S          ;延时1s
            LJMP    LOOP           ;重复
DEL1S:      MOV     R5,#32H        ;1s延时程序
DE20MS:     MOV     R6,#28H
DE500NS:    MOV     R7,#0F9H
DLOOP:      DJNZ    R7,DLOOP
            DJNZ    R6,DE500NS
            DJNZ    R5,DE20MS
            RET
```

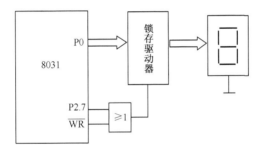

图 10-2　一位 LED 显示接口电路

在单片机的应用系统中，通常要用多位 LED 显示，多位 LED 显示接口有静态显示和动态显示两种。

1. 静态显示

静态显示的方法与一位 LED 类似，将多位 LED 显示块的共阴极端接地，而每一位 LED 的阳极与 8 位并口（锁存器驱动器）相连。这样每一位显示器对应一个锁存器，有多少位显示器就要扩展多少个锁存器，因此硬件开销大，接口电路复杂，但此法软件简单，显示占用 CPU 的时间较少。

LED 显示器与单片机相连需要锁存器和驱动器，下面介绍一种集锁存与驱动为一体的接口芯片 MC14495。MC14495 为 Motorola 公司生产的 CMOS BCD－七段码锁存、驱动、译码器，它可将输入的 BCD 码翻译成七端码输出，并具有锁存和驱动的功能，其每一位的输出电流为 10mA，可与 LED 显示器直接相连。其引脚图如图 10-3 所示。

引脚功能如下。

ABCD：BCD 码输入端。

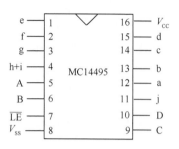

图 10-3　MC14495 引脚图

ab…g：七段码输出。

h+i：输入大于 10 指示位，当输入数大于或等于 10 时，h+i 输出高电平；否则，输出低电平。

j：输入等于 15 指示位，当输入数等于 15 时，j 输出为高电平；否则，为高阻状态。

$\overline{\text{LE}}$：锁存控制信号，当 $\overline{\text{LE}}$ 为低电平时输入数据，在 $\overline{\text{LE}}$ 为高电平时数据被锁存。

采用 MC14495 芯片扩展的 4 位静态 LED 显示接口电路如图 10-4 所示。

【例 10-2】　要求将 8031 片内 RAM 30H～33H 单元中的四位 BCD 码，在图 10-4 所示的电路中从左到右显示出来。

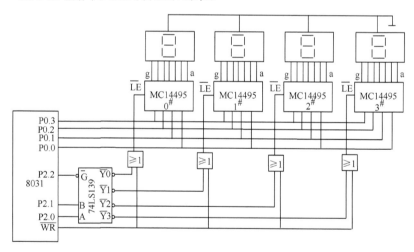

图 10-4　4 位静态 LED 显示器接口

如图 10-4 四个输出口的地址分别为 0000H、0100H、0200H、0300H。

```
          ORG    1000H
DIR：      MOV    R0,＃30H        ; 显缓首地址
          MOV    DPTR,＃0000H    ; 0# 14495 地址
          MOV    R2,＃04H        ; 4 位显示
```

```
LP:     MOV    A, @R0
        MOVX   @DPTR, A          ; 输出显示
        INC    R0
        INC    DPH               ; 指向下一位 14495 地址
        DJNZ   R2, LP            ; 4 位未显示完转
        RET
```

2. 动态显示

静态显示的亮度高，占用 CPU 的时间短，但它的成本高。为了简化硬件电路，降低成本，在单片机应用系统中常采用动态扫描的方法，解决多位 LED 显示的问题。

动态扫描显示的硬件接口简单，只需一个公共的七段码输出口（字形口），一个选择显示位的数位选择口（字位口），显示时，从左到右轮流点亮每位显示器，只要保证扫描周期不超过一定的限度（一般在 20ms 以下）由于视觉的暂留，则可达到"同时"显示各位不同的数字或字符的目的。

动态显示的优点是硬件成本低，接口电路简单，但它要求 CPU 频繁地为显示服务。图 10-5 所示为用 8155 实现的 6 位共阴极动态显示接口电路。8155 的 PA 口为 LED 的数位选择口，其地址为 7F01H，PB 口为七段码的输出口，地址为 7F02H，其中 7407 为六集电极开路的输出缓冲器，需外加上拉电阻，为 LED 提供所需的阳极电流，75451 为双驱动器。

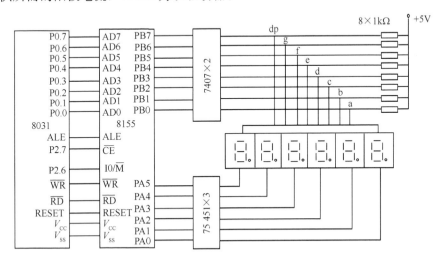

图 10-5　六位 LED 显示接口

根据图 10-5，若要在左边第一位显示"0"程序如下。

```
        MOV    DPTR, #7F02H      ; PB 口地址
        MOV    A, #3FH           ; "0" 的七段码 3FH,
```

```
MOVX    @DPTR, A        ; 输出七段码
MOV     A, #0DFH        ; 数位代码 11011111, PA5 = 0
MOV     DPTR, #7F01H    ; PA 口地址
MOVX    @DPTR, A        ; 输出数位码
```

【例10-3】　将 8031 片内 RAM30H～35H 单元（显示缓冲区）中的 BCD 码在图 10-5 所示的电路中从左到右显示出来。此程序框图如 10-6 所示。

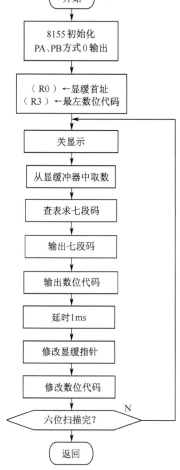

图 10-6　动态扫描显示框图

基本思路如下：

（1）8155 初始化，PA、PB 设为基本输出；

（2）从显缓中取 BCD 码，查表求对应的七段码；

（3）PB 输出七段码；

（4）PA 输出数位代码；

（5）重复（2）～（4），直到六位扫描完。

此程序采用子程序的方式给出，程序如下。

入口条件：片内 RAM 的 30H～35H 中存放要显示数据的 BCD 码。

出口条件：将 6 位 LED 扫描显示一遍。

```
        ORG    0100H
DIR:    MOV    A,＃03H          ; 8155 初始化 PA，PB 均为输出
        MOV    DPTR,＃7F00H
        MOVX   @DPTR,A
DISP:   MOV    R0,＃30H         ; 指向显示缓冲区首址
        MOV    R2,＃0DFH        ; 左边第一位数位代码
        MOV    R3,＃0FFH        ; 延时常数
DISP1:  MOV    A,＃0FFH         ; 全灭数位代码
        MOV    DPTR,＃7F01H     ; 字位口地址（A 口）
        MOVX   @DPTR,A          ; 关显示
        MOV    A,@R0            ; 取数据
        MOV    DPTR,＃SGTR      ; 指向七段码表首址
        MOVC   A,@A+DPTR        ; 查七段码
        MOV    DPTR,＃7F02H     ; 字形口（B 口）
        MOVX   @DPTR,A          ; 输出七段码
        MOV    A,R2             ; 取数位代码
        MOV    DPTR,＃7F01H     ; 字位口地址（A 口）
        MOVX   @DPTR,A          ; 输出数位代码
DISP2:  DJNZ   R3,DISP2         ; 延时
        INC    R0               ; 指向下一显缓单元
        MOV    A,R2             ; 取数位代码
        RR     A                ; 右移，准备显示下一位
        MOV    R2,A
        JB     ACC.7,DISP1      ; 最后一位未显示完转 DSP1
        RET                     ; 四位显示完，子程序结束
        ORG    0200H            ; 七段码表
SGTR:   DB     3FH,06H,5BH,4FH,66H,6DH,7DH
        DB     07H,7FH,6FH,77H,7CH,39H,5EH
        DB     79H,71H,73H,76H,80H,00H
```

10.2　键　盘　接　口

在微机系统中，键盘是最常用的输入设备，键盘通常由数字键和功能键组成，其规模取决于系统的要求。

键盘可以分为编码键盘和非编码键盘两种，编码键盘的按键识别、去抖动、键编码都由硬件完成；非编码键盘的上述功能在少量的硬件支持下由软件完成。由此可见编码键盘产生键编码的速度快且基本不占 CPU 的时间，但硬件开销大，电路复杂，成本高；非编码键盘则硬件电路简单，成本低，但占用 CPU 的时间长。

在单片机应用系统中为了降低成本，简化硬件电路，大多采用非编码键盘，下面主要介绍非编码键盘。

10.2.1　按键及去抖动

单片机应用系统常用的按键为机械触点式的按键，即根据机械触点的闭合或断开来输入信息，由于机械触点的弹性作用，在闭合及断开瞬间均有一个抖动过程，如图 10-7 所示。抖动的长短与开关的机械特性有关，一般为 5～10ms，去抖动既可用硬件电路实现（图 10-8），也可用软件实现，在非编码键盘中常采用软件延时消抖动。

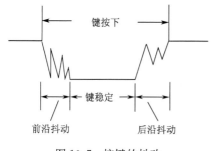

图 10-7　按键的抖动

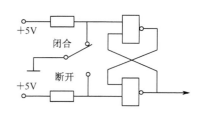

图 10-8　R-S 触发器去抖动电路

10.2.2　非编码键盘的工作原理

1. 独立式键盘结构的工作原理及接口

在单片机应用系统中常常需要简单的几个键完成数据、命令的输入，此时可采用独立式键盘结构，其接口如图 10-9 所示，此接口电路的工作原理很简单，无键按下时，各输入线为高电平；有键按下时，相应的输入线为低电平，CPU 查询此输入口的状态就可知是哪个键闭合。采用一键一线的方法，当按键的数目增加时，将增加输入口的数量，为了减少占用输入线数，可采用矩阵结构的键盘。

2. 矩阵结构键盘的工作原理及接口

如图 10-10 所示是 4×4 的键盘接口，它是矩阵式的结构。如采用独立式的键盘结构，要占用 16 根 I/O 口线，采用矩阵式键盘结构仅需占用 8 根 I/O 口线。但减少口线是以增加软件工作量为代价的。此时非编码键盘的工作是借助于"键盘扫描"程序进行的。

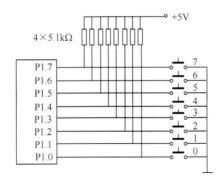

图 10-9　独立式键盘接口电路

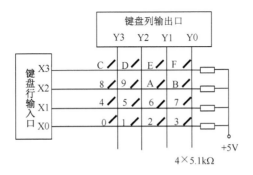

图 10-10　矩阵式键盘原理

键盘扫描程序包括：粗扫描、逐列扫描、求键值三大步骤。

（1）粗扫描。

粗扫描可粗略判断整个键盘上有无键按下。开始时设置所有的列线 Y3～Y0 为低电平，当无键按下时，因各行线与各列线相互断开，各行线均保持高电平；当有键按下时（如 1♯键按下），则相应的行线（X0）与列线（Y2）相连，该行线（X0）变为低电平。由此可见粗扫描步骤如下。

① 输出 Y3Y2Y1Y0＝0000。

② 输入 X3X2X1X0：若 X3X2X1X0＝1111，则无键按下；若非全 1，则有键按下。

（2）逐列扫描。

通过粗扫描能初步判断是否有键按下，但按下的键在哪一行哪一列还不明确，必须通过逐列扫描加以确定。逐列扫描步骤如下。

① 设置第 0 列扫描码 Y3Y2Y1Y0＝1110；

② 输出列扫描码 Y3Y2Y1Y0，扫描该列；

③ 输入 X3X2X1X0，若 X3X2X1X0 为全 1，则该列无键按下。修改列扫描码 Y3Y2Y1Y0＝1101，转②、③扫描下一列，重复直到 4 列扫描完。

④ 若扫描某列时，输入 X3X2X1X0 非全 1，则该列有键按下。

例如，当列扫描码 Y3Y2Y1Y0＝1011，输入行码 X3X2X1X0＝1110（非全1)，则可判断 0 行，2 列有键（"1"键）按下。

可见，根据列扫描码及行码可知被按键的坐标位置（又称位置码）。

（3）求键值。

根据按键的位置码求键值的方法有很多，对于上述 4×4 的键盘可采用查表的方法求键值。先将键盘上各键对应的行码和列码组成键识别码。

键识别码 = 行码求反（高 4 位）＋列码（低 4 位）

键值	行码	列码	键识别码	
0	1110	0111	00010111	17H
1	1110	1011	00011011	1BH
2	1110	1101	00011101	1DH
3	1110	1110	00011110	1EH
4	1101	0111	00100111	27H
⋮				
F	0111	1110	10001110	8EH

键盘上的每个键对应一个唯一的识别码。先将键值识别码存入表格中如图 10-11 所示，再通过如图 10-12 所示流程求键值。

设扫描得到的识别码在 A 中，求出的键值在 R4 中。

```
          ⋮
      MOV   34H, A           ; 保存键识别码
      MOV   DPTR, #KEYTAB     ; 表首址
      MOV   R4, #0FFH         ; R4 为键值计数器
LP:   INC   R4                ; 键值 + 1
      CLR   A
      MOVC  A, @A + DPTR      ; 取表中键识别码
      INC   DPTR
      CJNE  A, 34H, LP        ; ≠未查到转 LP
          ⋮                  ; 查到，R4 中为键值
```

图 10-11

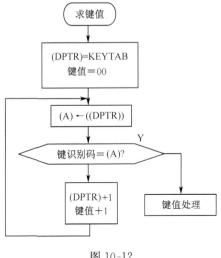

图 10-12

（4）等待键释放。

求得键值后，再读取行码 X3X2X1X0，若行码为非全 1，键未释放，则等待。等键释放以后，根据求得的键值转向相应的键处理子程序。

3. 矩阵键盘接口实例

下面我们采用 8155A 芯片实现 4×4 的键盘，键盘接口如图 10-13 所示。8155 的 PA 口为键盘列输出口，PC 为键盘行输入口，以 PC3～PC0 接键盘的四条行线；根据接线可知 PA 口的地址为 7F01H，PC 口的地址为 7F03H。键盘扫描程序框图如图 10-14 所示。

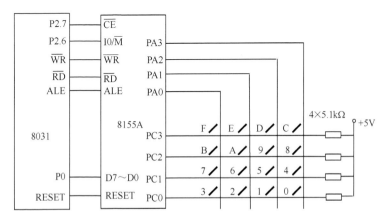

图 10-13　矩阵键盘接口电路

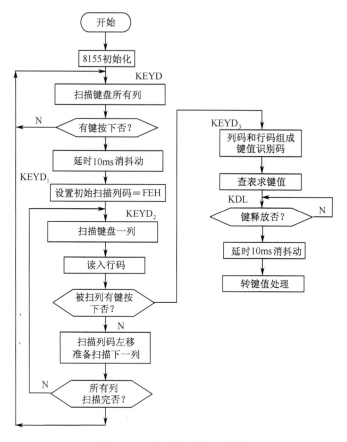

图 10-14　键盘扫描程序框图

```
        ORG  0000H
        MOV  A, #03H          ; 8155 初始化, PA 口输出, PC 输入
        MOV  DPTR, #7F00H     ; 控制寄存器地址
        MOVX @DPTR, A
KEYD:   MOV  A, #00H          ; 粗扫描
        MOV  DPTR, #7F01H
        MOVX @DPTR, A         ; 输出列扫描码
        MOV  DPTR, #7F03H
        MOVX A, @DPTR         ; 输入行码
        CPL  A
        ANL  A, #0FH
        JNZ  KEYD1            ; 有键按下转 KEYD1
        LJMP KEYD
KEYD1:  MOV  R2, #0FEH        ; 设置初始列扫描码
```

```
KEYD2: MOV  DPTR, #7F01H
       MOV  A, R2
       MOVX @DPTR, A          ; 输出扫描一列
       MOV  DPTR, #7F03H
       MOVX A, @DPTR          ; 输入行码
       CPL  A
       ANL  A, #0FH
       JNZ  KEYD3             ; 该列有键按下转 KEYD3
       MOV  A, R2
       RL   A                 ; 扫描码左移
       MOV  R2, A
       CJNE A, #0EFH, KEYD2   ; 未扫完转 KEYD2, 继续
       LJMP KEYD
KEYD3: SWAP A                 ; 行码换到高 4 位
       MOV  34H, R2           ; 暂存列码
       ANL  34H, #0FH
       ORL  A, 34H            ; 行码、列码组成键识别码
       MOV  34H, A
       MOV  DPTR, #KEYTAB
       MOV  R4, #0FFH         ; R4 为键值计数器
LP:    INC  R4
       CLR  A
       MOVC A, @A+DPTR        ; 查表求键值
       INC  DPTR
       CJNE A, 34H, LP        ; 未查到转 LP
       MOV  DPTR, #7F03H      ; R4 中为键值
KDL:   MOVX A, @DPTR          ; 读入行码, 判断键释放否?
       ANL  A, #0FH
       CJNE A, #0FH, KDL      ; 未释放则等待
       ⋮                      ; 进行键值处理
KEYTAB: DB  17H, 1BH, 1DH, 1EH
        DB  27H, 2BH, 2DH, 2EH
       ⋮
```

为简化程序，略去了延时去抖动的程序段。

10.2.3　典型显示/键盘接口电路

在单片机的应用系统中常常要求输入参数，命令，并且输出显示结果。此时为节省硬件开销及充分利用 I/O 口，可将显示接口和键盘接口合并成一个显示/

键盘接口，如图 10-15 所示。共阴极七段 LED 显示器采用动态扫描、软件译码方法，由 8155 的 PB 口和 PA 口分别作为显示的字形口和字位口。键盘采用 4×4 的矩阵结构，由 8155 的 PA 口提供行列扫描码，由 PC 口的低 4 位输入行码。显示字位口和键盘列输出口共用 PA 口，为防止键盘扫描时影响显示，应注意在 PA 口输出键盘扫描码前，经 PB 口输出"空白"的七段码，关显示，这样 PA 口的低电平不会点亮显示器。键盘/显示程序及框图见 A2.9。

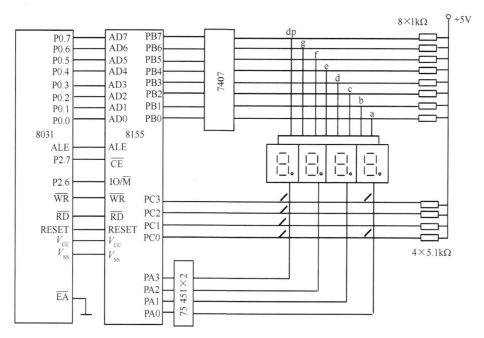

图 10-15　键盘显示接口

【小结】

本章介绍了 LED 显示器与单片机的接口原理，LED 显示器分为共阳极和共阴极两种，它们的点亮条件不同，七段码不同。LED 显示器与单片机的接口分为静态和动态两种，静态接口硬件成本高，但程序简单显示稳定，占用 CPU 的时间少，适用于显示位较少的系统；动态接口硬件成本低，扩展 8 位 LED 显示只需两个 8 位的并口（字形口，字位口），但显示程序较复杂，占用 CPU 的时间长。动态扫描显示时，为了得到稳定的显示要注意合理地安排显示程序的扫描周期。本章重点掌握动态显示的接口电路和程序。

本章还介绍了键盘接口原理，键盘接口分为编码键盘和非编码键盘，重点介绍了非编码矩阵键盘接口及工作原理，非编码键盘硬件接口简单，成本低，但软件复杂，按键的识别，去抖动，键编码都由软件完成。本章重点掌握非编码矩阵键盘的工作原理及粗扫描、逐列扫描、求键值等工作流程。

习题与思考

1. 静态显示和动态显示各有什么特点?

2. 试编程在图 10-5 所示的电路上显示你的班级、学号。

3. 试设计一个利用串口外接移位寄存器 74LS164 扩展 4 个 LED 数码管的静态显示电路，编写程序使数码管显示"8031"。

4. 根据图 10-9 所示的键盘电路，编写键输入子程序，将所得的键值输入单片机片内 RAM 的 KEY 单元中。

5. 图 10-16 为利用单片机 P1 口设计的 4×4 的矩阵键盘电路，试编写键盘扫描程序，将所得的键值放在累加器 A 中（提示：按键的键识别码可由键所在位的行、列坐标组成，如 0、1 键的识别码分别为 EEH、EDH）。

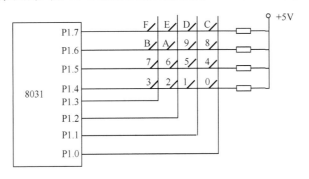

图 10-16　矩阵键盘电路

第十一章　A/D、D/A 转换器

【学习目标】

（1）了解：A/D、D/A 转换器的原理、主要性能指标及与 51 单片机的接口。

（2）理解：典型 ADC/DAC 芯片及片内带 ADC/DAC 的 51 单片机结构、功能和性能。

（3）掌握：MCS-51 单片机与典型 A/D、D/A 转换接口的应用，以及片内带 ADC/DAC 的典型 51 单片机的应用。

11.1　A/D 转换器

模拟量转换成数字量（A/D 转换）和数字量转换成模拟量（D/A 转换）是计算机与外部环境进行联系的主要形式。单片机控制过程如图 11-1 所示，当单片机用于工程控制、实时数据采集等方面时，现场检测的模拟信号必须通过 A/D 转换变成数字量，送入计算机处理，单片机的输出信号又必须通过 D/A 转换成模拟信号送到现场去驱动机械或电气设备动作。所以 D/A 和 A/D 转换是单片机应用的重要接口技术。

图 11-1　计算机控制过程示意图

在 ADC 转换器中，一般经过采样、保持、量化和编码这四个步骤来完成从模拟量到数字量的转换。前两个步骤在取样-保持电路中完成，后两个步骤则在 ADC 输出电路中完成。

采样：对连续变化的模拟量要按一定的规律和周期取出其中的某一瞬时值，就是采样，也称为取样或抽样。为了使输出信号能不失真地反映输入信号的变化，采样频率一般要高于或至少等于输入信号最高频率的 2 倍，即遵循奈奎斯特采样定理。

保持：将采集的信号保持一段时间，直到量化、编码结束或下一次采样开始，以保证 AD 转换能顺利完成。

量化：将采样输出电压用最小单位的整数倍来表示的过程；数字信号最低有

效位的 1 即 1LSB 所代表的数量就是这个最小数量单位，称为量化单位，用 Δ 表示。量化的过程是把在时间上连续变化的模拟量通过量化装置转变为数值上离散的阶跃量的过程。

编码：将量化的结果用代码表示出来的过程。编码输出的结果就是 A/D 转换器的输出。

11.1.1　A/D 转换器的种类

A/D 转换的种类很多，根据不同特征可以分为很多种类。按分辨率分为二进制的 4～24 位多种，以及 BCD 码的 3 又 1/2 位，5 又 1/2 位等。依据转换速度分为超高速、次超高速、高速、中速、低速 ADC 等。按转换原则可分为直接 A/D 转换器和间接 A/D 转换器；在直接转换型 ADC 中，输入的模拟量（电压/电流）直接被转换成相应的数字代码输出，不需要经过中间变量。常用的直接转换型 ADC 有并列比较型和反馈比较型。在间接转换型 ADC 中，输入的模拟量（电压/电流）先被转换为某种中间变量（如时间、频率），然后再转换为相应的数字代码输出。常用的有电压-时间变换型（V-T 型）和电压-频率变换型（V-F 型）。

最为重要的一种分类方法是根据芯片线路架构分为不同的类型，简称为型，它们的工作原理各不相同，可以通过查阅相关资料获得，此处只介绍几种主要类型及它们的优缺点，以供选用参考。

（1）逐次比较型（successive-approximation，SAR）：是目前生产和使用得最多的一种 AD 转换器。ADI 公司的 AD7626（10 MSPS/16bit）代表了这类器件的发展。经典的逐次逼近 AD 转换器如 ADC0809、AD574，转换速度大约几十微秒。这一类型 ADC 的分辨率和采样速率是相互矛盾的，分辨率低时采样速率较高，要提高分辨率，采样速率就会受到限制。

优点：速度快，精度高；分辨率低于 12 位时，价格较低，采样速率可达 1MSPS；与其他 ADC 相比，功耗相当低。

缺点：抗干扰能力不强；在高于 12 位分辨率情况下，价格很高；传感器产生的信号在进行模/数转换之前需要进行调理，包括增益级和滤波，这样会明显增加成本。

（2）积分型（一般指 Dual slope，双斜率型，又称为双积分型）：初期的单片 AD 转换器大多采用积分型，如 ICL7106，ICL7135，转换速度大约为 3～10 次/s。由于采用了积分器，对交流噪声的干扰有很强的抑制能力，可以抑制高频噪声和固定的低频干扰（如 50Hz 或 60Hz），适合在嘈杂的工业环境中使用。

优点：分辨率高，可达 22 位；功耗低、成本低；抗干扰性能强。

缺点：转换速率低，转换速率在 12 位时为 100～300SPS。

（3）并行比较型：除要求转换速度特别高（如视频 AD 转换器等场合）外，一般较少用。典型芯片如 ADI 的 AD9002 等。

优点：转换速度最高，一般是 ns 级的。

缺点：分辨率不高，功耗大，成本高。

并行比较型的附属类型是并/串行比较型，又称 semiflash 型；这类 AD 速度比逐次比较型高，电路规模比并行型小。典型芯片如 TI 的 TLC5510 等。

（4）Σ-Δ 型 ADC（如 MAX1403、AD7170）：Σ-Δ 转换器又称为过采样转换器，主要用于音频和比例测量（如压力测量）等。

优点：分辨率较高，高达 24 位；转换速率高，高于积分型和压频变换型 ADC；价格低；内部利用高倍频过采样技术，实现了数字滤波，降低了对传感器信号进行滤波的要求。

缺点：高速 Σ-Δ 型 ADC 的价格较高；在转换速率相同的条件下，比积分型和逐次逼近型 ADC 的功耗高。

（5）压频变换型 ADC（如 AD650）：压频变换型（Voltage-Frequency Converter）是间接型 ADC，通过间接转换方式实现 ADC，首先将输入的模拟信号转换成频率与其成正比的脉冲信号，然后在固定的时间间隔内对此脉冲信号进行计数，计数结果就是正比于输入模拟电压信号的数字量。

优点：精度高、分辨率高、功耗低、价格低。

缺点：类似于积分型 ADC，其转换速率受到限制，12 位时为 100～300SPS。

（6）流水线型 ADC（如 MAX1200）：流水线结构 ADC 又称为子区式 ADC，是一种高效和功能强大的 ADC。

优点：低功率；高精度；高分辨率；良好的线性和低失调性能；可以同时对多个采样进行处理，有较高的转换速度，典型的为 Tconv<100ns；可获得良好的动态特性。

缺点：应用电路复杂，各种要求较苛刻；对电路设计和工艺要求很高。

此外，ADC 按数据输出流动方式分为并行和串行两种。串行输出 ADC 速度慢，但节省多条 I/O 口线，引脚数量也大大减少了，从而可实现尺寸小得多的封装尺寸，减小了芯片体积，易于实现嵌入式 ADC。根据 ADC 是否嵌入其他芯片如 MCU/DSP/FPGA 等，分为单芯片 ADC 与嵌入式 ADC。目前，嵌入式 ADC 是一个发展方向，由此构成片上系统 SOC。但是 ADC/DAC 仍保持着一些嵌入式 ADC/DAC 所无法取代的优点，如较高的精度和信噪比等关键性能指标。因此在一些对信噪比、失真度、动态范围和测试精度要求特别高的特殊应用场合（如专业级录音棚设备），必须采用分立式 ADC/DAC。许多分立式芯片 ADC 具有多个种类属性，如 ADS5271 就是具有串行化 LVDS 接口的 8 通道、12 位、40/50MSPS 的 ADC。

　　各种 A/D 的转换原理各不相同，性能各异，应用也各有侧重。本书从使用者的角度来介绍 A/D 转换的主要性能指标，合理选用 A/D 转换芯片的方法，以及典型的单芯片和嵌入式 ADC 及其与单片机的接口方法。

11.1.2　A/D 转换器的主要性能指标

　　A/D 转换器常用以下技术指标：

　　1. 分辨率

　　分辨率表示转换器对微小输入量变化的敏感程度，是输出数字量变化的一个相邻数码所需输入模拟电压的变化量的度量，通常用 A/D 输出数字量最低位变化 1 所对应的输入模拟电压变化值表示。由于 A/D 分辨率的高低取决于位数的多少，所以通常也以 ADC 的位数来表示分辨率。n 位转换器，其数字量变化范围为 $0 \sim 2^n - 1$，当输入电压满刻度为 XV 时，则转换电路对输入模拟电压的分辨能力为 $X/2^n - 1$。如果是 8 位的转换器，5V 满量程输入电压时，则分辨率为 $5/2^8 - 1 = 1.22$mV。

　　2. 精度

　　A/D 转换器的精度是指与数字输出量所对应的模拟输入量的实际值与理论预期值之间的接近度，即转换器的精确度决定了数字输出代码中有多少个比特表示有关输入信号的有用信息。精度通常用最小有效位的 LSB 的分数值表示。目前常用的 A/D 转换集成芯片精度为 1/4～2LSB。影响精度的参数很多，其中最为关键的是积分非线性 INL，微分非线性 DNL，丢码，基准电压的精度、温度效应、交流特性等。其中丢码也叫失码，遗漏码，指在 AD 转换器的输出端永远不会出现的码。

　　3. 转换速率和转换时间

　　A/D 的转换速率就是在保证转换精度的前提下，能够重复进行数据转换的速度，即每秒转换的次数。而转换时间则是完成一次 A/D 转换所需要的时间（包括稳定时间），它是转换速率的倒数。例如，MAX125 的转换时间为 $3\mu s$，其转换速率约为 330 kHz。

　　4. 量程

　　量程是指所能转换的模拟输入电压范围，分单极性、双极性两种类型。

　　5. SINAD 和 SNR 与抗干扰特性等

　　信号噪声及失真比（$S/(N+D)$ 或 SINAD），用分贝表示（dB），指输入信号的有效值和所有其他频谱成分的有效值的比值，其他频谱成分包括低于时钟频率一半频谱的谐波，但不包括直流。信噪比（SNR）是信号电平的有效值与各种噪声（包括量化噪声、热噪声、白噪声等）有效值之比的分贝数。其中信号是指基波分量的有效值，噪声指奈奎斯特频率以下的全部非基波分量的有效值（除谐波分量和直流分量外）。

SNR 是不考虑失真成分的信号-噪声比，SNR 类似于 SINAD，只是它不包含谐波成分。因此，SNR 总是好于 SINAD。SNR = 6.02 N+1.76 dB。该方程是用于求解 N 的，并且用 SINAD 的数值取代 SNR。SNR 与 ADC 的动态范围基本一致，这个指标通常比分辨率重要。

与 SNR 有密切关系的指标是有效位数 ENOB（effective number of bits）：

ENOB＝（SINAD－1.76）/6.02　或　ENOB＝（SNR－1.76）/6.02

ADC 是一种混合信号器件，内部结构和电路、信号成分较为复杂，其输入端常由传感器、传输线、信号调理电路等提供模拟信号；而且多工作于恶劣的电磁环境中，所以抗干扰特性是衡量选择 A/D 转换的一个重要指标，也是其选用的主要依据。它表现为多种具体指标，如共模抑制比、孔径抖动、电源抑制比等。就最普遍存在的工频干扰而言，双积分 A/D 的抗干扰能力是非常优秀的。

11.1.3　A/D 转换器选用原则

选用 ADC 器件要考虑的因素很多，必须综合分析系统需求和应用环境，确定整个系统分解到 A/D 模块的主要技术性能指标，然后根据这些指标选用 ADC 器件。选用原则如下：

（1）确定 ADC 电气参数，包括 ADC 的类型，精度，SNR，分辨率，转换速度，输入范围，通道数目，输出接口、负载和方式，供电电源，功耗，信号极性、驱动能力等。

（2）着重性能价格比。

（3）根据是否需要采样保持电路和信号调理电路。

（4）确定是否需要外接参考基准电源，是否需要外接时钟。

（5）选择器件封装：封装决定 PCB 板的大小，而且在高速应用时也影响连线的分布参数。

（6）考虑转换器的控制逻辑和转换模块的测试。

（7）确定器件的抗干扰特性，综合电磁兼容、静电放电和防护、信号完整性、电源完整性及热设计等方面考虑 PCB 板的布局布线、接地、滤波、信号隔离及屏蔽等。

（8）兼顾其他功能和性能：生产 ADC 器件的公司很多，最为著名的就有 ADI、TI、Maxim、Linear Technology、BB、Philip、Motorola 等。选择器件时，尽可能收集齐全并且仔细阅读、分析理解相关的资料，如数据手册、设计参考和指南，应用经验、注意事项、常见问题，以及相应的设计开发工具和评估套件。这方面尤其以 ADI 和 Maxim 公司做的较好。ADIsimADC™是 ADI 公司的模数行为建模工具，它能精确地为许多高速转换器的典型性能特征建模。该模型能忠实再现与静态和动态特性相关的各种误差，例如，交流线性度、时钟抖动及其他许多产品相关异常。Maxim 公司也提供了 Data Converter Evaluation Platform（DCEP）开发平台。同时他们还有许多应用指南和设计参考，从理论、原理、工程技术应用、评估、测试等各个方面指导对器件的应用。

（9）ADC 性能比较时通常使用品质因数：$P = 2B \times f_s$ 和 $F = (2B \times f_s) / P_{diss}$，其中 B 是 SNR 比特数，f_s 是采样速率；P_{diss} 是功耗。因此不要盲目追求高性能，同时要兼顾其他因素，尤其是功耗，尽可能采用低功耗器件，进行低功耗设计。

11.1.4 ADC0809 芯片及其与 51 单片机接口

1. ADC0809 的内部结构及引脚功能

ADC0809 是 8 位逐次逼近式 A/D 转换器。其内部结构如图 11-2 所示，其中除 8 位 A/D 转换电路外，还有一个 8 路模拟开关，其作用可根据地址译码信号来选择 8 路模拟输入，从而使 8 路模拟输入共用一个 A/D 转换器进行转换，其输出通过 TTL 三态锁存缓冲器，因此可直接连接到单片机数据总线上。

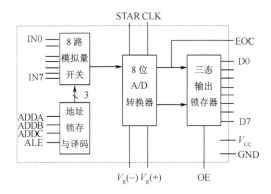

图 11-2   ADC0809 内部结构图

（1）ADC0809 主要的特性如下。

① 分辨率 8 位。

② 最大不可调误差小于 ±1LSB。

③ 单一 +5V 电源，输入模拟电压范围为 0～5V。

④ 具有锁存控制的 8 路模拟开关。

⑤ 功耗 15mW。

⑥ 不必进行零点和满度调整。

⑦ 可锁存三态输出，可与大多数的 8 位微处理器接口。

⑧ 转换速度取决于芯片的时钟频率。当时钟频率范围为 10～1280kHz 时，由外部时钟提供；当时钟为 500kHz 时，转换速度为 128μs。

（2）ADC0809 的引脚图如图 11-3 所示。

引脚功能如下。

IN7～IN0：8 路模拟量输入端。

D7～D0：8 位数字量输出端。

START：A/D 转换启动信号，在此端输入一个正脉冲，A/D 转换开始。

ADDC、ADDB、ADDA：用于选择 8 路模拟通道的地址线。

ADDC	ADDB	ADDA	通道
0	0	0	0 通道
0	0	1	1 通道
⋮			
1	1	1	7 通道

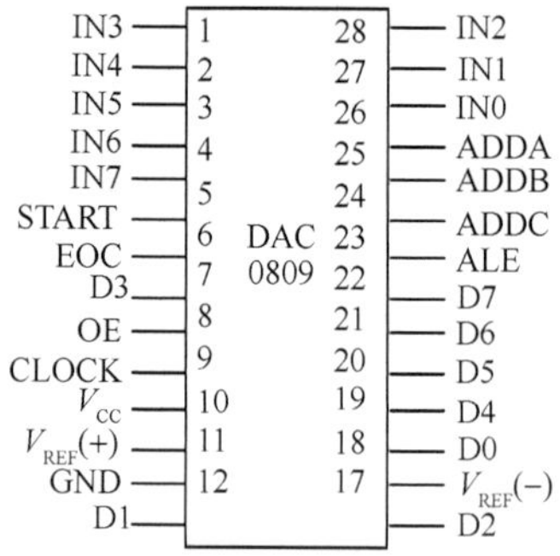

图 11-3　ADC 0809 引脚图

ALE：地址锁存信号。此信号的上升沿，将 ADDC、ADDB、ADDA 存入地址锁存器。

EOC：转换结束信号，转换开始时 EOC=0，转换结束时 EOC=1。

OE：输出允许信号，当 OE=1 时，打开三态输出门。

CLOCK：时钟信号。

V_{REF}（＋）、V_{REF}（－）：参考电源正负端，一般（＋）接＋5V，（－）接地。

V_{CC}：电源电压＋5V。

GND：地。

2. 8031 单片机与 ADC0809 接口

【例 11-1】　接口电路如图 11-4 所示。采用查询方式对 8 路模拟信号进行采集，转换结果存放在首址为 30H 的片外 RAM 中。

如图 11-4 所示 ADC0809 的时钟信号由单片机的 ALE 信号二分频而得，若单片机的晶振频率为 12MHz，则 $ALE = \frac{1}{6} \times 12MHz = 2000kHz$，二分频后，ADC 0809 的时钟为 1000kHz。

程序如下。

```
           ORG     0000H
MAIN:      MOV     DPTR，#0FEF8H    ; 地址保证 P2.0 = 0，且指向 IN₀
           MOV     R1，#30H         ; 存数据的首址
           MOV     R7，#08H         ; 采样次数
READ:      MOVX    @DPTR，A         ; 启动 IN0 A/D 转换
HERE:      JB      P3.3，HERE       ; INT1 = 1，转换未结束等待
           MOVX    A，@DPTR         ; 取数据
           MOVX    @R1，A           ; 存数据
           INC     R1
           INC     DPTR
           DJNZ    R7，READ         ; 8 路未采样完继续
           SJMP    $
```

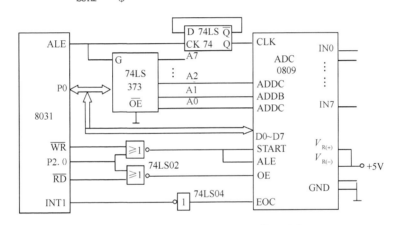

图 11-4　单片机与 ADC0809 的接口示意

【例 11-2】　接口电路不变，采用中断方式对 8 路模拟信号轮流采集一次，转换结果存入首址为 30H 的片外 RAM 中。

程序框图如图 11-5 所示，程序如下。

```
           ORG     0000H
           AJMP    MAIN
           ORG     0013H
           AJMP    PINT1
MAIN:      MOV     R1，#30H
           MOV     R7，#08H
           MOV     DPTR，#0FEF8H    ; 指向 IN0
           SETB    IT1             ; 设 INT1 为边沿触发
           SETB    EX1             ; INT1 允许中断
```

```
              SETB    EA              ; 开总中断
              MOVX    @DPTR, A        ; 启动 IN0 A/D 转换
      LOOP:   MOV     A, R7           ; 8 路转换完否？
              JNZ     LOOP            ; 未转换完，等待
              CLR     EX1             ; 转换完，关INT1中断
              SJMP    $
      PINT1:  MOVX    A, @DPTR        ; 取采样数据
              MOVX    @R1, A          ; 存数据
              INC     R1
              INC     DPTR
              DEC     R7              ; 采样次数减一
              MOVX    @DPTR, A        ; 启动下一通道
              RETI
```

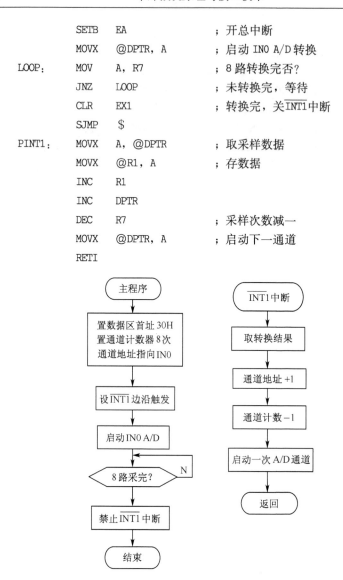

图 11-5　中断方式 A/D 转换程序框图

11.1.5　ADμC845 片内 ADC 及其应用

目前，随着芯片技术的发展和日益增长的需求，增强型 51 单片机已经成为各个领域应用的主流。各个 51 兼容机厂商都提供具有特色的增强型单片机，其中有些单片机集成了 CPU、SRAM、DRAM、EPROM、Flash、ADC、DAC 及相应的外围接口总线和部件，实际上成为一种片上系统 SOC（System on Chip），是一个有专用目标的大规模集成芯片，其中包含完整系统并能够实现嵌入软件的

全部内容。典型的片内带 ADC（DAC）的芯片有宏晶体的 STC12C5A60S2，Silicon 的 C8051F040，Maxim 的 Maxim7651，ADI 的 ADμC845 ，Philips 的 P89LPC933FDH 等及相应的系列产品。本章主要介绍 ADI 公司提供的数据采集系统芯片 ADμC845。

1．ADμC845 的内部结构及特点

ADμC845 设计者的目标是以 ADC 为主，而以 MCU 为辅，其数据手册名称可以简译为带 MCU 的 ADC，是一款专业的数据采集系统 SOC 芯片，广泛应用于多路传感器监测、工业/环保仪器仪表、电子秤、压力传感器、温度监测、便携式仪表、电池供电系统、系统监测精密数据记录等领域。ADμC845 的内部结构框架如图 11-6 所示。ADμC845 有两种封装：52 引脚塑料四方扁平封装（MQFP）和 56 引脚芯片级封装（CSP）。

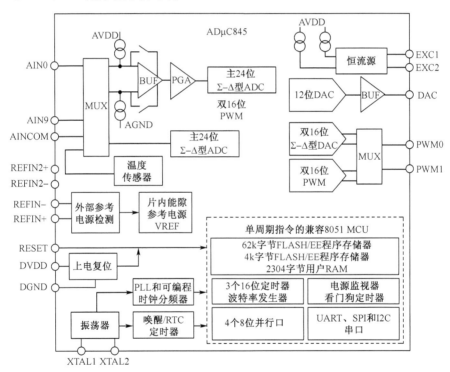

图 11-6　ADμC845 的内部结构框架

ADμC845 芯片内置 ADC 采用高频"斩波"技术来提供优良的直流（DC）失调指标，因而非常适用于要求器件低温漂且噪声抑制和抗电磁干扰能力要求较高的应用场合。其主要特点有：主 ADC 和辅助 ADC 相互独立，均为 10 通道 24 位高分辨率 Σ-ΔADC，24 位无丢码性能；22 位有效值（19.5 位峰-峰分辨率）有效分辨率；斩波方式下失调漂移 $10nV/℃$，增益漂移 $0.5 \times 10^{-6}/℃$。

　　ADμC845 的 ADC 通道在输入范围±20mV～±2.56V 内可分为 8 挡，使用时可任选一挡。ADC 的各个通道用于转换直接来自传感器的信号，且不需要外接信号调理电路。ADμC845 的 ADC 工作于斩波方式下，通道功能框图如图 11-7 所示。

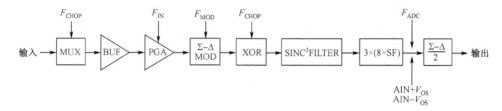

图 11-7　斩波方式 ADC 通道框图

　　图 11-7 中 MUX 为多路器，BUF 为缓冲器，PGA 为可编程增益放大器，Σ-ΔMOD 为 Σ-Δ 调制器，XOR 为异或门电路，SINC³ 为低通滤波器；$F_{CHOP} = 1/（2×F_{ADC}）$，为斩波速率，F_{ADC} 为 ADC 的转换速率，也是滤波器的抽取速率，其值为 $F_{ADC} = F_{MOD}/（3×8×SF）$，$F_{MOD} = 32.768$ kHz，为调制器的采样速率。8×SF 表示滤波器实际抽取因子是写入 SF 值的 8 倍。V_{OS} 为通道偏移。

　　ADμC845 的两个 A/D 器件工作时，先由 Σ-Δ 调制器将输入采样信号转换成数字脉冲串，脉冲串的工作周期包含了数字信息。然后采用 Sinc³（$(\sin x/x)^3$）可编程低通滤波器 10 中抽 1 调制器的输出数据流，以得到按可编程数据输出率从 5.35Hz～105.03Hz 给出的有效数据转换结果。ADμC845 对调制器信号流有抽取使能和抽取禁止两种操作模式，由 ADCMODE 寄存器内的 CHOP 位控制抽取操作的使能和禁止。AD 通道的设置和控制是通过专用寄存器块（SFR）中的一组寄存器来实现的，它们的名称和功能如下：

　　ADCSTAT：状态寄存器，保持主通道和辅助通道的状态，包括数据准备就绪、校准状态和一些出错信号，各位含义如下：

D7	D6	D5	D4	D3	D2	D1	D0
RDY0	RDY1	CAL	NOXREF	ERR0	ERR1	—	—

　　RDY0/1：主/辅 ADC 准备好状态位，完成转换（如 ADC 中断）或校准后由硬件置 1，由软件清零。

　　CAL：校准状态位，由硬件置 1（如校准），由软件清零。

　　ERR0/1：主/辅 ADC 错误状态位。

　　NOXREF：无外部参考源标志位。

　　ADCMODE：模式寄存器，控制主通道和辅助通道的操作模式；其各位含义如下：

D7	D6	D5	D4	D3	D2	D1	D0
未定义	REJ60	ADC0EN	ADC1EN	/CHOP	MD2	MD1	MD0

REJ60：60Hz 陷波器使能位，当 SF 控制字为十进制数 82 时，陷波器可同时抑制 50Hz 和 60Hz。

ADC0EN：主 ADC 使能位；置 1，由 MD2，MD1，MD0 选择主 ADC 工作模式；清 0 为 ADC 掉电模式。

ADC1EN：辅 ADC 使能位；置 1，由 MD2，MD1，MD0 选择辅 ADC 工作模式；清 0 为 ADC 掉电模式。

/CHOP：斩波方式禁止位；置 1 允许 ADC 以 3 倍吞吐率工作，SF 值为 3 时允许此位置位；清 0 为斩波方式。

MD2，MD1，MD0：设置为 011 时为 ADC 连续转换方式。

ADC0CON1：主通道控制寄存器 1，用于配置主通道，包括主通道的缓冲器、单极和双极译码，以及模数转换通道的范围配置等，各位含义：

D7	D6	D5	D4	D3	D2	D1	D0
BUF1	BUF0	UNI	—	—	RN2	RN1	RN0

BUF1/BUF0：缓冲配置位，00 为 ADC0＋and ADC0＿都被缓冲，10 为缓冲旁路；01 和 11 为保留值。

UNI：置 1 单极性模式；清 0 双极性模式。

RN2RN1RN0：选择 ADC 输入范围（$V_{REF}=2.5V$），详见相关手册。

ADC0CON2 是主通道控制寄存器 2，用于控制主通道的配置；包括主通道的参考选择、通道选择及单极和双极译码选择，各位含义：

D7	D6	D5	D4	D3	D2	D1	D0
XREF1	XREF0	—	—	CH3	CH2	CH1	CH0

XREF1/XREF0：主 ADC 外部参考源选择位。00 内部 1.25V 基准，01 为 REFIN± 被选择，10 为 REFIN2±（AIN3/AIN4），11 为保留值。

CH3/CH2/CH1/CH0：主 ADC 通道选择位，0000 选择通道 1，0100 选择通道 5。以此类推。

ADC1CON：辅助通道控制寄存器，配置辅助通道，包括辅助通道的参考选择、通道选择及单极和双极译码；各位含义：

D7	D6	D5	D4	D3	D2	D1	D0
—	AXREF	AUNI	—	ACH3	ACH2	ACH1	ACH0

AXREF：辅 ADC 外部参考源选择位，置 1 由 REFIN± 外部参考。

AUNI：置 1 单极性模式；清 0 双极性模式。

ACH3/ACH2/ACH1/ ACH0：辅 ADC 通道选择位，0000 选择通道 1，0100 选择通道 5。以此类推。

SF：数字滤波器寄存器，用以设置 ADC 的抽取因子，控制主、辅通道数据的更新速率。

ICON：恒流源控制寄存器，允许用户控制片内不同的恒流源。

ADC0L/M/H：存放主通道的 24 位转换结果。

ADC1L/M/H：存放辅助通道的 24 位转换结果。

OF0L/M/H：存放主通道偏移校准系数。

OF1L/H：存放辅助通道偏移校准系数。

GN0L/M/H：存放主通道增益校准系数。

GN1L/H：存放辅助通道增益校准系数。

此外，单片机 IE 寄存器的 IE.6 位（这是基本 51 内核未定义的位）被设置为 EADC，为 EADC 中断使能位，置 1 允许 ADC 中断，清 0 禁止 ADC 中断。

2. ADμC845 的 ADC 的使用例程

【例 11-3】　　ADμC845 的 ADC 采用连续 A/D 转换，以中断方式动态读取主 A/D 转换器通道 5 的结果，存入 R0 指向的片内 RAM 单元的 A/D 转换。程序如下：

主程序：

```
            ORG 0000H
            LJMP MAIN
            ORG 0033H            ；ADC 中断服务程序入口为 0033H
            LJMP ADCRO
    MAIN：  MOV SP，＃50H
            MOV ADCCON1，＃07H    ；完全缓冲，双极性，输入电压范围 ±2.56V
            MOV ADCCON2，＃04H    ；选通道 5，设置外部参考电压，使用 REFIN
                                   ± 引脚，
                                 ；差分信号输入。
            MOV ADCMODE，＃23H    ；选择主 ADC，连续工作方式；启动转换
            SETB EADC            ；开 ADC 中断
            SETB EA              ；开 CPU 中断
            SJMP $               ；等待中断
```

中断服务程序：

```
    ADCRO： CLR RDY0             ；清 0，保证 ADC 准备好正常工作
            PUSH ACC             ；断点内容保护
```

```
PUSH PSW
CLR RS1                    ; 使用第 1 组工作寄存器
SETB RS0
MOV @R0, ADCOL            ; 读 AD 转换结果的低 8 位数据
INC R0
MOV A, ADCOM             ; 读 AD 转换结果的中间 8 位数据
MOV @R0, A
INC R0
MOV A, ADCOH            ; 读 AD 转换结果的高 8 位数据
MOV @R0, A
INC R0
POP ACC                   ; 恢复断点内容
POP PSW
RETI
END
```

11.2　D/A 转换器

11.2.1　D/A 转换器的主要类型

DA 转换器的内部电路构成基本大同小异，大多数 DA 转换器由电阻阵列和 n 个电流开关（或电压开关）构成。按数字输入切换开关，产生比例于输入的电流（或电压）。此外，也有为了改善精度而把恒流源放入器件内部的。由于电流开关的切换误差小，ADC 大多采用电流开关型电路。ADC 通常按输出是电流还是电压、能否作乘法运算等进行分类。

（1）电压输出型 DA 转换器（如 MAX530/并行，TLC5615/串行），一般采用内置输出放大器以低阻抗输出，但是也有直接从电阻阵列输出电压的。直接输出电压的器件仅用于高阻抗负载，由于无输出放大器部分的延迟，常作为高速 DA 转换器使用。

（2）电流输出型 DA 转换器（如 AD5447）一般不直接利用电流输出，大多外接电流/电压转换电路得到电压输出，采取两种方法：①只在输出引脚上接负载电阻而进行电流/电压转换；②外接运算放大器。用负载电阻进行电流/电压转换的方法，必须在规定的输出电压范围内用电流输出引脚输出，由于输出阻抗高，所以一般外接运算放大器使用。此外，大部分 CMOS 型 DAC 在输出电压不为零时不能正确动作，必须外接运算放大器。

外接运算放大器进行电流电压转换时，电路构成基本上与内置放大器的电压输出型相同；由于在 DA 转换器的电流建立时间上加入了运算放入器的延迟，响

应变慢。此外，这种电路中运算放大器因输出引脚的内部电容而容易引起谐振，必须作相位补偿。

（3）乘算型（如 AD7533），DA 转换器中或使用恒定基准电压，或在基准电压输入上加交流信号。后者能得到数字输入和基准电压输入相乘的结果而输出，称为乘算型 DA 转换器。乘算型 DA 转换器一般不仅可以进行乘法运算，也可以作为输入信号的数字化衰减器及输入信号的调制器使用。

（4）一位 DA 转换器与前述三种转换方式全然不同，它将数字值转换为脉冲宽度调制或频率调制的输出，然后用数字滤波器作平均化而得到一般的电压输出（又称位流方式），用于音频等场合。

（5）上述 DAC 均可以是单芯片的，也可以是嵌入式的，即集成在一些增强型的单片机、DSP 内，构成一个 SOC。比如 ADμC845 就集成了 2 路 10 位 DAC。嵌入式 ADC 还有一种特别的类型，就是 RAMADC（Random Access Memory Digital-to-Analog Converter，随机数模转换存储器）。RAMDAC 的作用是把数字图像数据转换成计算机显示需要的模拟数据。由于 RAMDAC 是单向不可逆电路，所以经过 RAMDAC 处理过后的模拟信号不可能再被转换成数字信号。

11.2.2　D/A 转换器的主要性能指标

1. 分辨率

D/A 转换的分辨率是输出所有不连续台阶数量的倒数，而不连续输出台阶数量和输入数字量的位数有关。例如，4 位 D/A 转换器有 2^4-1 个台阶，所以分辨率为 1/（2^4-1）＝1/15，若用百分比表示（1/15）100＝6.67%。对于 n 位 D/A 转换器，则有 2^n-1 个台阶，所以，分辨率为 1/（2^n-1）。因为分辨率与 D/A 转换器的数字量位数成固定关系，所以有时人们也常把 D/A 转换器的数字量位数称为分辨率。

2. 精度和线性度

D/A 转换器的实际输出与理想输出之间的误差就是精度，可以用转换器最大输出电压或满尺度的百分比表示。例如，如果转换器的满尺度输出电压为 10V，而误差为 ±0.1%，那么最大误差是（10V）（0.001）＝10mV。一般情况下，精度不大于最小数字量的 ±1/2。对于 8 位 D/A 转换器最小数字量占全部数字量的 0.39%，所以精度近似为 ±0.2%。

线性度（linearity）是对精度的一种表示方法。表现为一种误差，即线性度误差；是 D/A 转换器输出与理想输出直线之间的偏差。一个特殊的情况就是当所有数字量为 0 时，输出不是 0，则这个偏差称为零点偏移误差。线性度通常用非线性度（Linearity error）表示。包括积分非线性度和微分非线性度。非线性度不包括满刻度误差、量化误差和偏移误差。

注意：同样分辨率的 DAC（ADC 同）器件其精度不一定相同。分辨率高不一定精度高，但精度高则分辨率一定高。

3. 建立时间

建立时间是完成一次转换需要的时间，就是从数字量加到 D/A 转换器的输入端到输出稳定的模拟量需要的时间，一般由手册给出。

4. 转换速率

转换速率（Conversion Rate）是指完成一次从模拟转换到数字的 AD 转换所需的时间的倒数。采样时间则是另外一个概念，是指两次转换的间隔。为了保证转换的正确完成，采样速率（Sample Rate）必须小于或等于转换速率。常用单位是 KSPS 和 MSPS，表示每秒采样千/百万次。

DAC 其他一些性能指标参见 11.1.2 节。

选用 D/A 时，主要考虑的是以位数表现的转换精度及转换时间；除此之外，使用时还要注意 D/A 转换器的输入特性，如接收的数码制（大部分采样二进制）、数据格式（大部分为并行输入，少数为串行输入）、逻辑电平（是否可以与 TTL、CMOS 等各种器件直接连接）；输出特性，是电流输出还是电压输出（大部分为电流输出）等，以便 D/A 与单片机和外设接口。DAC 的其他选用原则参见 11.1.3 节。

11.2.3 ADμC845 片内 DAC 应用

ADμC845 片内 DAC 有 12 位电压输出 DAC、双 16 位 Δ-ΣDAC/PWM。它具有一个端到端、能够驱动 10 kΩ/100 pF 负载的电压输出缓冲器，可以采用 8 位和 12 位两种模式输出。具有一个控制寄存器 DACCON 和两个数据寄存器 DACH/L。DAC 可以通过对 13/14 引脚编程输出。DACCON 各位定义如下：

D7	D6	D5	D4	D3	D2	D1	D0
—	—	—	DACPIN	DAC8	DACRN	DACCLR	DACEN

DACPIN：DAC 输出引脚选择位，置 1 选 13，清 0 选 14；

DAC8：DAC 输出数据模式选择位，置 1 为 8 位，清 0 为 12 位；

DACRN：DAC 输出范围控制位，置 1 为 $0-AV_{DD}$，清 0 为 0—2.5V；

DACCLR：置 1 为正常 DAC 操作，清 0 将 DAC 数据寄存器清零；

DACEN：置 1 正常 DAC 操作，清 0 将 DAC 设置为掉电。

使用 DAC，还涉及片内锁相环控制寄存器 PLLCON。PLLCON 各位定义如下：

D7	D6	D5	D4	D3	D2	D1	D0
OSC-PD	LOCK	—	LTEA	FINT	CD2	CD1	CD0

其中 CD2/1/0 三位为 001 时配置主频为 6.29MHz。

【例 11-4】　　用 ADμC845 片内 DAC 实现正弦波发生器，由 14 引脚输出正弦波，其频率根据 PLL 的 6.29MHz（CD0＝1）的主频和 DAC 转换频率等确定。

本例 DAC 输出电压范围 0～2.5V，对应输入数字量范围 0～FFFH；中心轴（偏移量）对应 1.25V（数字量 800H）；最大值 2.5V（数字量 800H）；将一个正弦周期分为 256 个点，每个点对应的 DAC 输入数值根据公式 $D_{IN} = （\sin(2 \times \pi \times n/N)） \times 2048$ 计算获得；其中 D_{IN} 为输入数据，由于 $\sin x$ 的值总是小于 1，12 位 DAC 要将其乘以 $2^{11} = 2048$，而且按照公式计算结果是十进制，要转换为 16 进制存入数据表；$N = 256$，n 为正弦波波形因子，$n = 0～255$，它也是 DAC 输入正弦波样本点序号。

程序如下：

```
            ORG    0000H
    LED     EQU    P3.4              ; 指示转换过程
            MOV    PLLCON, ＃01H      ; 设置主频为 6.29MHz
            MOV    DACCON, ＃03H      ; 配置 DAC 为 12 位，14 输出脚，范围为
                                     ; 0 到 Vref（2.5V 内部基准）
            MOV    DACH, ＃08H        ; 从半量程（1.25V）开始（数字量 800H）
            MOV    DACL, ＃00H
            MOV    DPTR, ＃TABLE
    STEP:   CLR    A
            MOVC   A, @A+DPTR         ; 从数据表到位字节到低位字节读出
            MOV    DACH, A            ; 且送到 DAC 寄存器
            INC    DPTR
            CLR    A
            MOVC   A, @A+DPTR         ; 从表中读出低位字节
            MOV    DACL, A            ; 且更新 DAC 输出
            INC    DPTR              ; 指向下一个数据
            MOV    A, DPL             ; 检查是否 DPL＝80H，是，则表已经输出完毕
            CJNE   A, ＃0FFH, STEP
            MOV    DPTR, ＃TABLE      ; DPTR 指向 1000H
            CPL    LED               ; 从新输出数据
            JMP    STEP
    ; 正弦波查找表：
            ORG 0100H
```

```
TABLE:
      DB  08H,   31H,   08H, 63H, ……  ; 255 个数据
END
```

【小结】

本章详细地介绍了 A/D 和 D/A 转换器的类型、主要性能指标、选用原则，并且举例（ADμC845）说明了嵌入式 ADC 和 DAC 的应用。

A/D 转换的目的是将模拟信号转换成数字信号。A/D 转换器主要有逐次比较式、双积分式和并行式。其主要性能指标是转换精度、转换速度和抗干扰能力等。高性能单芯片 ADC 如 ADI 的 AD9642/8、AD9860/1/2（Mixed-Signal Front-End，MxFE™，混合信号前端），凌力尔特的 LTC2206/7/8，MAX1121/2/3/4 及其他公司的相应系列产品已经广泛应用于各个领域，但是选用时不能只看分辨率、转换速率等，还要注意兼顾其他性能指标，其中低功耗是一个关键因素，它代表了 ADC 和 DAC 的发展方向，也是目前电子信息领域集成化、微型化客观需求的反应。

D/A 转换的目的是将数字信号转换成模拟信号。其主要性能指标有分辨率、转换误差和转换时间。

本章以 ADC0809，ADμC845 内部 ADC/DAC 为例，介绍了 A/D 和 D/A 转换器的应用，给出了相应的 51 汇编程序。更为详细的介绍和应用请参阅相关文献。

习题与思考

1. ADμC845 进行 AD 转换时，有哪些控制信号？其作用是什么？

2. 选用 ADC 和 DAC 考虑的主要因素是什么？

3. 利用 8051 内部定时器实现对 ADC0809 的通道 0 每分钟采集一次，采集 10 次后停止。

4. 单片机与 ADC0809 的接口电路如图 11-4 所示，利用软件延时实现每隔 1 分钟轮流采集一次 8 个通道数据的程序。共采样 10 次，其采样值存入片外 RAM 2000H 开始的存储单元中。

第十二章　外围驱动及电气隔离技术

【学习目标】

（1）了解：单片机应用系统需要进行外围驱动和电气隔离的原因。

（2）理解：常用报警电路的作用、实现方法，以及单片机的驱动能力和典型应用电路。

（3）掌握：常用外围驱动器、小型继电器的用法，光电耦合器的应用。

12.1　常用报警电路

在单片机应用系统中，系统的工作状态，可以通过指示灯或显示器来指示，供操作人员观察，实现人机对话。但是，对于某些紧急情况，为了使操作人员不致忽视，并能够及时采取措施，往往还需要有某种更能引人注意，提起警觉的报警信号，这些报警信号通常有三种类型：一是闪光报警，二是蜂鸣器报警，三是语音报警。

12.1.1　闪光报警电路

闪光报警电路比较简单，在单片机应用系统中，通常用 LED 实现闪光报警电路。具体来说，就是按一定的时间间隔交替点亮与熄灭 LED 指示灯，时间间隔可以通过软件延时或者定时器来实现。如图 12-1 所示，在单片机的 P1.0 口连接一个指示灯，通过以下程序即可使其闪烁：

```
        SETB  P1.0
LOOP:   LCALL  DELY
        CPL  P1.0
        SJMP  LOOP
```

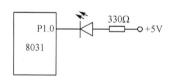

图 12-1　LED 闪光报警电路

其中，DELY 为软件延时子程序，需要另外编写。指示灯闪烁的频率可由延时时间的长短来调整。

12.1.2　蜂鸣器报警电路

蜂鸣器是常见的电子器件，广泛用于家用电器、办公设备、仪器仪表和工业控制设备上需要提示、报警的场合。当冰箱门忘记关上时，冰箱会发出"嘀"、"嘀"的报警声提示我们关门；洗衣机完成洗涤后，会发出"嘟"声提醒我们取出衣物。这些都是蜂鸣器在发出声响，完成提醒和报警的功能。

蜂鸣器的发声部件通常采用压电蜂鸣片，蜂鸣器是有极性的电子元件，只需在其正负两个引线上加上＋3～＋5V 的直流电压，就能产生 3kHz 左右的蜂鸣声。

蜂鸣器需要 50～100mA 的驱动电流，可以使用一个三极管来驱动，驱动电路如图 12-2 所示；也可以采用 TTL 系列集成电路 7406 或 7407 驱动，驱动电路如图 12-3 所示。

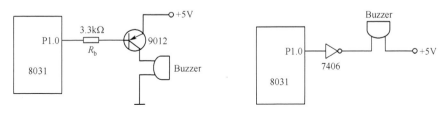

图 12-2　使用三极管驱动蜂鸣器　　　　图 12-3　使用 7406 驱动蜂鸣器

在图 12-2 中，Buzzer 为蜂鸣器，在电路中并没有用单片机的 P1.0 口直接控制蜂鸣器，而是通过 PNP 三极管间接控制。这是因为单片机的 I/O 口电流大小有限，无法直接驱动蜂鸣器发声。三极管一般采用 9012 或者 8550，而 8550 三极管最大可以提供 1A 以上的电流，足以驱动蜂鸣器。选取合适的电阻 R_b，可让 PNP 三极管工作在开关状态，即饱和导通和截止状态，从而达到控制蜂鸣器的目的。当 P1.0 输出高电平 "0" 时，晶体管饱和导通，压电蜂鸣器得电而鸣音；P1.0 输出为低电平 "1" 时，三极管截止，蜂鸣器停止鸣音。

在图 12-3 中，驱动器的输入端接 8031 的 P1.0，当 P1.0 输出高电平 "1" 时，7406 的输出为低电平，使压电蜂鸣器引线获得将近 5V 的直流电压，而产生蜂鸣声；当 P1.0 端输出低电平 "0" 时，7406 的输出端为高电平，压电蜂鸣器失电，停止鸣音。

【例 12-1】　针对图 12-2 所示电路，编写子程序让蜂鸣器连续鸣音 30ms。

下面是蜂鸣器连续鸣音 30ms 的控制子程序：

```
SNE：   CLR    P1.0            ;蜂鸣器鸣音
        MOV    R7，#1EH         ;延时30ms
DE：    MOV    R6，#0F9H
DE1：   DJNZ   R6，DE1
        DJNZ   R7，DE
        SETBP1.0               ;蜂鸣器停止鸣音
        RET
```

12.1.3　语音报警电路

蜂鸣器报警电路简单实用，可满足普通情况的报警需要。其不足之处在于音调比较单一，而且采用压电鸣响元件，音量较小且不可调整。下面采用专用的 ISD 语音录放芯片实现语音的报警，该芯片可直接与单片机应用系统连接。

ISD 语音芯片源于美国 ISD 公司，后被台湾地区华邦（Winbond）收购，现为华邦分割企业新唐科技（NUVOTON）的产品线。ISD 语音芯片采用了 ChipCorder 技术进行多级存储，声音无需 A/D 转换和 D/A 转换，采用直接模拟量存储技术，因此能够真实、自然地再现语音、音乐及效果声，避免了一般固体录音电路量化和压缩造成的量化噪声及金属声效果。ISD 语音芯片主要应用于通讯设备、治安报警、报数报价、语音玩具等场合。

AT89C51 单片机与 ISD4004 语音芯片的接口电路，如图 12-4 所示。ISD4004 系列语音芯片工作电压为 3V，录放时间 8～16min，单片机可通过串行通信接口（SPI 或 Microwire）来控制语音芯片。在电路中，MIC 为麦克风，用于录入语音，可完成普通的现场录音。在放音电路中，输出端选用低电压通用集成功率放大器 LM386 的典型应用电路，作为扬声器 SPEAKER 的驱动电路。

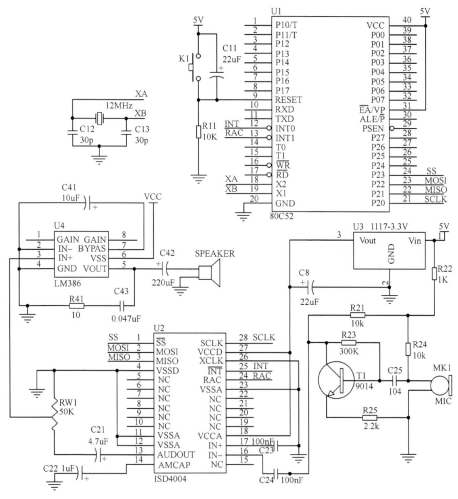

图 12-4　单片机与 ISD4004 语音芯片接口电路

12.2　常用外围驱动电路

单片机应用系统的输出部分通常需要对开关量进行驱动和控制，大多数外围电路会处于各种各样的复杂环境中，如控制对象可能处于大电流、高电压的情况，单片机控制的执行机构可能是电动机、继电器或电磁铁等大功率机构。由于单片机的 I/O 口驱动能力有限，不能直接和这些外部机构连接，为了解决这个问题，通常要采取两个基本措施：①通过采用外部电路扩大输出电流的能力；②通过采用电气隔离方法把单片机的工作环境与外电路隔离开来。

12.2.1　单片机的驱动能力

我们知道，通过单片机的程序控制，可在 I/O 口上输出高、低变化的电平，也就是单片机程序可以改变 I/O 引脚的输出电压。但是，单片机的程序是无法改变输出电流的。

为了理解单片机的驱动能力问题，这里首先明确两个概念：灌电流和拉电流。首先，灌电流和拉电流都是针对端口而言的。当单片机的 I/O 引脚输出低电平时，将允许外部器件向单片机引脚内输入电流，这个电流称为"灌电流"（Sink Current）；当单片机的 I/O 引脚输出高电平时，则从单片机的引脚向外部器件输出电流，这个电流称为"拉电流"（Sourcing Current）。单片机的灌电流和拉电流的电路结构，如图 12-5 所示。

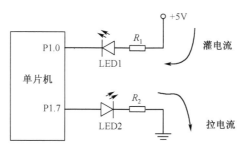

图 12-5　灌电流和拉电流

早期的 51 系列单片机的驱动负载能力是很小的，仅仅用"能带动多少个 TTL 输入端"来说明。P1、P2 和 P3 口每个引脚都可以带动 4 个 TTL 输入端，只有 P0 口的能力稍强，它可以驱动 8 个。分析一下 TTL 的输入特性，可以发现这些单片机的 I/O 口驱动能力是很弱的，因为 TTL 输入基极的电流很小（一般为微安级的 $10\sim100\mu A$）。这些单片机的 I/O 引脚，甚至不能带动一般的 LED 进行正常发光（其工作电流一般为几个毫安到十几个毫安）。

当前流行的 51 单片机（如 AT89C51），其驱动能力已经大为增强，可以直接驱动 LED 发光了。从 AT89C51 单片机的技术手册，可以知道其 I/O 口的"灌电流"参数如下：

- 单个 I/O 口的"灌电流"可达 10mA；
- 每个 8 位 I/O 口的"灌电流"：P0 为 26mA，P1、P2、P3 为 15mA；
- 全部的四组 I/O 口（P0～P3 口）所允许的"灌电流"之和最大为 71mA。

但是，当这些 I/O 引脚输出高电平的时候，单片机的"拉电流"能力就比较差了，还不到 1mA。

因此，单片机输出低电平的时候，"灌电流"的驱动能力要比"拉电流"的驱动能力强得多。为了合理利用 I/O 引脚的"灌电流"驱动能力强的特点，在外接耗电较大的器件（如 LED 数码显示器、继电器等）时，应该优先选用低电平输出（即采用"灌电流"）来驱动外部器件。

12.2.2　常用的驱动电路

1. 三极管驱动电路

单片机应用系统中的三极管驱动电路，通常用于单个或者少量 I/O 口驱动的场合。如前述的图 12-2 中，使用三极管驱动蜂鸣器，单片机采用灌电流的方式给 PNP 管提供基极电流。

图 12-2 中的三极管驱动电路不仅可以驱动蜂鸣器，也可以驱动继电器、多个 LED 等，甚至可用来驱动小型的直流电机。单片机应用系统中常用的驱动三极管型号和参数，如表 12-1 所示。

表 12-1　常用驱动三极管的型号和参数

型号	极性	PCM/W	ICM/mA	BV_{CEO}/V	f_T/MHZ	h_{FE}
9012	PNP	0.625	500	40	—	64～202
9014	NPN	0.625	100	50	—	60～1000
8050	NPN	1	1.5A	25	190	85～300
8550	PNP	1	1.5A	25	200	60～300

表 12-1 中，PCM 是集电极最大允许损耗功率；ICM 是集电极最大允许电流；BV_{CEO} 是三极管基极开路时，集电极-发射极反向击穿电压；f_T 是特征频率；h_{FE} 是放大倍数。

在三极管驱动电路中，开关三极管的驱动电路必须足够大，否则三极管会增加其管压降来限制负载电流，从而可能使三极管超过允许功耗而损坏。这是因为开关三极管在截止或者高导通状态时，损耗都很小。但是在开关过程中，三极管可能同时出现高电压、大电流，瞬时功耗会超过静态功耗的几十倍。如果三极管的驱动电流太小，就会使三极管陷入开关过渡的危险区。

2. 达林顿驱动电路

在单片机应用系统中，达林顿驱动电路主要采用多级放大来提高晶体管增益，避免加大三极管的输入驱动电流。达林顿管通常由两个三极管构成，这种结构形式具有高输入阻抗和极高的增益，通过较小的输入电流，可以得到较大的输出驱动电流。达林顿驱动电路如图 12-6 所示。

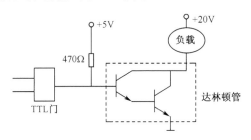

图 12-6　达林顿驱动电路

3. 常用的集成电路驱动器

在单片机应用系统中，常用的 74 系列功率集成电路是集电极开路高压输出驱动器，可用于驱动指示灯和继电器等大功率负载，使用时一般在输出端加上拉电阻。例如，7406 为 TTL 集电极开路六反相高压驱动器、7407 为 TTL 集电极开路六同相高压驱动器。如前述的图 12-3，使用了 7406 集成电路来驱动蜂鸣器使其发声。

在单片机应用系统中，需要进行总线驱动及 3.3V、5V 电平转换时，经常用74LS244（单向驱动）和 74LS245（双向驱动）来实现，它们的最大吸收电流为20mA。

除了 7406 和 7407 外，在单片机应用系统中，常用的集成电路驱动器如表 12-2所示。这些驱动器只需接上合适的限流电阻和偏置电阻即可直接由 TTL、MOS、CMOS 电路来驱动。当它们用于感性负载时，必须接上限流电阻或箝位二极管。此外，有些驱动器的内部还设有逻辑门电路，可以完成输入引脚的与、与非、或、或非的逻辑功能。

表 12-2　外围驱动器选择指南

具有逻辑门的外围驱动器					逻辑电路功能			
开关电压	最大输出电流	典型延迟时间	内含驱动器	内设钳位二极管	与	与非	或	或非
15V	300mA	15ns	2	—	SN75430 SN75431	SN75432	SN75433	SN75434
20V	300mA	21ns	2	—	SN75450B SN75451B	SN75432B SN75452B	SN75453B	SN75454B

续表

| 具有逻辑门的外围驱动器 | | | | | 逻辑电路功能 | | | |
开关电压	最大输出电流	典型延迟时间	内含驱动器	内设钳位二极管	与	与非	或	或非
30V	300mA	33ns	2	—	SN75460 SN75461	SN75462	SN75463	SN75464
35V	500mA	33ns	2	—	SN75401	SN75402	SN75403	SN75404
	700mA	300ns	4	是		SN75437		

| 没有逻辑门的外围驱动器 | | | | | 典型驱动器 | | | |
开关电压	最大输出电流	典型延迟时间	内含驱动器	内设钳位二极管				
35V	1.5A	500ns	4	是	ULN2064	ULN2066	ULN3068	
				是	SN75064	SN75066	SN75068	
				—	ULN2074	SN75074	ULN7841	ULN2845
50V	500mA	1us	7	是	ULN2001A	ULN2002A	ULN2003A	ULN2004A
				是	MC1411	MC1412	MC1413	MC1416
	1.5A	500ns	4	是	ULN2065	ULN2067	ULN2069	
				是	SN75065	SN75067	SN75069	
				—	ULN2075	SN75075		

12.2.3　应用举例

【例 12-2】　设计一个开启白炽灯的驱动电路。

电路如图 12-7 所示，为开启白炽灯驱动电路，此电路能直接驱动工作电压小于 30V、额定电流小于 500mA 的任何灯泡。

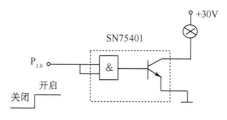

图 12-7　开启白炽灯驱动电路

【注意】　在设计此电路的印制电路板时，驱动器要加装散热板以便散热。

【例 12-3】　设计电路，驱动需要大电流的负载。

电路如图 12-8 所示。ULN2068 芯片内部具有 4 个大电流达林顿开关管，能驱动电流高达 1.5A 的负载。由于 ULN2068 在 25℃时的功耗达 2075mW，因而使用时一定要加散热板。

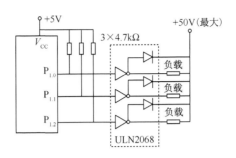

图 12-8 使用 ULN2068 的大电流驱动电路

12.3 电气隔离技术

在许多单片机应用系统中，存在一些开关量的输出控制（如继电器的通断控制）及状态量的反馈输入（如机械限位开关状态，继电器触点的闭合等），这些系统都有一个共同的特点，就是同时存在强电和弱电两部分电路。单片机电路本身属于弱电电路，如果把这两部分电路直接连接在一起，强电部分的电路对单片机系统会产生电磁干扰的影响，使单片机不能正常工作。为了消除或减小强电部分产生的电磁干扰，通常将单片机的弱电部分与强电部分进行电气隔离。常用的电气隔离方法可采用继电器输出隔离或者光电耦合隔离。

12.3.1 继电器输出隔离

1. 继电器接口电路

继电器广泛用于生产控制和电力系统中，其作用是利用它的常闭和常开触点进行电路的切换。其显著特点为接触电阻小、流过电流大、耐高压和价格低等，特别适用于大电流高电压的使用场合。而小型继电器在单片机应用系统和精密测量电路中应用广泛。继电器主要由线圈、铁心、衔铁和触点等部件组成。在单片机应用系统中，继电器方式的开关量输出是一种常用的输出方式，通过单片机用弱电控制外界交流或直流的高电压、大电流设备。

采用继电器作为开关量隔离输出时，单片机需要通过驱动器才能驱动继电器。如图 12-9 所示为典型的继电器与单片机的接口电路。表 12-2 中所列出的外围驱动器或三极管驱动电路，均能驱动普通的继电器。

图中的二极管 D 是续流二极管，起到保护驱动器的作用。因为继电器的线圈是感性负载，当驱动器的输出由"0"到"1"变化时，继电器线圈两端会产生很高的感应电势，此时二极管提供续流回路，从而保护驱动器。

【注意】

（1）驱动器的最大负载电流一定要大于继电器线圈的吸合电流，才能使继电器可靠地工作。

（2）由于继电器的开关响应时间较大，单片机应用系统中使用继电器时，应该考虑开关响应时间的影响。

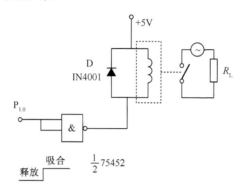

图 12-9　典型继电器接口

2. 常用的小型继电器

（1）JQX-14F 小型大功率继电器。

它是一种负载能力很强的继电器，其开关功率可达 2200W，具有 5000V AC 的高抗电强度（介质耐压）。且体积小（28.7mm×24mm×12.5mm），可直接焊接在印制板上，比较适合电子电路使用。

JQX-14F 继电器的规格型号由如图 12-10 所示。图中触点形式有三种：H 表示常开，D 表示常闭，Z 表示一开一闭。表 12-3 和表 12-4 为 JQX-14F 的参数。

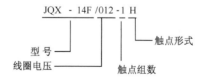

图 12-10　JQX-14F 继电器的规格型号

表 12-3　JQX-14F 技术参数

触点形式	1H	1Z	2H	2Z
触点负载	10A、30VDC/220VAC		5A、30VDC/220VAC	
触点材料	Ag，Bi，Re			
触点电阻初始值/MΩ	100			
线圈电压/V DC	3/5/6/9/12/24			
线圈消耗功率/W	0.53			

触点形式	1H	1Z	2H	2Z
绝缘电阻	1000MΩ、500V DC			
每分介质耐压线圈触点间/V AC	5000			
每分介质耐压开路触点间/V AC	1000			
释放时间/ms	10			
电气寿命/次	10^5			
机械寿命/次	10^7			
环境温度/℃	$-40\sim+60$			

表 12-4 线圈参数

线圈电压/V DC	3	5	6	9	12	24
线圈电阻/Ω	18	50	72	120	285	1150
DC 动作电压/V DC	$\leqslant$ 75 额定电压					
DC 释放电压/V DC	$\geqslant$ 10 额定电压					

（2）DS2Y 系列小型继电器。

DS2Y 系列小型继电器体积小（9mm×19mm×9mm），可靠性高，引脚为标准的 DIP 尺寸，特别是 DS-5-DC5V 型号的额定电压为 5V，动作电流为 40mA，适合于直接与单片机接口，因而得到广泛应用。触点形式一般为 2Z，触点负载：0.3A，125V AC；0.3A，110V DC；1A，20V DC。

12.3.2 光电隔离

继电器隔离的开关量输出电路，适合于控制那些对开关速度要求不太高的外设，因为继电器的响应延迟时间较长，大约为几十毫秒，而光电耦合器的响应延迟时间只有 10μs 左右，对那些启动响应时间要求很高的开关量的输出控制系统，应采用光电耦合器。光电耦合器需要的驱动电流较小，为 10～20mA。

1. 常用的光电耦合器

光电耦合器又称为光电隔离器，它是利用"电—光—电"转换作用的半导体器件。它的功能是通过电光和光电转换传递信号，同时在电气上隔离信号的输入端和输出端。根据其输出极的形式不同，可分为很多类型，常用的有晶体管输出型、高压晶体管输出型、达林顿管输出型、单向可控硅和双向可控硅输出型等。它们的主要区别是驱动负载的能力不同。光电耦合器有单回路的芯片，也有将多个光电耦合器封装在一起的多回路的芯片。

三极管输出型光电耦合器的基本结构如图 12-11 所示。双向可控硅输出型光电耦合器一般与可控硅电路配套使用,其基本结构如图 12-12 所示。表 12-5 和表 12-6 列出了常用的各种类型的单光电耦合器。

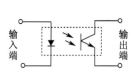

图 12-11　三极管输出光电耦合器

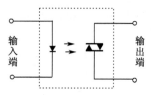

图 12-12　双向可控硅输出型光电耦合器

表 12-5　通用单光电耦合器

类型	器件信号	发光二极管压降		电流传输比 $(CTR = I_C / I_F)$			晶体管饱和压降 V_{CEO}			反向击穿电压 V_{CEO} /V	绝缘电压峰值/V AC
		V_F /V	$*I_F$ /mA	比例 /%	$*I_F$ /mA	V_{CE} /V	V	$*I_F$ /mA	I_C /mA		
晶体管型	MCT271 MCT274	1.5	20	90 400	10	10	0.4	16	2.0	30	3000 (R) 2500 (R)
	4N25,A 4N27 4N35 4N36	1.5	10	20 10 100 100	10	10	0.5	50 50 10 10	2.0	30	2500 1500 3500 2500
	ITL112	1.5	10	2.0		5	0.5	50	2.0	20	1500
	TIL115	1.5	10	2.0		5	0.5	50	2.0	20	2500
	ITL124	1.4	10	10	10	10	0.4	10	1.0	30	5000
	TIL116	1.5	60	20		10	0.4	15	2.2	30	2500
	TIL117	1.4	16	50		10	0.4	10	0.5	30	2500
高压晶体管型	MOC8204 MOC8205 MOC8206	1.5	10	20 10 5.0	10	10	0.4	10	0.5	400	7500
	4N38 4N38A	1.5	10	10	10	10	1.0	2.0	4.0	80	1500 2500
达林顿管	TIL113 TIL156	1.5	10	300	10	1.0	1.0	50	125	30	1500 3535
	4N29,A 4N32,A	1.5	10	100 500	10	10	1.0	8.0	2.0	30	2500
	MOC8020 MOC8030	2.0	10	300 500	10	1.5 5.0				50 80	7500

表 12-6 可控硅输出型光电耦合器

类型	器件型号	击穿电压峰值/V	LED 触发电流峰值 $I_{FT}(V_{TM}=3V)/mA$	绝缘电压 V_{AC} 峰值/V	电压上升率 $(dv/dt)/(V/\mu s)$
单向可控硅	4N39	200	30	7500	500
	H11C1	200	20	7500	500
	MOC3002	250	30	7500	500
	MOC3003	250	20		
	MOC3007	200	40		
双向可控硅	MOC633A		30		10
	MOC634A		15		10
	MOC635A	400	10		10
	MOC640A		30	40	1000
	MOC641A		15	40	1000

2. 光电耦合器的应用

光电耦合器以其响应速度快，体积小，具有较好的隔离和抑制系统噪声的作用，使其在强弱电接口，特别是微机接口的输入、输出接口中获得广泛的应用。

【例 12-4】 设计交流电源过零检测器的电路。

在单片机控制系统中，常需要检测交流电压的过零点时间，为单片机所控制的交流负载提供准确的过零触发脉冲。图 12-13 所示为电源过零检测器，它所输出的过零脉冲与单片机相接，作为单片机的输入。此例也是一个光电隔离输入接口的实例。图中交流电源经电阻 R_1 直接加在两个反向并联的光电二极管上，在交流电源正弦波的正、负半周，二极管 D_1 和 D_2 分别导通，从而使 T_1、T_2 导通，P1.0 为低电平。在交流电源正弦波过零的瞬间，两个二极管都不导通，P1.0 为高电平。因此 P1.0 在电压过零时能够得到正脉冲信号。R_1 将光电二极管的电流限制在 2mA 左右。

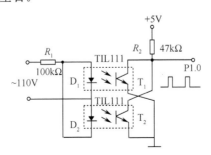

图 12-13 电源过零检测输入接口

【例 12-5】 设计双向可控硅隔离驱动电路。

图 12-14 中的光电耦合器 MOC3021，可以直接驱动双向可控硅，而光电耦合器的输入端采用了 SN75452 驱动，由此可实现电灯、电机及对其他交流电气设备的控制。

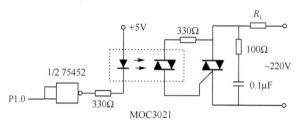

图 12-14 双向可控硅隔离驱动电路

【小结】

本章首先介绍了单片机应用系统中经常用到的声光报警的实现方法：LED 闪光报警、蜂鸣器报警和语音报警三种方法。

由于单片机 I/O 口的驱动能力有限，对于电机、继电器等大功率型的负载，需要用外围驱动器来驱动，包括三极管驱动、达林顿驱动电路和集成电路驱动器等。

为了解决电气设备（如电机）对单片机应用系统的干扰，常用两种方法实现电气隔离：继电器隔离和光电耦合器隔离。继电器常用于负荷较大的开关量隔离输出，当然，单片机需要通过驱动器才能驱动继电器；而光电耦合器常用于负荷较小的开关量隔离输出。

习题与思考

1. 通过列举相关数据，简要说明单片机的灌电流和拉电流驱动能力有何区别。

2. 设某系统的报警电路如图 12-15 所示，报警信号由 P3.3 输入，当 P3.3 为低电平时，则蜂鸣器响；P3.3 为高电平时则停止报警。编写程序，实现该功能。

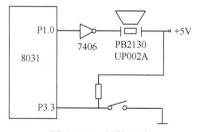

图 12-15 报警电路

3. 要求由 8031 单片机的 P1.0 引脚输出信号，控制继电器 JQX-14F/012-1H 的通和断，试选择合适的驱动器，并画出接口电路图。

第十三章 单片机应用系统设计及实例

【学习目标】
(1) 了解:单片机应用系统设计的主要方法、步骤和具体开发过程。
(2) 理解:单片机应用系统硬件设计、软件设计的主要方法和原则。
(3) 掌握:中小型单片机应用系统的软件设计和实现。

13.1 概　　述

单片机自问世以来,以其显著的优越性,体积小、重量轻、价格低、灵活可靠和使用方面等特点,迅速地得到了广泛的应用。目前,它几乎已渗透到社会生产、生活的各个领域,各种单片机控制的自动化生产设备、家用电气、智能化的仪器仪表层出不穷。

单片机的应用面非常广泛,这里我们主要讲 MCS-51 系列的单片机在控制方面的应用。首先简要介绍应用系统设计方面的问题,然后列举两个简单的实例,通过对实例的讨论,加深对单片机工作原理的理解,提高对单片机应用系统硬件和软件的设计能力,为今后使用单片机解决各类工程问题起到一个入门作用。

13.2 应用系统设计方法

与普通的个人计算机(PC)不同,单片机应用系统往往具有特定的功能和用途,用于特定的场所,解决某些特定的问题。对于不同用途的单片机应用系统,它们的硬件和软件结构往往有较大的差别,但系统的设计实现的方法和步骤是基本相同的。应用系统设计的过程一般包括四个方面的工作:总体设计、硬件设计、软件设计、仿真调试。

13.2.1 总体设计

(1) 确定技术指标。对于单片机应用系统的设计,无论是智能仪器还是工业控制系统,都要对应用对象的工作过程进行深入的调查和分析,了解课题的要求、信号的种类、数量和应用的环境;不管是老产品改造还是新产品的设计,都应对产品性能改善的程度、成本、可靠性、可维护性及经济效益进行综合的考虑,再参考国内外的同类产品的资料,提出合理可行的技术指标。

（2）器件的选型。总体设计要确定系统器件的型号和数量，绘制出系统的硬件框图。其中，单片机电路是系统硬件的核心，要根据系统功能的复杂程度、性能指标要求，选定一种性能和价格比较合适的单片机，同时要根据需要选择外围芯片、人机接口及配置外部设备。

（3）系统软件和硬件功能的划分。系统的硬件配置和软件的设计是紧密联系在一起的，且硬件和软件具有一定的互补性。若采用硬件完成某些软件功能，则可以提供更快的运行速度，减少软件研制的工作量，但增加了硬件成本；若用软件替代某些硬件的功能，可使硬件成本降低，但增加了软件的复杂程度，而且降低了系统的运行速度。因此，总体设计时，应综合考虑以上因素，合理搭配软硬件的比重。

13.2.2 硬件设计

1. 硬件设计及系统配置

一个单片机应用系统的硬件电路设计包含有两部分内容：一是系统扩展，即单片机内部的功能单元，如 ROM、RAM、I/O 口、计数/定时器、中断系统等容量不能满足应用系统的要求时，必须在片外进行扩展，扩展时，要选择适当的芯片，设计相应的扩展电路。二是系统配置，即按照系统功能要求配置外围设备，如键盘、显示器、打印机、A/D 和 D/A 转换器等，并设计合适的接口电路。

1）系统硬件设计原则

系统的扩展和配置设计应遵循下列原则。

① 尽可能选择典型电路，并符合单片机的常规用法。为硬件的标准化、模块化打下良好基础。

② 系统的扩展与外围设备配置的水平应充分满足应用系统的功能要求，并留有适当余地，以便于进行系统升级。

③ 整个系统中相关的器件要尽可能做到性能的匹配，例如选用晶振较高时，相应的应该选择存取速度较高的存储器芯片；选择 CMOS 工艺的单片机构成低功耗系统时，系统中的所有芯片都应该选择低功耗的产品。

④ 可靠性设计及抗干扰设计是硬件系统设计不可少的一部分，它包括了芯片、器件选择、去耦滤波、印制板电路布线、输入/输出通道的隔离等。

2）程序存储器、数据存储器和 I/O 接口扩展

程序存储器扩展时，首先应分析单片机是否有程序存储器、容量是否够用，然后决定是否扩展外部程序存储器。可作为程序存储器的芯片有 EPROM 和 EEPROM 两种，从性能和价格特点考虑，对于大批量生产已成熟的应用系统宜选用掩模 ROM，调试阶段以及样机的研制可选用 EPROM 或 EEPROM。

是否扩展数据存储器应根据系统需要而定。对于数据存储器的容量需求，各

个系统之间的差别较大，对于常规的智能仪器等系统，MCS-51 单片机片内 RAM 已能满足要求，若需扩充少量 RAM，可选用 RAM/IO 扩展芯片 8155，对于数据采集系统，往往需要有较大容量的 RAM 存储器，这时 RAM 芯片的选择原则是尽可能减少芯片的数量。

在选择 I/O 接口电路时，应从体积、价格、功能、驱动能力等方面考虑。标准的可编程接口电路 8255、8155 接口简单、使用方便，对总线负载小，可优先选用；对扩展口线要求较少的系统，则可用 TTL 或 CMOS 电路，也可采用 I^2C、SPI 等串行接口技术，以简化系统连接方式，提高口线的利用率。

3）系统配置

应用系统是否需要配置键盘、显示器、打印机以及 A/D、D/A 转换器应根据系统任务要求而定。

对键盘的设置可根据其键的多少，相应的设计独立式的键盘接口或矩阵键盘接口，当键数量多，可选用专用的键盘/显示接口芯片 8279；单片机应用系统的显示器最简单的可采用 LED 显示，可根据显示位数的多少和 CPU 的时间分配，选用静态显示和动态显示接口两种，其中静态显示的硬件开销较大，占用 CPU 时间少，动态显示的硬件成本低，但占用 CPU 时间较多。目前，已有许多集成的液晶显示（LCD）模块，可用于显示字符、汉字，功能强大的还可显示图形，它们与单片机的接口简单、控制方便；因此，集成的液晶显示模块也是智能仪器设备中常用的显示器件。

对于 A/D、D/A 电路芯片的选择原则应根据系统对转换速度、精度和系统成本的要求确定。

4）总线驱动能力

MCS-51 系列单片机的外部扩展功能很强，但总线的驱动能力有限，如 P0 口的驱动能力为 8 个 LSTTL，P2 口为 4 个 LSTTL，在系统扩展时要注意总线的驱动能力，若连接的接口芯片过多时，应考虑加总线驱动器。如 74LS244（单向）、74LS245（双向），它们的最大吸收电流为 20mA。单向驱动 74LS244 加在 P2 口作地址总线驱动器，双向驱动器加在 P0 口作双向数据总线驱动器。

单向总线驱动器 74LS244 是一个双 4 位的驱动器，A 为输入端，Y 为输出端，$\overline{G1}$ 和 $\overline{G2}$ 分别为两组的输出门控信号，在与 P2 口连接作为地址输出口时，$\overline{G1}$ 和 $\overline{G2}$ 均接地，芯片一直处于工作状态，如图 13-1 所示。

双向总线驱动器 74LS245 的 $\overline{G}$ 为门控端，DIR 为方向控制端，DIR＝0，数据从 B→A；DIR＝1，数据从 A→B。在与 P0 口连接作为双向数据总线驱动器时，$\overline{G}$ 接地保持芯片一直处于工作状态，将单片机的 $\overline{PSEN}$ 和 $\overline{RD}$ 通过与门与 DIR 相连，$\overline{PSEN}$ 或 $\overline{RD}$ 为 0 时，数据 B→A，即从数据总线上读取信息，它的 8 个输入端（A 端）与单片机的 P0 口相连，如图 13-2 所示。

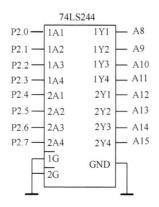

图 13-1　P2 口的单向驱动扩展

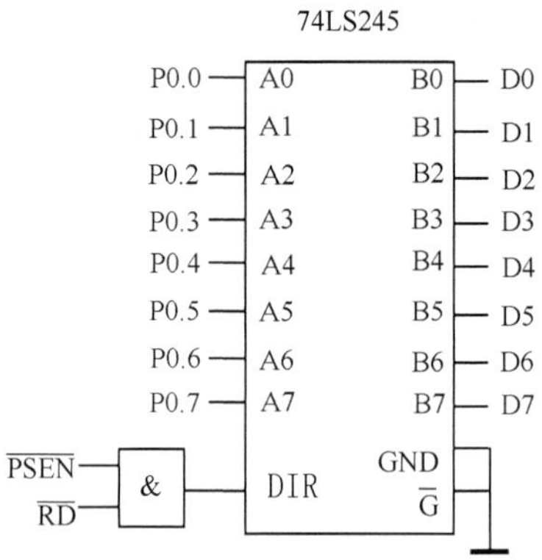

```
              74LS245
P0.0 ──── A0         B0 ──── D0
P0.1 ──── A1         B1 ──── D1
P0.2 ──── A2         B2 ──── D2
P0.3 ──── A3         B3 ──── D3
P0.4 ──── A4         B4 ──── D4
P0.5 ──── A5         B5 ──── D5
P0.6 ──── A6         B6 ──── D6
P0.7 ──── A7         B7 ──── D7

PSEN ──┐
       &── DIR      GND  G
RD  ──┘
```

图 13-2　P0 口的单向驱动扩展

在系统的硬件设计好后，应画出系统硬件的电路原理图，并根据原理图设计印制电路板。

2. 可靠性及抗干扰能力

对于一般的单片机应用系统，应将重点放在电源和印制板电路的可靠性及抗干扰设计上，工作于恶劣环境下的应用系统应针对工作现场的各种干扰，采取相应的措施，这种恶劣环境下的应用系统的可靠性及抗干扰措施请参阅有关资料，在这里只对工作于一般环境下的应用系统作有关讨论。

（1）印制电路板及电路的抗干扰设计。

印制电路板是单片机应用系统中器件、信号线、电源线的高密度集合体，印制电路板设计的好坏对抗干扰能力影响很大，故印制电路版的设计不仅仅是器件、线路的简单布局布线，而且还必须符合抗干扰的设计原则。

① 地线的设计原则。

a. 数字电路与模拟电路分开。若电路板上既有高速逻辑电路（数字电路）

又有模拟电路，则这两类芯片应分别由两种独立的电源，即用模拟电路电源和数字电路电源分别供电，且模拟地线和数字地线应分开，在整个系统中仅有一个模拟地与数字地的公共点。避免形成回路，导致数字信号通过数字地线干扰微弱的模拟信号，同时应尽量加大模拟电路接地面积。正确的连接方法如图 13-3 所示。

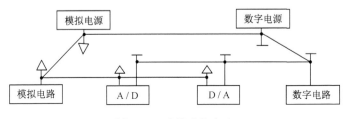

图 13-3　地线连接方法

b. 接地线应尽量加粗。应将接地线加粗，使它能通过 3 倍的印制电路板上的允许电流，一般地线的线宽应尽可能在 2～3mm 以上。

c. 接地线构成环路。只用数字电路组成的印制板电路板接地时，根据经验，将接地电路做成环路能明显地提高抗噪声的能力，如图 13-4 所示。

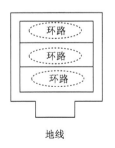

图 13-4　数字电路的地线安排

② 去耦电容的配置。

在每一块集成电路就近布置一个去耦电容。去耦电容一般选择 $0.01\mu F$ 的陶瓷电容，直接跨接在电源与地之间。总电源输入端应跨接一个 $10～100\mu F$ 的电解电容和一个 $0.1\mu F$ 的小电容。

③ 印制板的尺寸与器件布置。

印制电路板大小要适中，若过大，印制线条长，阻抗增加，不仅抗噪声能力下降且成本高；若过小，则散热不好，且易受邻近线路干扰。

在器件布线方面，应把相互有关的器件尽量放得靠近些，一方面便于布线，另一方面能获得较好的抗噪声效果。时钟发生器、晶振和 CPU 的时钟输入端应相互靠近些。

④ 其他。

微机系统中电路的抗干扰设计与具体的电路密切相关，应注意积累经验。举例如下。

a. 单片机复位脚"RESET"在强的干扰现场会出现尖峰电压干扰，可在"RESET"脚与地之间配以 $0.01\mu F$ 去耦电容。

b. CMOS 芯片的输入阻抗很高，易受感应，故不用的输入端应接地或接正电源。

c. 继电器、接触器等零部件在操作时会产生火花，应在开关两端接 RC 串联电路加以吸收，一般 R 取 $1\sim 2k\Omega$，C 取 $2.2\sim 4.7\mu F$。

（2）电源电路的设计。

一般单片机应用系统的电源电路可以采用 7805 等集成三端稳压器组成的电源，其纹波较小，且具有自动保护等功能。

13.2.3　软件设计

单片机应用系统的软件设计一般包括监控、管理程序、现场参数显示驱动程序、常规控制算法实现程序、系统自检程序、故障处理及报警程序等。根据系统的需要，软件设计的复杂程度也不同，但一般都采用自顶向下逐步细化和模块化的程序设计方法。下面介绍单片机应用系统中程序设计的一般步骤。

1. 系统的定义

单片机的汇编语言程序设计与高级语言程序不同，它首先要求设计人员对所使用的单片机的硬件结构有较为详细的了解，特别是对各类寄存器、端口、定时器、中断系统等内容更应了如指掌，然后在硬件设计的基础上，明确地确定软件要完成的任务。

（1）定义说明各输入/输出口的功能，确定信息的交换方式、与系统的接口方式、输入和输出方式等。

（2）在程序存储器和数据存储器区域中，合理分配存储空间。包括系统主程序、常数表格、数据暂存区域、堆栈区域、入口地址等。

（3）对于控制面板的开关、按键等输入量以及显示、打印等输出量也必须给予定义，作为编程的依据。

2. 程序结构设计

在单片机的软件设计中，最常用的是模块化程序设计方法。模块程序设计方法是把一个完整的程序分成若干个功能相对独立的、较小的程序模块，各个程序模块分别进行设计、编制和调试，最后将调试好的程序模块连接起来。

模块程序设计的优点是，单个（功能明确）程序模块设计和调试比较方便，容易完成。一个模块可以被多个任务共享，甚至可以利用现成的模块程序（子程

序）。缺点是各模块程序连接时有一定的难度。程序模块的划分没有一定的标准，
一般可参考以下原则：
- 每个模块的程序不宜太长；
- 力求使各模块之间界限明确，而且在逻辑上相对独立；
- 对一些简单的功能不必模块化；
- 尽量地利用现成的模块程序（子程序）。

具体进行设计时，应在系统定义的基础上，将软件分解为几个相对独立的功
能模块，并根据这些模块的联系和时间关系，设计一个合理的软件结构，使
CPU 有条不紊地对这些任务进行处理。

对于简单的系统，通常用中断方法分配 CPU 的时间，指定哪些功能由主程
序处理，哪些功能通过中断处理，并指定各中断源的优先级别。

3. 程序设计

（1）建立数学模型。根据问题的定义，建立各输入变量和各输出变量之间的
数学关系，称为数学模型。对于不同的系统，其数学模型是不同的，例如在直接
数字控制系统中，最简单的方法是数字 PID 控制算法，在测量系统中，从模拟
输入通道得到的温度、压力等现场信号与该信号对应的实际值往往存在非线性关
系，则需要进行线性处理。为了削弱或消除干扰信号的影响，提高系统精度，常
采用算术平均法、中值法等数字滤波方法。

（2）绘制程序流程图。通常在编写程序之前先绘制流程图。流程图能帮助我
们组织程序结构，理清思路，使我们在编程序时做到思路清楚、层次分明，从而
减少程序中出现的错误。

（3）编写程序。在完成了流程图的设计后，就可进行具体的程序设计了。
设计程序时，首先对数据存储器进行详细分配。先分配片内 RAM，指定各模
块使用的工作寄存器，分配标志位（片内 20H～2FH 位寻址区），再估算子程
序和中断的最大嵌套级数以及程序中使用堆栈操作的情况，在此基础上指定堆
栈区，栈区的大小要留有余量，最后剩下的片内 RAM 部分作为数据缓冲器。
若有扩展的 RAM 存储器，要在充分利用片内 RAM 的基础上，再分配片外数
据存储器。

在编写程序过程中，应按 MCS-51 汇编语言的符号和格式书写，必要时做若
干功能注解。编写好程序后，用汇编软件把源程序转换成单片机的机器码，就可
进行程序的调试了。

13. 2. 4　单片机开发系统和开发方法

单片机应用系统的开发与一般的微机和单板机的应用系统的开发不同，它要
求用户根据需要选择单片机芯片，再加上系统功能所需要的外围芯片，组成一个

单片机用户硬件系统，而用户系统本身不具备开发能力，所以用户系统有必要借助单片机开发系统来完成用户系统的软硬件调试工作，加快软件开发。

1. 单片机开发系统

单片机的开发系统也称为仿真器，它也是一个由单片机组成的特殊的计算机系统，它是专门用来对单片机应用系统的软件、硬件进行调试开发的工具。仿真器本身一般都有键盘、显示器等资源，也可以与 PC 机联机工作，共享 PC 机的键盘、显示器等资源，并配有开发系统的监控、管理程序。仿真器主要具有以下几个方面的基本功能。

① 能对用户系统硬件电路进行诊断与检查；

② 能进行用户程序的输入与修改；

③ 具备用户程序运行、调试的功能。

对于较为完善的开发系统还具备有程序的汇编、反汇编、用户程序固化、程序文件打印及文件存储等功能。

2. 开发方法

单片机系统的开发方法如下。

① 设计用户硬件系统和软件程序。

② 将仿真器上的仿真头插在用户板上，代替用户系统的单片机芯片，如图 13-5 所示，若仿真器本身不带键盘显示功能，则将仿真器通过串口与 PC 机相连。

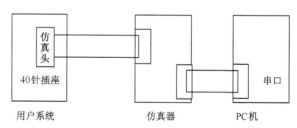

图 13-5　用户系统与仿真器连接示意

③ 将用户程序通过 PC 机输入，用汇编器进行汇编后，把目标程序下载到仿真器，仿真器将开发系统的 CPU 和 RAM 暂时出借给用户系统，利用开发系统对用户系统的软、硬件进行调试（仿真），调试过程中对软件和硬件进行检查、修改。

④ 将调试好的程序固化到 EPROM 中，再拔掉用户板上的仿真头，恢复用户系统 CPU 和 RAM，对独立的用户系统进行试运行，若满足要求，则开发工作完成。

这里要强调的是：用户系统开发成功后，可不带仿真机，独立运行，即仿真器只是单片机开发过程中使用的一种工具，也就是说拥有一台仿真器可对多个同型号的单片机用户系统进行调试。

功能强大、操作方便的单片机开发系统可以加快单片机应用系统的研制工作。国内很多厂家根据我国国情研制出了许多型号的单片机的开发系统，随着单片机应用领域的不断扩大，开发装置的功能越来越强，价格也越来越低，这就为进一步推广应用单片机技术提供了良好的工具。

13.2.5　仿真调试

1. 硬件调试

根据硬件原理图和印制板图组装好实验样机以后，便进入硬件调试阶段，这阶段的任务是排除样机的硬件故障，包括设计错误和电气故障等。硬件调试分为三个阶段进行。

1) 脱机检查

用万用表、逻辑笔等常规工具，对照硬件电路图检查芯片间的连线是否正确，核对元器件的型号、规格是否符合图纸要求。对电源系统应仔细核实，防止电源短路、极性错误，检查总线之间是否存在短路、虚接等故障。

2) 联机检查

除 8031 和 EPROM 外，在样机上插入所有的元器件，而后将单片机开发系统的 40 芯仿真头插入用户系统的 8031 插座上。连接应在断电的状态下进行，并测量一下用户系统与仿真器的地线是否接触良好。

仿真器和用户系统通电后，若在仿真器上的读写操作正常，说明用户系统中没有总线短路故障。此时，在仿真器上用读写方法，对用户系统的 RAM 存储器及扩展的 I/O 接口进行操作，观察 I/O 接口状态的变化，若正常，则说明用户系统的 RAM、I/O 接口的译码电路、数据通道、控制联络无故障。若样机工作不稳定，可从以下几方面分析原因。

① 仿真器和用户系统的地线接触不良；

② 用户系统中元器件速度与仿真器上的时钟不匹配，主机板负载太重；

③ 用户系统的电源滤波线路不健全。

2. 软件调试

首先在开发系统的支持下，进行逐个模块的调试，然后再进行程序联调。

（1）模块调试。模块调试的基本方法是首先要使模块能正常运行，为此要给模块的运行提供必要的参数，往往需要在程序中增加某些调试所需的指令，或者通过开发系统设定某些参数的初值和该模块的入口条件。在模块调试成功后，应注意恢复原来的程序。

（2）程序联调。程序联调主要检查各功能模块的连接问题，一般采用"自底向上"的调试方法。首先从最基本的模块开始，每连接上一个功能块，要联调一次，并检查程序功能。

在整个调试过程中，借助开发系统，通过对用户系统的 CPU 现场、RAM 内容和 I/O 口状态的测试，可检查程序执行的结果是否正确，可以发现程序中的死循环错误、转移地址的错误等，也可以发现用户系统中软件算法错误及硬件设计错误，并在调试过程中不断地进行改进。

当联机开发，用户系统能正常运行后，将开发机中调试好的程序固化在 EPROM 中，将 EPROM 插入用户系统中，然后把仿真头拔掉，换上单片机，用户系统独立运行。

13.3 应用实例一：定长控制系统

长度控制是生产过程中经常遇到的课题，特别是卷绕物的长度是不少自动化生产线的重要组成部分。本节通过一个实例"油毡卷长控制器"，来介绍单片机在定长控制系统中的应用。

本节所介绍的例子是在一个实际应用系统的基础上，经过适当简化而得到的，是一个既简单又比较完整的、可以实现的例子。通过这个例子，能够帮助读者进一步了解单片机应用系统的设计思路和方法。

13.3.1 油毡卷长控制器的工作原理

油毡卷长控制器其主要作用是将连续生产出来的油毡按规定的长度卷成卷，然后送往包装机进行包装。油毡卷长控制器根据测到的长度信号来控制卷毡机的启停、卷毡的速度、切刀以及脱芯等动作。油毡卷长控制器的主要控制对象就是卷毡机；油毡卷长控制器的主要传感元件为长度传感器及启动按钮；执行元件为卷毡调速电机、抱闸装置、切刀装置和脱芯装置，另外还有一个油毡长度显示器。某油毡卷毡机的结构示意图，如图 13-6 所示。

为弄清楚油毡卷长控制器的工作原理，我们先看一下油毡卷长控制器有哪些输入输出信号。

油毡卷长控制器输入输出信号有：长度信号 LN、启动信号 ST、速度控制信号 VC、抱闸控制信号 SB、切刀控制信号 SC 和切刀完成信号 SCA、脱芯控制信号 SR 和脱芯完成信号 SRA 等。

下面对这些输入、输出信号做进一步的说明：

（1）长度信号 LN。长度信号 LN 由光电传感器取得。油毡每移动 0.01m，长度信号 LN 输出一个脉冲。长度信号 LN 的波形如图 13-7 所示。长度显示器显示范围为 00.00～99.99m，可采用四个数码管进行显示。

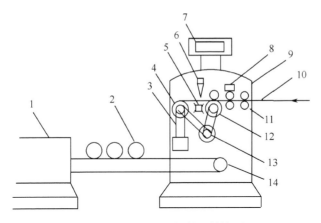

图 13-6　油毡卷长控制器结构图

1. 包装机；2. 已卷好的油毡；3. 脱芯装置；4. 正在卷的油毡；

5. 抱闸装置；6. 切刀装置；7. 油毡长度显示器；8. 长度传感器；

9. 卷毡机；10. 待卷绕的油毡；11. 滚轮；12. 传动滚轮；

13. 卷毡调速电机；14. 皮带传送机

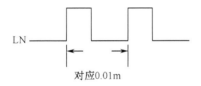

图 13-7　长度信号波形图

（2）启动信号 ST。当有启动信号 ST 输入时表示准备工作已完成，可以启动卷毡机，启动信号 ST 可以在每卷油毡加芯后由人工输入，也可以由加芯装置自动给出。

（3）速度控制信号 VC 和抱闸信号 SB。速度控制信号 VC 用来控制卷毡机中卷毡调速电机的速度。卷毡调速电机速度分为高速、中速、低速和停止四档。速度控制信号 VC 是用四种不同的电平来控制这四种不同的速度。因此速度控制信号 VC 可用两位二进制数经过 D/A 转换得到。当卷毡机中电机处于停止状态时，卷毡机上的油毡由于惯性仍可能在转动，为此还要用抱闸控制信号 SB 来控制卷毡机的强制制动。

（4）切刀控制信号 SC 和切刀完成信号 SCA。切刀控制信号 SC 用来控制切刀装置切断油毡。油毡切断以后复位，发出切刀完成信号 SCA，表示油毡已经切断。

（5）脱心控制信号 SR 和脱芯完成信号 SRA。脱芯控制信号 SR 用来控制已卷好的油毡脱芯。脱芯后的油毡自动进入后一道工序，进行包装。每卷油毡脱芯后，会发出脱芯完成信号 SRA，表示脱芯动作已完成。

接着让我们来看一下油毡卷长控制器的工作过程。为了描述油毡卷长控制器的工作过程，可以先分析一下作为被控对象的卷毡机有哪些状态，然后找出这些状态之间的转换规律。

根据油毡生产的工艺过程和卷毡机的控制规律，可将卷毡机分成九个状态，每个状态所对应的动作见表 13-1。

表 13-1　卷毡机状态说明表

状态编号	状态名称	油毡长度/m	卷毡速度	抱闸	切刀	脱芯	状态转换说明
S_1	等待启动		停　止	不动作	不动作	不动作	初始状态或由状态 S_9 转入
S_2	低速运转	0.00～2.00	低　速	不动作	不动作	不动作	输入启动信号后，进入该状态
S_3	中速运转	2.01～5.00	中　速	不动作	不动作	不动作	长度超过 2.00m 后，进入该状态
S_4	高速运转	5.01～16.00	高　速	不动作	不动作	不动作	长度超过 5.00m 后，进入该状态
S_5	中速运转	16.01～19.00	中　速	不动作	不动作	不动作	长度超过 16.00m 后，进入该状态
S_6	低速运转	19.01～20.00	低　速	不动作	不动作	不动作	长度超过 19.00m 后进入该状态
S_7	制　动	＞20.00	停　止	动　作	不动作	不动作	长度超过 20.00m 后，进入该状态
S_8	切　刀		停　止	动　作	动　作	不动作	状态 S_7 延时 2s 后，进入该状态
S_9	脱　芯	清　零	停　止	动　作	不动作	动　作	切口完成后，进入该状态

油毡卷长控制器可分为 S_1～S_9 九种状态，状态之间的转换规律，可由状态转换图 13-8 描述。

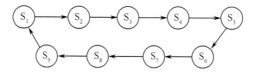

图 13-8　油毡卷长控制器状态转换图

由状态转换表可见，状态 S_1～S_9 的转换是按顺序进行的，从状态说明表中可以看出，由一个状态转换到下一个状态是由转换条件控制的，其中大部分的转换控制条件是油毡的长度，而有些是依据动作顺序或者定时工序进入。明确了油毡卷长控制器的输入输出信号和它的工作过程，就可进行控制器的软硬件设计了。

13.3.2　油毡卷长控制器硬件配置

（1）采用 MCS-51 系列单片机 8031 作为控制器的核心组成一个单片机控制系统。为了存放程序的需要，片外只扩展了 8KB 的程序存储器 EPROM 2764。

（2）长度显示采用 4 个数码管的静态显示方法。显示的七段码由串口输出，经 4 块 74LS164 变成并行信号驱动显示。

（3）根据前面的分析，该系统的输入信号有 4 个，其中长度信号 LN 由 P3.2（$\overline{\text{INT0}}$）输入，而启动信号 ST、切刀完成信号 SCA、脱芯完成信号 SRA 分别由 P1.0、P1.1 和 P1.2 输入；输出信号有 4 个，即速度控制信号 VC、抱闸控制信号 SB、切刀控制信号 SC 和脱芯控制信号 SR，分别由 P1.3～P1.7 输出。其中速度控制信号由 P1.7、P1.6 输出后，经加法器转换成模拟信号，再送至卷扬机的调速电机控制器上。

（4）为了提高控制器的抗干扰能力，所有的输入、输出信号都经光电隔离后再连接到单片机系统上。

油毡卷长控制器电路如图 13-9 所示。当然，作为一个完整的控制器的硬件线路，还应包含电源部分、故障报警部分以及手动/自动控制切换电路等，如果长度显示采用大型数码管显示器，还需另外的驱动电路。这些在图中均被省略了。

13.3.3　油毡卷长控制器软件设计

1. 软件设计思路和程序流程框图

根据卷毡机的状态说明表和状态转换图可以看出，程序的处理主要是按状态 $S_1 \sim S_9$ 的顺序，根据转换条件一步一步进行，这也是我们考虑的主流程的思路。

在状态转换的过程中，大多数的转换条件是油毡的长度。长度信号是由长度传感器测出的脉冲信号，经 P3.2 输入的，可利用 $\overline{\text{INT0}}$（P3.2）的下降沿触发方式，使单片机每接收到一个周期的方波信号，产生一次外中断，对长度累计一次，并将累加的长度送显示缓冲区，准备刷新显示。这样在主流程中就不需考虑对长度的计数，而只需将长度与规定长度相比较，以判断是否进行状态转换。

在油毡卷长控制器中还需要不断显示油毡的长度，这里采用定时 0.1s 刷新的方式，由 T0 定时中断方式实现 0.1s 的定时，并在定时中断服务程序中刷新长度显示；T0 的定时不但可以进行显示刷新，同时还可进行 2s 计时，以便在 S_7 状态延时 2s 后进入 S_8 状态。

综上所述，我们采用模块化程序设计方法，将程序分为三大模块即主程序模块，外部中断 0 中断模块，定时器 0 中断模块。每个模块再由多个子模块（子程序）组成。

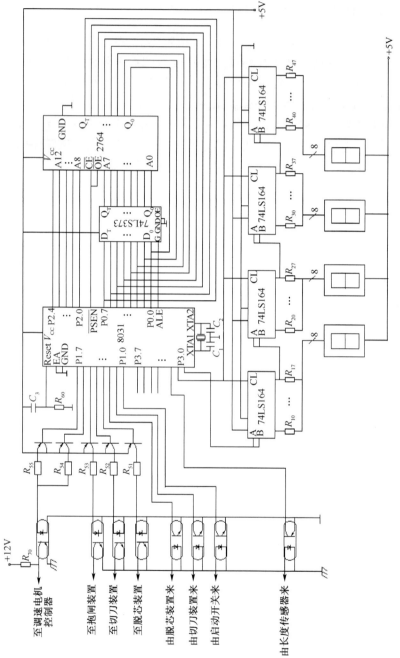

图 13-9 油毡卷长控制器电路图

主程序模块流程图，如图 13-10 所示，该模块由初始化子程序（子模块），$S_1 \sim S_9$ 状态处理子程序（子模块），以及状态转换条件判断语句组成。由状态说明表可看出，S_2 与 S_6、S_3 与 S_5 的处理操作相同，可分别合为两个模块编程即 S_{26} 和 S_{35}。初始化模块包含了内存单元的初始化，输出口的初始化，定时器的初始化和外中断 0 的初始化。

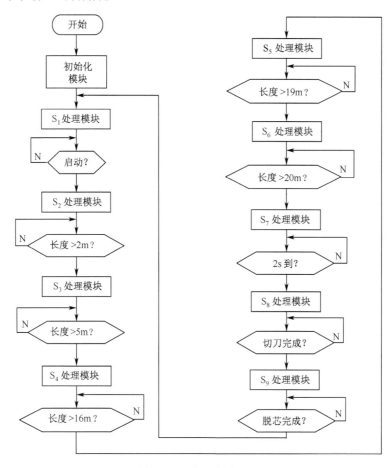

图 13-10　主程序流程图

定时器中断程序模块流程图，如图 13-11 所示。定时器 0 设为方式 1（16 位）定时，每 20ms 中断一次，中断 5 次（由 CTR0 单元计数）则为 0.1s，每 0.1s 刷新一次显示，0.1s 重复 10 次（由 CTR1 单元计数）为 1s，状态 7 到状态 8 转换的延时 2s，由 CTR2 对 1s 计数 2 次实现。

【说明】　定时器中断程序中的显缓内容送显示的操作，是将显缓中所存的长度的七段码通过串行口送显示器。

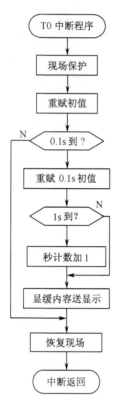

图 13-11　T0 中断程序流程

设晶振 $f_{osc}=12\text{MHz}$，T0 工作方式 1 定时 20ms 的初值

$$X = 2^{16} - \frac{f_{osc}}{12} \times 20 = 2^{16} - \frac{12 \times 10^{6}}{12} \times 0.02 = 45536\text{D} = \text{B1E0H}$$

外部中断程序模块流程图，如图 13-12 所示。外中断 0 采用边延触发方式，进入中断服务程序以后，为防干扰，先查询一下长度移动信号 LN 是否为低电平，若为不为低，则中断信号可能是由干扰引起的，此时不作处理直接转中断返回；否则，进行加计数。$\overline{\text{INT0}}$ 引脚每输入一个正脉冲，表示长度增加 0.01m，计数时按整数进行，每次进行四位 BCD 码（十进制）的加 1，BCD 码的最高位相当于长度的十位数，最低位相当于小数点后第 2 位。程序流程中的长度译码送显缓子程序包括了查累计长度（BCD 码）七段码，以及送显示缓冲区两部分内容。

油毡的长度信号需要及时读取，所以将外中断 0 的优先级设为高级，即允许外中断 0 打断定时器 0 的中断服务程序。

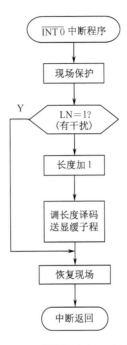

图 13-12　$\overline{INT0}$ 中断程序流程

2. 程序清单

下面是采用 MCS-51 汇编语言编写的源程序。

```
        ；上电复位入口
                ORG     0000H
                LJMP    STAR
        ；外部中断 0 入口
                ORG     0003H
                LJMP    INTP1
        ；定时器中断入口
                ORG     000BH
                LJMP    TMR0
        ：有关标识符说明
        ：有关输入输出口说明
        LN      BIT     0B2H            ；光电传感器移动信号 LN, 由 P3.2 输入
        VCL     BIT     97H             ；速度控制信号 VC 的低位 VCL 由 P1.7 输出
        VCH     BIT     96H             ；速度控制信号 VC 的高位 VCH 由 P1.6 输出
        ；速度控制信号 VCH、VCL 分别用 11、10、01 和 00 来控制调速电动机的停止、低；
        速、中速和高速
        SB      BIT     95H             ；抱闸控制 SB 由 P1.5 输出, 低电平有效
```

SC	BIT	94H	；切刀完成 SC 由 P1.4 输出，低电平有效
SR	BIT	93H	；脱芯控制 SR 由 P1.3 输出，低电平有效
SRA	BIT	92H	；脱芯完成 SRA 由 P1.2 输入，低电平有效
SCA	BIT	91H	；切刀完成 SCA 由 P1.1 输入，低电平有效
ST	BIT	90H	；启动信号 ST 由 P1.0 输入，低电平有效

；有关内存单元的标识符

LN0	EQU	28H	；0.01m 的长度计数单元
LN1	EQU	29H	；1m 的长度计数单元
DS0	EQU	20H	；显示缓冲区第 0 位（最低位）
DS1	EQU	21H	；显示缓冲区第 1 位
DS2	EQU	22H	；显示缓冲区第 2 位
DS3	EQU	23H	；显示缓冲区第 3 位（最高位）
CTR0	EQU	40H	；0.1s 计数单元
CTR1	EQU	41H	；1s 计数单元
CTR2	EQU	42H	；2s 计数单元

；有关状态字和常数的标识符

DG0	EQU	11000000B	；"0" 的七段码，h g…c b a
		⋮	
DS9	EQU	10010000B	；"9" 的七段码
DGBI	EQU	11111111B	；"空白" 的七段码
DGPY	EQU	01111111B	；小数点的七段码
TTT	EQU	B1E0H	；定时器 20ms 定时常数

；主程序入口

	ORG	0080H	
START:	MOV	SP，#60H	；初始化堆栈指针
	LCALL	M1	；调用初始化模块
	LCALL	MS1	；调用状态 1 处理模块
MCH1：	JB	ST，MCH1	；等待启动
LOOP:	LCALL	MS26	；调用状态 26 处理模块
	MOV	DPTR，#0200H	；取比较值 2.00m，送 DPTR
MCH2：	LCALL	MC	；调用比较子程序
	JC	MCH2	；长度小于 2.00m，则继续等待
	LCALL	MS35	；长度大于 2.00m，调用状态 35 处理模块
	MOV	DPTR，#0500H	；取比较值 5.00m
MCH3：	LCALL	MC	；调用比较子程序，取长度与 DPTR 比较
	JC	MCH3	；长度小于 5.00m，则继续等待
	LCALL	MS4	；长度大于 5.00m，则调用状态 4 处理模块
	MOV	DPTR，#1600H	；取比较值 16.00m

MCH4：	LCALL	MC	；调用比较子程序，取长度与 DPTR 比较
	JC	MCH4	；当前长度小于 16.00m，则继续等待
	LCALL	MS35	；长度大于 16.00m，调用状态 5（3）处理模

块

	MOV	DPTR，#1900H	；取比较值 19.00m
MCH5：	LCALL	MC	；调用比较子程序，取长度与 DPTR 比较
	JC	MCH5	；长度小于 19.00m，则继续等待
	LCALL	MS26	；长度大于 19.00m，调用状态 6（2）处理模

块

	MOV	DPTR，#2000H	；取比较值 20.00m
MCH6：	LCALL	MC	；调用比较子程序，取长度与 DPTR 比较
	JC	MCH6	；当前长度小于 20.00m，则继续等待
	LCALL MS7		；长度大于 20.00m，则调用状态 7 处理模块
	MOV	CRT2，#00H	；预置 2s 计数器初值
MCH7：	MOV	A，CRT2	；比较延时 2s 到否？
	XRL	A，#02H	
	JNZ	MCH7	；2s 未到，继续等待
	LCALL	MS8	；2s 到，则调用状态 8 处理模块
MCH8：	JB	SCA，MCH8	；无切刀完成信号，则继续等待
	LCALL	DEL	；调用延时消抖动
	JB	SCA，MCH8	；延时后，无切刀完成信号，则继续等待
	LCALL	MS9	；切刀完成后，调用状态 9 处理模块
MCH9：	JB	SRA，MCH9	；判脱芯是否完成？
	LCALL	DEL	
	JB	SRA，MCH9	
	LJMP	LOOP	；第一卷油毡完成，重新开始卷第二卷

；初始化模块

M1：	MOV	LN0，#00H	；内存单元初始化
	MOV	LN1，#00H	
	MOV	DS0，#DG0	；显示缓冲区送 0.00
	MOV	DS1，#DG0	
	MOV	DS2，#DG0	
	ANL	DS2，#DGPY	；DS2 位加上小数点
	MOV	DS3，#DGBI	；DS3 送"空白"
	MOV	SCON，#00H	；置串口方式 0
	SETB	VCL	；置速度控制信号 VC 为停止状态
	SETB	VCH	
	SETB	SB	；置报闸控制信号 SB 为不动作

	SETB	SC	；置切刀控制信号 SC 为不动作
	SETB	SR	；置脱芯控制信号 SR 为不动作
	SETB	SRA	；设置脱芯完成信号 SRA 为输入口
	SETB	SCA	；设置切刀完成信号 SCA 为输入口
	SETB	ST	；设置启动信号 ST 为输入口
	SETB	LN	；设置长度信号 LN 为输入口
	MOV	CTR0，#05H	；设置 0.1S 计数器初值为 5×20ms＝0.1s
	MOV	CTR1，#0AH	；设置 1S 计数器初值为 10×0.1s＝1s
	MOV	CTR2，#00H	；2s 计数单元清 0
	MOV	DPTR，#TTT	；取定时 20ms 时间常数
	MOV	TH0，DPH	；设置定时器时间常数
	MOV	TL0，DPL OPL	
	MOV	TMOD，#01H	；T0 为 16 位定时方式
	SETB	TR0	；启动定时器
	SETB	ET0	；允许 T0 中断
	SETB	IT0	；置 INT0 下降沿触发中断
	SETB	PX0	；置 INT0 为高级中断
	SETB	EX0	；允许 INT0 中断
	SETB	EA	；允许所有中断源的中断
	RET		

；状态 1（MS1），…，状态 9（MS9）处理子程序，其中状态 2 和 6，状态 3 和 5 处
；理程序相同。

MS1：	SETB	VCL	；置速度信号 VC（＝11）停止状态
	SETB	VCH	
	SETB	SB	；置抱闸控制信号 SB（＝1）不动作
	SETB	SC	；置切刀控制信号 SC（＝1）不动作
	SETB	SR	；置脱芯控制信号 SR 为（＝1）不动作
	RET		
MS26：	CLR	VCL	；置速度控制信号为 VC（＝10）低速状态
	SETB	VCH	；SB、SC、SR 保持不动作
	RET		
MS35：	SETB	VCL	；置速度控制信号（为 01）中速状态
	CLR	VCH	；SB、SC、SR 保持不动作
	RET		
MS4：	CLR	VCL	；置速度控制信号（＝00）高速状态
	CLR	CH	；SB、SC、SR 保持不动作
	RET		
MS7：	SETB	VCL	；置速度控制信号（＝11）停止状态
	SETB	VCH	

	CLR	SB	; 置抱闸控制信号 SB（＝0）抱闸动作
	RET		; SC、SR 保持不动作
MS8：	SETB	VCL	; 置速度信号 VC（＝11）停止状态
	SETB	VCH	
	CLR	SB	; 置抱闸控制信号（＝0）抱闸动作
	CLR	SC	; 置切刀控制信号（＝0）切刀动作
	RET		; SR 脱芯保持不动作
MS9：	SETB	VCL	; 置速度信号 VC（＝11）停止状态
	SETB	VCH	
	CLR	SB	; 置抱闸信号为 SB（＝0）抱闸动作
	SETB	SC	; 置切刀信号 SB（＝1）不动作
	CLR	SR	; 置脱芯控制信号 SR（＝0）动作
	MOV	LN0，＃00H	; 长度计数单元清 0
	MOV	LN1，＃00H	
	RET		

; 外中断服务程序（模块）

INTP1：	PUSH	ACC	; 保护现场
	PUSH	DPH	
	PUSH	DPL	
	PUSH	PSW	
	JB	LN，INTP4	; （LN）＝1，表示有干扰，不作处理
	MOV	A，＃01H	; 加 1 处理
	ADD	A，LN0	
	DA	A	
	MOV	LN0，A	
	MOV	A，＃00H	
	ADDC	A，LN1	
	DA	A	
	MOV	LN1，A	
	LCALL	MA	; 调用长度送显缓子程序
INTP4：	POP	PSW	; 恢复现场
	POP	DPL	
	POP	DPH	
	POP	ACC	
	RETI		

; 长度送显缓子程序

MA：	MOV	R0，LN0	; 取长度
	MOV	R1，LN1	
	MOV	DPTR，＃TBDS	; DPTR 指向七段码表首址

```
            MOV      A, R0              ; 取长度的低位
            ANL      A, ♯0FH            ; 取 BCD 码低位
            MOVC     A, @A+DPTR         ; 查七段码
            MOV      DS0, A             ; 七段码送显缓 DS0
            MOV      A, R0
            SWAP     A
            ANL      A, ♯0FH            ; 取高位 BCD 码
            MOVC     A, @A+DPTR
            MOV      DS1, A             ; 七段码送显缓 DS1
            MOV      A, R1              ; 取长度的高位
            ANL      A, ♯0FH
            MOVC     A, @A+DPTR
            ANL      A, ♯DGPY           ; 加上小数点
            MOV      DS2, A
            MOV      A, R1
            SWAP     A
            ANL      A, ♯0FH
            MOVC     A, @A+DPTR
            MOV      DS3, A
            RET
TBDS:       DB       DG0                ; 七段码表
            DB       DG1
            DB       DG2
            DB       DG3
            DB       DG4
            DB       DG5
            DB       DG6
            DB       DG7
            DB       DG8
            DB       DG9
; 定时中断服务子程序（模块）
TMR0:       PUSH     ACC
            PUSH     PSW
            PUSH     DPH
            PUSH     DPL
            MOV      PSW, ♯10H          ; 切换第 2 组工作寄存器
            MOV      DPTR, ♯TTT         ; 重赋 20ms 定时初值
            MOV      TH0, DPH
            MOV      TL0, DPL
```

```
                DJNZ     CTR0, TMR3          ; 0.1s 未到，不处理转返回
                MOV      CTR0, #05H          ; 重赋 0.1s 初值
                DJNZ     CTR1, TMR1          ; 1s 未到，CTR2 不计数，转显示刷新
                MOV      CTR1, #0AH          ; 重赋 1s 初值
                INC      CTR2                ; 2s 计数器加 1
        TMR1:   MOV      R2, #04H            ; 将显缓 DS0～DS3 的内容从串口送出
                MOV      R0, #DS0
        TMR2:   MOV      A, @R0
                MOV      SBUF, A
                JNB      TI, $
                CLR      TI
                INC      R0
                DJNZ     R2, TMR2
        TMR3:   POP      DPL                 ; 恢复现场返回
                POP      DPH
                POP      PSW
                POP      ACC
                RETI
; 比较子程序（当前长度计数单元与 DPTR 中的内容相比较）
        MC:     CLR      EA                  ; 临时禁止中断，防止中断影响读数
                MOV      R0, LN0             ; 读取当前长度计数单元内容
                MOV      R1, LN1
                SETB     EA                  ; 开中断
                MOV      A, R0               ; R1、R0 中内容与 DPTR 比较
                CLR      C
                SUBB     A, DPL              ; (R1 R0) 与 (DPTR) 比较
                MOV      A, R1
                SUBB     A, DPH
                RET                          ; 若 Cy = 1，则当前长度小于 DPTR
; 延时子程序
        DEL:    MOV      R7, #40H
                MOV      R6, #00H
        DEL1:   NOP
                DJNZ     R6, DEL1
                DJNZ     R7, DEL1
                RET
```

　　最后需指出，以上程序是一个简化了的油毡卷长控制器源程序清单。虽然可算是一个较为完整、可实现的程序，但在实际应用中，还要考虑到一些异常的情况和工厂提出的特殊要求。为此可做进一步的完善工作，以扩展其功能。

13.4　应用实例二：电子钟

电子钟的实现方法很多，可以分为两大类：第一类是全部采用硬件实现；第二类是采用硬件和软件相结合的方法实现。这里采用单片机实现电子钟属于第二类方法。

本节设计的电子钟具备以下基本功能。

（1）通过 LCD 液晶模块，进行时间显示，格式为"时：分：秒"。

（2）通过键盘校准时间，共有三个按键：功能键 SET、加键 UP、减键 DOWN。

（3）通过蜂鸣器进行整点报时提示，每次到达整点时，发出"嘟"声，保持 20ms。

13.4.1　系统硬件设计

1．器件选型

（1）根据以上列出的主要功能，单片机可选用 Atmel 公司生产的，与 8031 完全兼容的 AT89C51 单片机，该单片机除了具有 8031 所有的功能之外，该单片机内部还带有 4KB 的 FLASH 程序存储器，外部不需要扩展程序存储器，此时 P₀ 和 P₂ 口可以用作通用 I/O 口使用。另外，选用该单片机可降低系统成本，由于不需要扩展外部 ROM 存储器，系统的器件数量减少，使硬件结构更加紧凑，系统性能更好。

（2）LCD 液晶显示器选择通用的字符型液晶显示模块，型号为 SVM1602，它可以显示 16（字符）×2（行），每个字符由 5×8 点阵组成，通过并口传送数据和命令。

2．液晶显示模块的工作原理

液晶显示模块简写为 LCM，字符型液晶显示模块是一类专门用于显示字母、数字符号等的点阵型液晶显示模块。它在一块印制电路板上包含了 LCD 控制器、驱动器和 LCD 显示器等部件。使用者不必关心其内部的具体实现，只需掌握其功能及外部接口的使用方法即可。下面以 SVM1602 为例，介绍通用液晶显示模块的工作原理。

1）主要特性

SVM1602 液晶显示模块可以显示 16（字符）×2（行），每个字符由 5×8 点阵组成，与单片机的接口采用 8 位数据传输的方式。有内置的字库和显示 RAM（用户也可自定义少量的字符）。当需要显示指定的字符时，单片机只需通过 8 位数据线将该字符的 ASCII 送入对应的显示 RAM（DDRAM）

单元中，而字符的产生及显示数据的扫描均由 SVM1602 自动完成。SVM1602 的内部有两个重要的寄存器，分别为：指令寄存器和数据寄存器；单片机通过往这两个寄存器写入命令和数据来实现控制液晶模块工作和数据显示的功能。

2）接口说明

SVM1602 模块共有 16 个引脚，其功能见表 13-2。

表 13-2　通用液晶显示模块的引脚功能

序号	引脚名称	引脚功能
1	V_{SS}	逻辑负电源输入引脚，接 0V
2	V_{DD}	逻辑正电源输入引脚，接 +5V
3	V_{EE}	LCD 驱动电源输入引脚，大小可调 LCD 显示对比度，一般接 0V
4	RS	数据/指令寄存器选择引脚 RS= "1" 时，访问（读写）数据寄存器 RS= "0" 时，访问（读写）指令寄存器
5	R/W	读/写选择引脚 为高电平：读数据 为低电平：写数据
6	E	读写使能引脚 高电平有效，下降沿锁定数据
7～14	D0～D7	8 位数据线（DATA）引脚
15	LEDK	背光灯电源负端，接 0V
16	LEDA	背光灯电源正端，接 +5V

3）主要操作命令

① LCD 清屏命令：写命令 "01H" 到指令寄存器，实现清屏功能。各引脚的输入数据分别为：RS=0，R/W=0，DATA=01H。

② LCD 方式设置命令：写命令 "06H" 到指令寄存器，把工作方式设置为光标向右移动、并且 DDRAM 地址计数器自动加 1。各引脚的输入数据分别为：RS=0，R/W=0，DATA=06H。

③ 显示控制命令：写以下命令到指令寄存器实现显示控制的功能。各引脚的输入数据分别为：RS=0，R/W=0，DATA 的高 5 位为 "00001"，DATA 低 3 位取值见表 13-3。

表 13-3　显示控制命令的 DATA 取值

D7	D6	D5	D4	D3	D2	D1	D0
0	0	0	0	1	0：关显示 1：开显示	0：不显示光标 1：显示光标	0：光标不闪烁 1：光标闪烁

　　④ 功能设置命令：写命令"38H"到指令寄存器，可设置接口类型及显示模式，为 8 位数据接口模式、16（字符）×2（行）、每个字符 5×8 点阵。各引脚的输入数据分别为：RS＝0，R/W＝0，DATA＝38H。

　　⑤ 设置 LCD 的显示位置：写该命令到指令寄存器可以设置显示位置。各引脚的输入数据分别为：RS＝0，R/W＝0，DATA 为"80H＋地址码（00H～27H，40H～67H）"，即 DATA 最高位为"1"，DATA 低 7 位为显示 RAM 的地址，见表 13-4。

表 13-4　设置显示位置命令的 DATA 取值

D7	D6	D5	D4	D3	D2	D1	D0
1	ADD6	ADD5	ADD4	ADD3	ADD2	ADD1	ADD0

　　要指定字符在 LCD 上的显示位置，实际上是通过写显示 RAM（即 DDRAM）地址到指令寄存器中实现的。第一行 16 个字符的 DDRAM 地址范围为：00H～07H，第二行 16 个字符的 DDRAM 地址为 40H～47H。

　　⑥ 写数据：写数据 DATA 到数据寄存器，可自动在 LCD 上显示相应的字符，可显示的字符包括：ASCII 字符和该液晶模块字符表中的其他字符（如拉丁字母）。各引脚的输入数据分别为：RS＝1，R/W＝0，DATA 根据显示的字符有所不同。

　　在使用该命令之前，应该先执行"设置 LCD 的显示位置"的命令，以确定显示的位置。执行写数据的操作后，在默认情况下，显示位置自动加 1。

　　例如，在第一行的第 3 位开始显示字符"12"，步骤如下：

　　① 写设置 LCD 显示位置命令：83H，其中"3"表示 DDRAM 的第 3 个字符的位置。

　　② 指定第一个字母位置后，连续写入数据，写字符"1"的 ASCII 码：31H。

　　③ 写字符"2"的 ASCII 码：32H。

　　4）读写操作时序

　　【注意】　在每次输出显示位置前要重新输入显示模式。

　　对液晶模块的读、写操作时序比较简单，其中写操作的时序图如图 13-13 所示。DATA 线上输出的命令或者数据，在 E 引脚的高电平有效、下降沿锁定数据。时序参数见表 13-5。

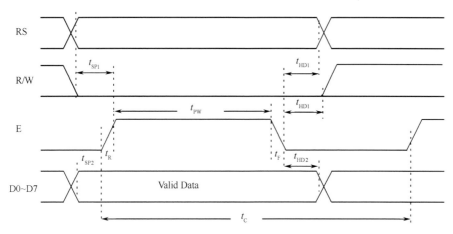

图 13-13　LCD 模块写操作时序

表 13-5　液晶显示模块的操作时序参数

时序参数	符号	极限值		测试条件
		最小值/ns	最大值/ns	
E 信号周期	t_c	400		引脚 E
E 脉冲宽度	t_{PW}	150		
E 上升沿/下降沿时间	t_R，t_F		25	
地址建立时间	t_{SP1}	30		引脚 E、RS、R/W
地址保持时间	t_{HD1}	10		
数据建立时间（写操作）	t_{SP2}	40		引脚 D0～D7
数据保持时间（写操作）	t_{HD2}	10		

3. 硬件电路设计

系统的硬件电路图，如图 13-14 所示。

在该电路中，无需进行存储器和 I/O 口的扩展，P0 和 P2 口可用作通用 I/O 口来实现其他功能。P0.0～P0.2 口线用作独立式键盘的输入口线；由于 P0 口内部没有上拉电阻，所以在 P0 口外部需要外接上拉电阻。

单片机 P2 口与液晶模块的数据端口相连，单片机的 P3.5、P3.6 和 P3.7 分别与 LCD 液晶模块的 RS、R/W 和 E 端相连，实现单片机与 LCD 液晶模块的数据传输与控制。

蜂鸣器由 TTL 系列集成电路 7406 驱动，通过单片机控制实现整点报时的功能。单片机的 P3.4 引脚输出高电平时，7406 输出低电平驱动蜂鸣器发声。P3.4 引脚输出低电平时，蜂鸣器停止发声。

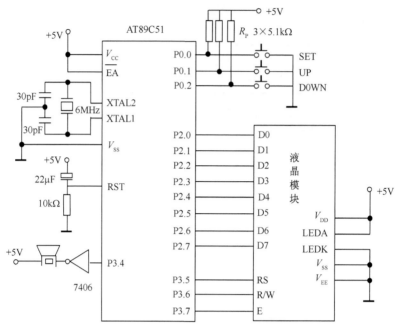

图 13-14　电子钟的电路图

13.4.2　系统软件设计

1. 软件设计思路和程序流程图

根据系统的功能要求和硬件的连接情况，软件可分为：T0 定时中断模块和主程序模块。T0 定时中断模块通过 20ms 基本时间的定时，中断 50 次为 1s，进而实现秒、分、时的计时功能以及蜂鸣器的开关控制。电子钟正常工作时，每秒钟刷新显示一次时间。

主程序模块通过循环执行的方式实现以下功能：调用显示子程序显示当前时间或设置的时间，判断是否有键按下，若有键按下则调用键盘处理子程序。主程序模块的流程图，如图 13-15 所示。

在 T0 中断服务程序中，先重装 T0 定时初值、关闭蜂鸣器、基本计时单元加 1，然后进行时、分、秒的计时，若到达 60min 则打开蜂鸣器，直到下次进入中断时关闭蜂鸣器。T0 中断服务程序的流程图，如图 13-16 所示。

T0 定时中断采用工作方式 1（16 位定时器），由于系统时钟频率为 6MHz 时，机器周期为 $2\mu s$。要实现 20ms 的定时，则 T0 的初始值为

$$X = 2^{16} - \frac{f_{osc}}{12} \times 20 = 2^{16} - \frac{6 \times 10^6}{12} \times 0.02 = 55536D = D8F0H$$

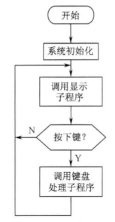

图 13-15 主程序流程图

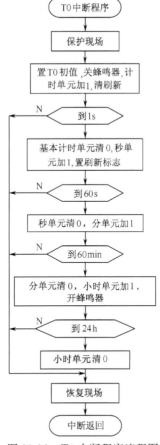

图 13-16 T0 中断程序流程图

时钟的时、分、秒值以二进制计数，所以在送到 LCD 显示之前应先拆分为单个 BCD 码的数字、转换为 ASCII，再送 LCD 显示。在 T0 中断服务程序中，当每秒钟到的时候，设置刷新时间显示的标志，在主程序中根据标志决定是否刷新 LCD 显示的时间。

当电子钟正常工作时，在 LCD 的第一行显示"CLOCK"，在 LCD 的第二行显示当前时间，LCD 显示界面如图 13-17 所示。

CLOCK
11:25:36

图 13-17　正常工作时的界面

当有按键按下时，在 LCD 的第一行显示"SET TIME"，在 LCD 的第二行显示要设置的时间，LCD 显示界面如图 13-18 所示。

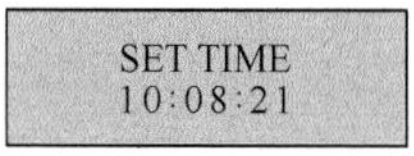

SET TIME
10:08:21

图 13-18　设置时间时的界面

根据按下 SET 键的次数，电子钟可以处于 4 种不同的状态，如图 13-19 所示。电子钟处于正常工作状态时，SET 按键的次数（SETCNT）为 0。处于设置时、分、秒的状态时，SETCNT 为非 0 值。上电后，当按下一次 SET 键时，SETCNT 变为 1，关闭 T0 中断，进入小时设置功能，此时可通过 UP/DOWN 键来加/减小时的数值。当第二次按下 SET 键时，SETCNT 变为 2，可设定分钟的数值。当第三次按下 SET 键时，SETCNT 变为 3，可设定秒的数值。当第四次按下 SET 键时，SETCNT 恢复为 0，允许 T0 中断，此时电子钟转入正常工作状态。

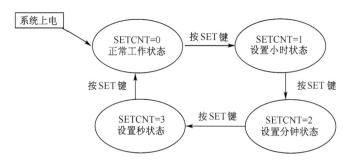

图 13-19　电子钟的状态转换图

键盘处理程序的流程图如图 13-20 所示。如果有键按下，根据按下的键跳转到不同的程序段执行处理。

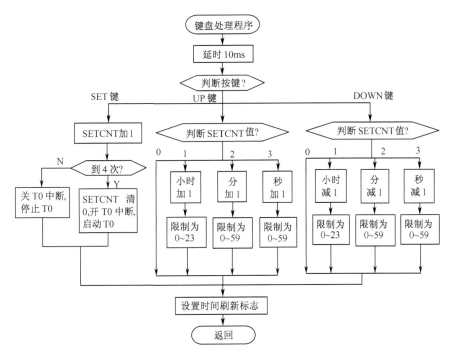

图 13-20 键盘处理程序流程图

若按下 SET 键，先把 SETCNT 单元加 1；如果 SETCNT 为 4，则将其值清 0，否则关闭 T0 中断。若按下 UP 键，SETCNT 的值为 0，则不处理；SETCNT 的值为 1，则小时值加 1；SETCNT 的值为 2，则分值加 1；SETCNT 的值为 3，则秒值加 1。若按下 DOWN 键，SETCNT 的值为 0，则不处理；SETCNT 的值为 1，则小时值减 1；SETCNT 的值为 2，则分值减 1；SETCNT 的值为 3，则秒数值减 1。

显示子程序的流程图如图 13-21 所示。先进行 LCD 初始化、读取显示标志，然后判断是否需要刷新时间显示。如果需要刷新显示，再判断 SETCNT 的值，若为"0"，则标题显示为"CLOCK"；否则标题显示为"SET TIME"；最后，把显示缓冲区的时间值送 LCD 显示。

2. 程序清单

```
;定义引脚
SPK       BIT    P3.4          ;蜂鸣器开关
LCD_RS    BIT    P3.5          ;P3.4～P3.7液晶模块控制线
LCD_RW    BIT    P3.6
LCD_EX    BIT    P3.7
;RAM存储区分配
```

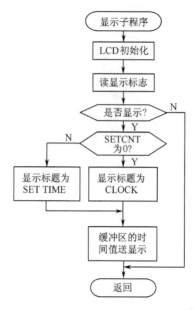

图 13-21　显示子程序流程图

TOCNT	EQU	30H	; T0 基本计时单元
SECOND	EQU	31H	; 秒计数单元
MINUTE	EQU	32H	; 分计数单元
HOUR	EQU	33H	; 时计数单元
DISP _ BUF	EQU	34H	; 34H~3AH 为时间显示缓冲区
DISP _ FLG	EQU	41H	; 刷新显示标志，为 1 时刷新显示
SETCNT	EQU	42H	; SET 按键次数存储单元

; 程序入口

	ORG	0000H	
	LJMP	MAIN	; 跳转到主程序

; T0 中断入口

	ORG	000BH	
	LJMP	ITOP	; 跳转到 T0 中断处理程序

; 主程序

	ORG	0040H	
MAIN:	MOV	SP, #60H	; 设置堆栈指针
	MOV	TMOD, #01H	; 设置 T0 为 16 位定时器方式
	MOV	TH0, #0D8H	; 置 T0 初值
	MOV	TL0, #0F0H	
	MOV	TOCNT, #00H	; T0 中断次数清 0
	MOV	IE, #82H	; T0 中断允许

```
                CLR       A
                MOV       T0CNT, A              ; 时间计数单元清 0
                MOV       SECOND, A
                MOV       MINUTE, A
                MOV       HOUR, A
                MOV       SETCNT, A             ; SET 按键次数清 0
                SETB      TR0                   ; 启动 T0
MAIN _ LP:      LCALL     DISP                  ; 调用显示子程序
                MOV       P0, #0FFH             ; 设置 P0 为输入方式
                MOV       A, P0                 ; 读取键盘端口
                ANL       A, #07H               ; 屏蔽 P0 口的高 5 位
                CJNE      A, #07H, K _ PRESS    ; 有键按下, 转键盘处理
                SJMP      MAIN _ LP             ; 无键按下, 继续循环
K _ PRESS:      LCALL     KEY _ PRG
                SJMP      MAIN _ LP             ; 键盘处理完后, 继续循环
; 显示子程序
DISP:           LCALL     MANLCD                ; 设置 LCD 工作方式
                LCALL     DISPON                ; LCD 显示设置
                LCALL     FUNSET                ; 设置 LCD 的功能
                LCALL     CLRLCD                ; 清屏
                MOV       A, DISP _ FLG         ; 读取刷新显示标志
                JZ        DISP _ END            ; 判断, 不需刷新则返回
                MOV       A, SETCNT
                JNZ       DISPSET               ; 判断决定显示标题内容
                MOV       R2, #86H              ; 定位 "CLOCK" 显示位置
                LCALL     WRLCD
                MOV       R3, #05H
                MOV       DPTR, #CLOCK
                LCALL     DISP _ CHR            ; 显示标题 "CLOCK"
                SJMP      DISP _ T              ; 转 DISP _ T, 显时间
DISPSET:        MOV       R2, #83H              ; 定位 "SET TIME" 显示位置
                LCALL     WRLCD
                MOV       R3, #08H
                MOV       DPTR, #SETTM
                LCALL     DISP _ CHR            ; 显示标题 "SET TIME"
DISP _ T:       MOV       R2, #0C4H             ; 定位第二行时间的显示位置
                LCALL     WRLCD
                LCALL     CONVERT               ; 调用转换子程序, BCD 到 ASCII
```

```
            MOV     R0，#DISP_BUF        ；R0 为显示缓冲指针
            MOV     R3，#08H             ；时间数据共 8 个字符
            LCALL   DISP_DAT            ；显示时间
DISP_END：RET
；键盘处理子程序
KEY_PRG：  MOV     R5，#10
            LCALL   DELAY_MS            ；延时 10ms
            MOV     P0，#0FFH
            MOV     A，P0               ；读取键盘端口
            ANL     A，#07H             ；屏蔽高 5 位
            JNB     ACC.0，K_SET        ；按下 SET 键，转 K_SET
            JNB     ACC.1，K_UP         ；按下 UP 键，转 K_UP
            JNB     ACC.2，K_DOWN       ；按下 DOWN 键，转 K_DOWN
            SJMP    KEY_END             ；无键按下，退出
K_SET：    INC     SETCNT              ；SET 次数加 1
            MOV     A，SETCNT
            CJNE    A，#04H，K_SET2     ；SET 未到 4 次，转 K_SET2
            MOV     SETCNT，#00H        ；SET 到 4 次，SET 次数清 0
            MOV     TH0，#0D8H          ；重装 T0 初值
            MOV     TL0，#0F0H
            SETB    ET0                 ；允许 T0 中断，并启动
            SETB    TR0
            SJMP    KEY_END             ；处理完，返回
K_SET2：   CLR     ET0                 ；禁止 T0 中断，停止 T0 定时
            CLR     TR0
            SJMP    KEY_END             ；处理完，返回
K_UP：     MOV     A，SETCNT
            CJNE    A，#01H，UP_MIN     ；判断 SET 次数是否为 1
            INC     HOUR               ；小时数加 1
            MOV     A，HOUR
            CJNE    A，#24，KEY_END     ；未到 24h，返回
            MOV     HOUR，#00H          ；到 24h，变为 0h
            SJMP    KEY_END             ；处理完，返回
UP_MIN：   CJNE    A，#02H，UP_SEC     ；判断 SET 次数是否为 2
            INC     MINUTE             ；分钟数加 1
            MOV     A，MINUTE
            CJNE    A，#60，KEY_END     ；未到 60min，返回
            MOV     MINUTE，#00H        ；到 60min，变为 0
```

	SJMP	KEY_END	; 处理完，返回
UP_SEC:	CJNE	A, #03H, KEY_END	; 判断 SET 次数是否为 3
	INC	SECOND	; 秒数加 1
	MOV	A, SECOND	
	CJNE	A, #60, KEY_END	; 未到 60s，返回
	MOV	SECOND, #00H	; 到 60s，变为 0 秒
	SJMP	KEY_END	; 处理完，返回
K_DOWN:	MOV	A, SETCNT	
	CJNE	A, #01H, DN_MIN	; 判断 SET 次数是否为 1
	DEC	HOUR	; 小时数减 1
	MOV	A, HOUR	
	CJNE	A, #0FFH, KEY_END	; 未小于 0，返回
	MOV	HOUR, #23	; 小于 0，变为 23h
	SJMP	KEY_END	; 处理完，返回
DN_MIN:	CJNE	A, #02H, DN_SEC	; 判断 SET 次数是否为 2
	DEC	MINUTE	; 分钟数减 1
	MOV	A, MINUTE	
	CJNE	A, #0FFH, KEY_END	; 未小于 0，返回
	MOV	MINUTE, #59	; 小于 0，变为 59min
	SJMP	KEY_END	; 处理完，返回
DN_SEC:	CJNE	A, #03H, KEY_END	; 判断 SET 次数是否为 3
	DEC	SECOND	; 秒数减 1
	MOV	A, SECOND	
	CJNE	A, #0FFH, KEY_END	; 未小于 0，返回
	MOV	SECOND, #59	; 小于 0，变为 59s
KEY_END:	MOV	DISP_FLG, #01H	; 设置时间刷新标志
	RET		

; T0 中断处理程序

ITOP:	PUSH	PSW	; 保护现场
	PUSH	ACC	
	MOV	TH0, #0D8H	; 重装 T0 初值
	MOV	TL0, #0F0H	
	CLR	SPK	; 关闭蜂鸣器
	MOV	DISP_FLG, #00H	; 清除时间刷新标志
	INC	T0CNT	; 定时中断次数加 1
	MOV	A, T0CNT	
	CJNE	A, #50, IT0END	; 中断未到 50 次（1s），返回
	MOV	T0CNT, #00H	; 到 1s，基本单元清 0，秒单元加 1

```
        INC     SECOND
        MOV     DISP _ FLG, #01H      ; 设置时间刷新标志
        MOV     A, SECOND
        CJNE    A, #60, ITOEND        ; 未到60s, 返回
        MOV     SECOND, #00H          ; 到60s, 秒单元清0, 分单元加1
        INC     MINUTE
        MOV     A, MINUTE
        CJNE    A, #60, ITOEND        ; 未到60min, 返回
        MOV     MINUTE, #00H          ; 到60min, 分清0, 时加1
        INC     HOUR
        SETB    SPK                   ; 开蜂鸣器, 发声20ms
        MOV     A, HOUR
        CJNE    A, #24, ITOEND        ; 未到24h, 返回
        MOV     HOUR, #00H            ; 到24h, 时单元均清0
ITOEND: POP     ACC                   ; 恢复现场
        POP     PSW
        RETI                          ; 定时器T0中断返回
; 延时子程序
; 入口: R5 为延时的毫秒数
DELAY _ MS: MOV R4, #64H
MDL:    NOP
        NOP
        NOP
        NOP
        DJNZ    R4, MDL
        DJNZ    R5, DELAY _ MS
        RET
; LCD驱动子程序 (根据LCD操作时序)
; 写LCD的指令寄存器
; 入口: R2 为输出的数据
WRLCD:  CLR     LCD _ RS              ; 选择指令寄存器
        CLR     LCD _ RW              ; 写操作
        SETB    LCD _ EX              ; 使能端有效
        MOV     P2, R2                ; 输出数据
        CLR     LCD _ EX              ; E引脚产生下降沿, 锁定数据
        NOP
        RET
; 写LCD的数据寄存器
```

; 入口：R2 为输出的数据

WDLCD:	SETB	LCD _ RS	; 选择数据寄存器
	CLR	LCD _ RW	; 写操作
	SETB	LCD _ EX	; 使能端有效
	MOV	P2, R2	; 输出数据
	CLR	LCD _ EX	; E 引脚产生下降沿，锁定数据
	NOP		
	RET		

; LCD 清屏

CLRLCD:	MOV	R2, ＃01H	; 命令为＃01H
	LCALL	WRLCD	
	RET		

; LCD 工作方式设置，设置光标右移、DDRAM 地址计数器自动加 1

MANLCD:	MOV	R2, ＃06H	; 命令为＃06H
	LCALL	WRLCD	
	RET		

; LCD 显示设置 ＃0CH 开显示，无光标，无闪烁

DISPON:	MOV	R2, ＃0CH	
	LCALL	WRLCD	
	RET		

; LCD 功能设置 8 位数据接口、2 行显示、5×8 点阵

FUNSET:	MOV	R2, ＃38H	
	LCALL	WRLCD	
	RET		

; 查表显示字符子程序
; 入口： DPTR　　表首地址
; 　　　 R3　　　显示的字符数

DISP _ CHR:	MOV	A, ＃00H	
	MOVC	A, @A + DPTR	
	MOV	R2, A	
	LCALL	WDLCD	
	INC	DPTR	
	DJNZ	R3, DISP _ CHR	
	RET		

; 缓冲区内容送 LCD 显示子程序
; 入口： R0　　缓冲区起始地址
; 　　　 R3　　缓冲区长度

DISP _ DAT:	LCALL	WRLCD

```
FD1：        MOV      A，@R0
             ADD      A，#30H
             MOV      R2，A
             LCALL    WDLCD
             INC      R0
             DJNZ     R3，FD1
             RET
; 时间数据转换子程序
CONVERT：     MOV      R0，#DISP _ BUF      ；R0 为显示缓冲指针
             MOV      R1，#33H            ；R1 为时分秒的计数单元指针
             MOV      R7，#03H            ；R7 为循环次数
CONV：        MOV      A，@R1              ；读取时、分或秒
             MOV      B，#10              ；拆分为十位、个位
             DIV      AB
             ADD      A，#30H             ；转换为 ASCII 码
             MOV      @R0，A              ；存放十位
             INC      R0                 ；指向下一单元
             MOV      A，B
             ADD      A，#30H             ；转换为 ASCII 码
             MOV      @R0，A              ；存放个位
             INC      R0                 ；指向下一单元
             MOV      @R0，':'            ；存放间隔的冒号 ":"
             INC      R0                 ；指向下一单元
             DEC      R1                 ；指向下一个计时单元
             DJNZ     R7，CONV
             RET
; 常数定义
CLOCK：       DB 'C'，'L'，'O'，'C'，'K'
SETTM：       DB 'S'，'E'，'T'，'T'，'I'，'M'，'E'
             END
```

本例实现了一个电子钟的基本功能，读者可以考虑如何实现其他的扩展功能。比如，在本例的基础上添加以下与电子钟有关的扩展功能。

（1）定时闹钟功能；

（2）音乐整点报时的功能；

（3）秒表功能；

（4）日历功能，等等。

【小结】

本章首先从总体上介绍了单片机应用系统设计的方法和主要原则，分为硬件

和软件两个部分进行介绍。对于硬件电路板的设计，尤其是高速电路板，要注意接地线的原则：数字电路与模拟电路分开、接地线应尽量加粗、接地线构成环路等。对于软件的设计，一般先把系统划分为若干个模块，画出各模块的流程图，再根据流程图进行编写程序，通过单片机开发系统（仿真器）进行仿真、调试，最后把目标程序烧写到用户目标系统的程序存储器中，独立运行用户系统。

通过两个具体的应用实例，阐述了单片机应用系统的设计和实现的方法，并给出了主要的系统源程序。在电子钟的应用实例中，详细介绍了液晶显示模块 SVM1602 的详细功能与使用方法：可以显示 16（字符）×2（行），每个字符由 5×8 点阵组成，与单片机的接口采用 8 位数据传输的方式。有内置的字库和显示 RAM。单片机通过指令寄存器和数据寄存器写入命令和数据来实现控制液晶模块工作和数据显示的功能。

习题与思考

1. 什么是单片机开发系统？单片机开发系统应具有哪些基本功能？

2. 如果说"没有单片机开发系统，单片机的开发调试几乎是不可能的"。你认为这话有道理吗？为什么？

3. 单片机应用系统的设计主要包括哪些方面？进行硬件设计和软件设计时，分别需要注意哪些问题？

4. 自选题目设计一个中小型的单片机应用系统，包括硬件电路图、软件流程图及汇编源程序。

（1）频率计；

（2）电子万年历；

（3）恒温控制器。

主要参考文献

白驹珩，雷晓平 . 1997. 单片计算机及其应用 . 北京：电子科技大学出版社

曹巧媛 . 2002. 单片机原理及应用 . 第二版 . 北京：电子工业出版社

何立民 . 1990. MCS-51 系列单片机应用系统设计 . 北京：北京航空航天大学出版社

何立民 . 1995. I²C 应用系统设计 . 北京：北京航空航天大学出版社

何立民 . 2000. 单片机高级教程——应用与设计 . 北京：北京航空航天大学出版社

李秉操 . 1992. 单片机接口技术及其在工业控制中的应用 . 西安：陕西电子编辑部

李华 . 2000. MCS-51 系列单片机实用接口技术 . 北京：北京航空航天大学出版社

陆坤等 . 1997. 电子设计技术 . 北京：电子科技大学出版社

潘新民，王燕芳 . 1988. 微型计算机与传感器技术 . 北京：人民邮电出版社

沈红卫 . 2003. 单片机应用系统设计实例与分析 . 北京：北京航空航天大学出版社

王田苗 . 2003. 嵌入式系统设计与实例开发 . 北京：清华大学出版社

王义芳，周伟航 . 1999. 微型计算机原理及应用——MCS-51 单片机系列 . 北京：机械工业部

王毅 . 1995. 单片机器件应用手册 . 北京：人民邮电出版社

武庆生，仇梅 . 1995. 单片机及接口技术实用教程 . 北京：电子科大出版社

先锋工作室 . 2003. 单片机程序设计实例 . 北京：清华大学出版社

杨文龙 . 1997. 单片机原理及应用学习指导 . 西安：西安电子科技大学出版社

张洪润，篮清华 . 1997. 单片机应用技术教程 . 北京：清华大学出版社

张毅刚 . 1992. MCS-51 单片机应用设计 . 哈尔滨：哈尔滨工业大学出版社

赵依军，胡戎 . 1989. 单片微机接口技术 . 北京：人民邮电出版社

Atmel. 1997. 8-bit microcontroller with 4K Bytes flash

Philips. 1999. Product Specification. COMS single-chip 8-bit microcontrollers

附录 A 实验指导书

A1 单片机仿真实验系统简介

该实验系统是用 WAVE 单片机仿真器和 TDS-TS 单片机实验板相结合组成的系统，它既利用了 WAVE 仿真器系统强大的综合调试功能，又充分发挥了 TDS-TS 单片机实验板系统全开放的优点，使学生能够通过类似于搭积木的方法，灵活组成不同的用户实验系统。

本实验指导书初步设计了 9 个实验，书中详细叙述了各实验的目的、内容、实验线路图、实验程序和实验步骤，且每个实验后都有思考题。通过这 9 个实验，可使学生掌握 MCS-51 单片机的工作原理、接口技术及调试程序的方法。

学生在熟悉这套系统后，在专题实习时可根据题目的需要，自由组合各个单元形成自己的用户实验系统，开发相应的用户软件，完成不同的设计课题。

本套实验系统包含三部分：WAVE 仿真软件、仿真器、TDS-TS 实验板。

A1.1 WAVE 仿真软件

仿真器主机如图 A1 所示。本系统所选的仿真软件是 WAVE6000，其特点如下：

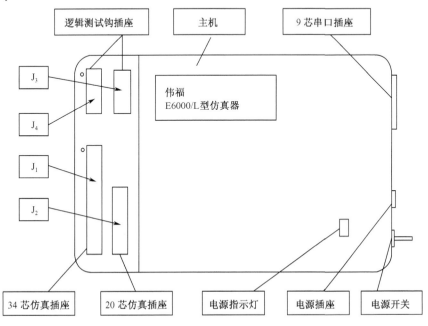

图 A1 仿真器主机图

① 有丰富的窗口显示方式，直接点击屏幕可打开窗口观察变量；
② 可进行软件模拟仿真和硬件仿真；
③ 项目化管理；
④ 支持多语言多模块混合调试（如 ASM，C，PLM）；
⑤ 强大的书签、断点管理功能。

A1.2　WAVE 仿真器

WAVE 仿真器是通用的仿真器，可通过更换仿真头 POD 对各种 CPU 进行仿真，并具有强大的综合调试和硬件测试功能。WAVE 仿真器包括仿真器主机和仿真头（附件：专用电源和通信电缆）两部分。

主机和仿真头的接法如图 A2 所示。

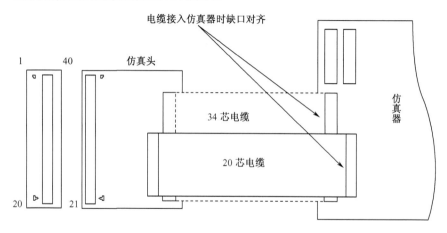

图 A2　仿真器与 POD8X5XP 连接图

【注意】　①和计算机相连的通信电缆接入计算机的 COM1 或 COM2 口；②使用专用电源时应先关闭仿真器主机上的电源开关。

仿真头示意如图 A3 所示，POD8X5XP 仿真头可配 E2000 系列、E6000 系列、K51 系列仿真器，用于仿真 MCS51 系列及兼容单片机，可仿真 CPU 种类为 8031/32、8051/52、875X、89C5X、89CX051、华邦的 78E5X、LG 的 97C51/52/1051/2051。配有 40 脚 DIP 封装的转接座，可选配 44 脚 PLCC 封装的转接座。选配 2051 转接座可仿真 20 脚 DIP 封装的 89CX051CPU。当用户板功耗不大时，可以短接 5V 电源输出跳线，由仿真器供电给用户板，一般情况下请不要短接此跳线。如果短接复位信号输出跳线，当用软件复位程序时，仿真头的复位脚会输出一个复位信号，以复位用户板的其他器件。

【注意】　①如果用户板有复位电路，请不要短接此跳线；②转接座插入实验板时：要圆与圆对接，不要把管脚插弯。

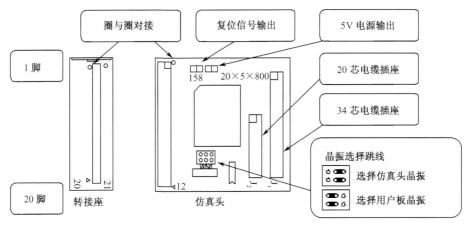

图 A3 仿真头

A1.3 TDS-TS 单片机实验板

本实验板系统采用并行总线结构,利用 74LS373 作为 8031 的地址锁存器,并用 ALE 作为锁存器的控制信号。8031 的数据线、ALE、$\overline{WR}$和$\overline{RD}$信号与各接口芯片已在线路板上接好。8031 系统的其他总线均以排针形式引出,分列在8031 仿真座下方,系统总线对用户全开放。

实验板由多个实验单元组成。

① 总线系统单元 (SYSTEM UNIT);

② A/D 转换单元 (A/D UNIT),D/A 转换单元 (D/A UNIT);

③ 8155 扩展单元 (8155 UNIT);

④ 6264 存储扩展单元 (6264 UNIT);

⑤ 串/并转换及电子发声单元 (164&SPK UNIT);

⑥ 电机驱动实验单元 (MOTOR UNIT);

⑦ 键盘、显示单元 (LED-KEYBOARD UNIT);

⑧ 拨动开关及指示灯单元 (LED-SWITCH UNIT);

⑨ 跨接母线及面包板单元。

各实验单元中的排针为实验单元参与实验时需连接的信号线,用户只需根据实验要求用排线连接实验线路,即可快捷、可靠的完成实验。为了提高学生的动手能力,实验板上还安装了面包板及 6 排母线,学生可以在面包板上搭接实验线路,母线排针与圆孔竖向导通,可以用于实验信号的转接。

注:实验板布局图见附录 D。

A2　实　　验

A2.1　简单程序

实验目的

掌握简单程序的输入、修改及调试方法。

实验要求

通过下面程序的输入、检查和执行，熟悉程序的输入、编译、仿真器的设置，以及单步、执行到光标处和全速执行等调试方法。

实验内容及步骤

(1) 程序。

程序功能：将 R0、R1 中的 16 位二进制数求反加 1，结果送 R2、R3。

```
ORG    0000H
MOV    A, R1
CPL    A              ; 低位取反
ADD    A, ♯01H        ; 低位加 1
MOV    R3, A
MOV    A, R0
CPL    A              ; 高位取反
ADDC   A, ♯00H        ; 高位加低位的进位
MOV    R2, A
SJMP   $
```

(2) 实验步骤。

① 输入程序。

a. 建立新程序。

选择菜单 [文件 | 新建文件] 功能。

出现一个文件名为 NONAME1 的源程序窗口，在此窗口中输入程序，如图 A4所示。

b. 保存程序。

选择菜单 [文件 | 保存文件] 或 [文件 | 另存为] 功能。

选择文件所要保存的位置，保存时注意加扩展名 ASM，如 C：\ WAVE6000 \ ME \ 实验 1. ASM。

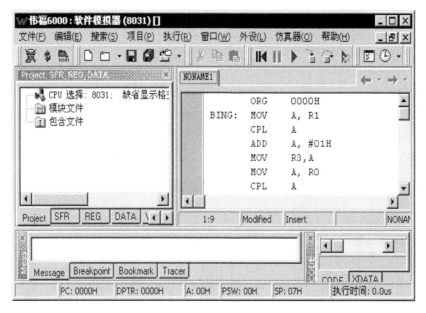

图 A4　建立新程序图示

② 设置仿真器。

选择菜单［仿真器｜仿真器设置］，如图 A5 所示。做出以下选择。

图 A5　设置仿真器图示

仿真器的型号：H51/S　仿真头：POD-8X5XP

CPU 类型：8031　　　　选择使用伟福软件模拟器

语言选择　　　　　　伟福编译器

③ 编译程序。

选择菜单［项目｜编译］功能或 F9 快捷键，编译程序。

若编译正确，则显示如图 A6 所示的 Message 信息窗口。若有错则在信息窗口中显示出来，双击错误信息，可在源程序中定位所在行，纠正错误后，再次编译直到没有错误。

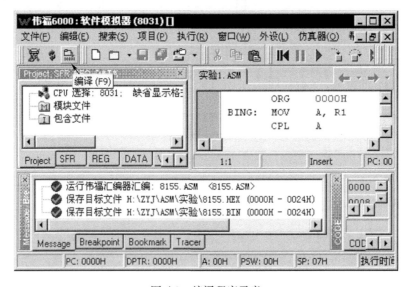

图 A6　编译程序示意

④ 调试程序。

程序的调试方法分单步、执行到光标处、断点、全速等，下面介绍单步和执行到光标处两种方法。

a. 单步调试 F8。

每次执行一条指令，可仔细观察每条指令的执行结果。

（a）选择［窗口｜CPU 窗口］打开 CPU 窗口。以便观察各寄存器和 SFR 的内容。

（b）选择［执行｜复位］功能键或工具栏中的红色复位按钮，单片机处于复位状态，PC＝0000H，界面如图 A7 所示。

（c）在左半窗口的 REG 标签栏中直接单击设置 R0、R1 的初值。例如，（R0）＝23，（R1）＝01H。

（d）选择［执行｜单步］或 F8 快捷键，或工具栏中的单步快捷键按钮。

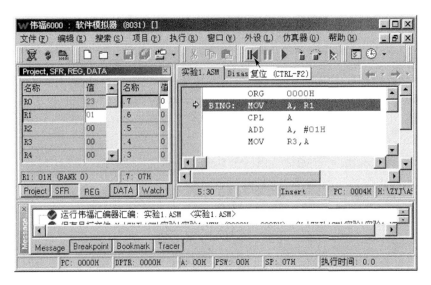

图 A7 单片机复位及 REG 初值设置

程序就一步一步的执行，在左半窗口的 SFR 标签栏下可观察 A、R_2，R_3 的变化。

按若干次 F8 后程序执行到 SJMP，观察结果如图 A8 所示。

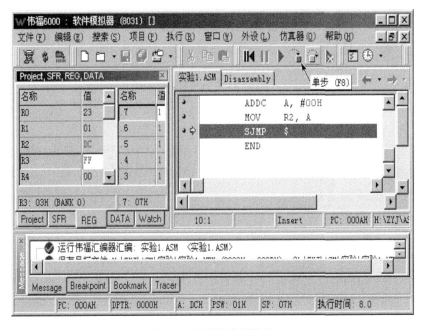

图 A8 观察寄存器结果

原（R0）＝23H，（R1）＝01H。结果为（R2）＝DCH（R3）＝FFH，即（R2R3）＝（$\overline{R0R1}$）＋1

b. 执行到光标处 F4。

单步执行速度太慢，有时可采用执行到光标处的方法，让程序连续执行到所需的地方。例如，在以上的实验中，可一次性将程序执行到 SJMP 处。

（a）先选择复位 PC 指向 0000H。设置（R0）＝23H，（R1）＝01H，清（R2）＝00H，（R3）＝00H。

（b）把光标指向 SJMP，如图 A9 所示。

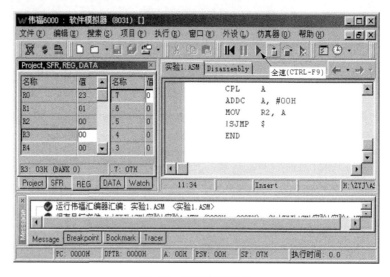

图 A9　调试程序示意

（c）选择［执行｜执行到光标处］或 F4 键，则程序可一直执行到 SJMP 处，得到如图 A8 所示同样的结果。

c. 全速执行 Ctrl＋F9。

全速执行即程序连续执行到 SJMP ＄ 处停止，与执行到光标处的区别是不能任意选择结束的地方。

（a）先选择复位 PC 指向0000H。设置（R0）＝23H，（R1）＝01H，清（R2）＝00H，（R3）＝00H。

（b）选择［执行｜全速执行］或 Ctrl＋F9 键，或工具栏中的绿色按钮，如图 A9 所示，则程序可一直执行到 SJMP ＄ 处。

（c）选择［执行｜暂停］或暂停键"｜｜"，得到如图 A8 所示同样的结果。

（3）思考。

① 按复位键后，观测下列各 SFR 的内容

$$SP=？\qquad A=？\qquad PSW=？\qquad PC=？\qquad P_1=？$$

② 是否可用执行到光标处的方法将以上实验分两段完成？

③ 改变 R0、R1 的初值，执行以上程序并记录 R2、R3 的结果。

A2.2　循环程序实验

实验目的

熟悉条件转移指令及比较转移指令的运用，掌握循环程序的设计及调试方法。

实验要求

通过下列循环程序输入、修改和调试，掌握断点执行的调试方法，以及在循环程序中如何通过断点的方法调试程序。

实验内容及步骤

（1）程序。

程序功能：将片内 RAM 从 21H 单元开始存放的 5 个数求和，结果送片外2000H 单元中。

```
        ORG   0000H
        MOV   R0, ＃21H
        MOV   R1, ＃05H
        CLR   A
LOOP：  ADD   A, @R0
        INC   R0
        DJNZ  R1, LOOP
        MOV   DPTR, ＃2000H
        MOVX  @DPTR, A
        SJMP  $
```

（2）实验步骤。

① 输入程序。

a. 选择菜单［文件｜新建文件］功能。

出现一个文件名为 NONAME1 的源程序窗口，在此窗口中输入以上程序，如图 A10 所示。

b. 保存程序。

选择菜单［文件｜保存文件｜］或［文件｜另存为］功能。

给出文件所要保存的位置和文件名，如 C:＼WAVE6000＼ME＼实验2.ASM。

c. 设置仿真器。

选择菜单［仿真器｜仿真器设置］如图 A5 所示。

选择　　仿真器的型号：H51/S　仿真头：POD-8X5XP
　　　　　CPU 类型：8031　　　　　选择使用伟福软件模拟器

② 编译程序。

选择菜单［项目｜编译］功能或 F9 快捷键，编译程序。

若编译正确，则显示如图 A10 所示的 Message 信息窗口。若有错则在信息窗口中显示出来，双击错误信息，可在源程序中定位所在行，纠正错误后，再次编译直到没有错误。

图 A10　片内 RAM 单元设初值

③ 断点调试程序。

单步、执行到光标处、全速等调试方法实验一已介绍，下面主要介绍断点的调试方法。断点执行方法，可人为地将程序分为几段，每次执行一段并观察执行结果，如结果正确则继续执行下一段，如错误则可用单步调试方法找出错误的指令，如此直到所有程序段运行结束。

通过对程序的分析，把第一个断点设在 CLR 处，可先观察前 2 条指令的执行结果，把第 2 个断点设在 DJNZ 处，每执行一次，A 的内容累加一个数，最后全部执行完，观察片外 2000H 单元的内容应为 5 个数的和。

a. 选择［窗口｜CPU 窗口］打开 CPU 窗口。以便观察各寄存器和 SFR 的内容。

b. 选择［执行｜复位］功能键或工具栏中的红色复位按钮，使单片机处于复位状态。

c. 点击左边小窗口的 DATA 标签栏，在 21H～25H 单元直接设其初值分别为 01H，02H，…，05H。如图 A10 所示。

d. 光标指向 CLR 行，选择［执行｜设置＼取消断点］，该行变成红色，设置好第 1 个断点，也可将鼠标指向如图 A11 所示的圆点上，单击左键，直接设置。用单击左键方法，在 DJNZ 处设置第 2 个断点。

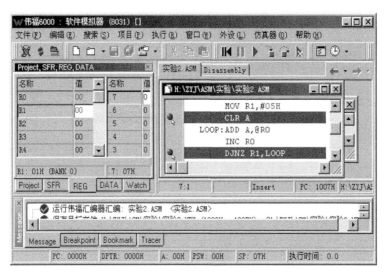

图 A11　断点设置示意

e. 选择［执行｜全速执行］或 Ctrl＋F9 键，或工具栏中的绿色按钮，程序则执行到 CLR 处，观察 R0，R1 的内容如图 A12 所示。

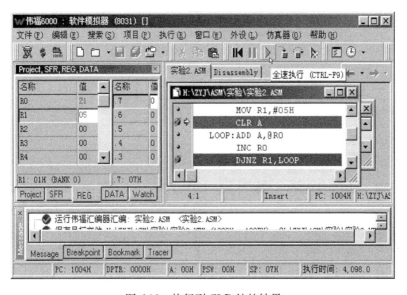

图 A12　执行到 CLR 处的结果

f. 继续按全速执行,则程序运行到 DJNZ 处,观察 SFR 标签中(A)＝01H,
REG 标签中的(R0)＝22H,(R1)＝05H,如图 A13所示。

图 A13　执行到 DJNZ 处的结果

重复执行本步,直到执行到 SJMP 处,5 个数全部加完。

g. 选择工具栏上的暂停按钮。

h. 选择 [窗口 | 数据窗口 | XDATA],找到 XDATA 标签栏的 2000H 单元
查看结果,如图 A14 所示:(2000H)＝0FH。

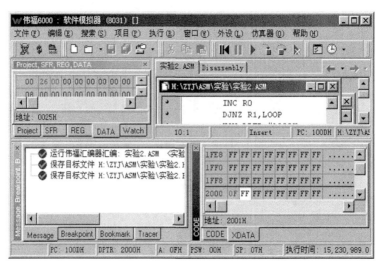

图 A14　观察片外 RAM 单元结果

（3）思考。

① 检查 DATA（片内 RAM）00H、01H 单元的内容与 REG 寄存器 R0、R1 的内容是否相同，为什么？

② 程序的存放位置变了，若改为 ORG 1000H，程序是否可在复位的状态下直接运行？若不能，该如何运行 1000H 单元开始的程序？

A2.3　自编程序实验

实验目的

掌握各类指令的综合运用及编制程序的方法，熟悉程序的调试方法及调试步骤。

实验要求

进一步熟悉 WAVE 仿真软件的运用，掌握单步、断点等常用的调试方法，并灵活运用 WAVE 软件的软仿真功能调试出自行设计的程序。

实验内容及步骤

（1）编程。

编程实现查找片内 RAM 20H 单元开始的 8 个无符号数中的最大值，将最大值存于片内 30H 单元中。

编程提示：先取第一个数作为大数放在 A 中，然后依次与后面的数比较，每次比较后将大数换到 A 中，当所有数比较完后，A 中的数即为最大数。程序框图如图 A15 所示。

（2）实验步骤。

① 输入程序。

a. 选择菜单［文件｜新建文件］功能。

出现一个文件名为 NONAME1 的源程序窗口，在此窗口中输入以上程序。如图 A4 所示。

b. 保存程序。

选择菜单［文件｜保存文件］或［文件｜另存为］功能。

给出文件所要保存的位置和文件名，如 C：\ WAVE6000 \ ME \ 实验 3. ASM。

c. 设置仿真器。

选择菜单［仿真器｜仿真器设置］如图 A5 所示。

选择　仿真器的型号：H51/S　仿真头：POD-8X5XP

　　　　CPU 类型：8031　　　　　选择使用伟福软件模拟器

② 编译程序。

选择菜单［项目｜编译］功能或 F9 快捷键，编译程序。

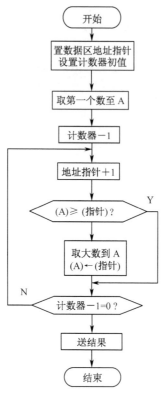

图 A15　程序框图

③ 调试程序。

单步、执行到光标处、断点、全速等调试方法在前面的实验中已介绍，在此程序的调试中可灵活运用。

a. 选择［窗口｜CPU 窗口］打开 CPU 窗口。以便观察各寄存器和 SFR 的内容。

b. 点击左边小窗口的 DATA 标签，在 20H～27H 单元输入 8 个数据。

c. 选择［执行｜ 复位］功能键或工具栏中的红色复位按钮，PC＝0000H，单片机处于复位状态。若程序存放地址为 ORG 0100H，想设置 PC＝0100H 的值，将光标指向首条指令，再选择［执行｜设置 PC］，将 PC 设置在光标处，如图 A16 所示。

d. 程序调试方法提示。

（a）先采用断点的方法分段调试程序。

（b）若发现某段程序出错，再用单步仔细调试该段程序的每一条指令。

（c）对条件转移指令，可采用先通过直接在 DATA、REG 标签中修改 Rn 或

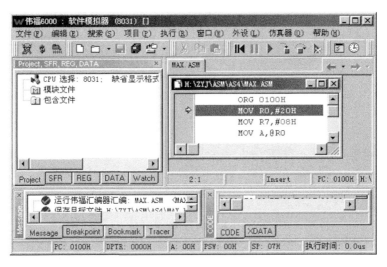

图 A16　执行程序

单元的内容设置条件，再用单步或断点调试，看程序是否转移到满足条件的目的
地址处。

（d）排除错误后，用全速执行程序并检查片内 30H 单元及 A 中的内容。

（3）思考。

① 修改程序找出 20H～27H 单元中的最小数送 30H 单元。

② 若 8 个数存放在片外 RAM 中，或者在 ROM 中，程序该怎样修改？

③ 总结单步、断点、执行到光标处、全速执行几种调试方法在什么情况下
使用。

A2. 4　基本输入/输出、中断实验

实验目的

掌握单片机片内 I/O 口查询方式和中断方式的输入/输出，熟悉 MCS-51 单
片机外部中断初始化编程方法及中断程序的调试方法。

实验要求

熟悉片内 I/O 口的输入/输出编程方法及无条件指令 LJMP 与 SJMP 的应
用，掌握查询方式和中断方式的输入/输出程序设计及调试。通过实验熟悉中断
处理的过程以及 MCS-51 单片机转向中断子程序的方法，进一步了解外中断的边
沿触发与电平触发的区别及应用。

实验内容及步骤

（1）查询方式输入/输出。

① 程序。

如图 A17 所示，K0 开关为低时启动 4 个 LED 以 1s 的间隔轮流点亮。

```
        汇编语言           注释
        ORG    0000H
        SETB   P1.0        ; 设 P1.0 为输入
WAIT：  MOV    C, P1.0     ; 读取开关状态
        JC     WAIT        ; C＝1，K1 未闭合则等待
LOOP1： MOV    A, ♯0EFH
LOOP2： MOV    P1, A       ; 点亮一个灯
        LCALL  DLY         ; 延时
        SETB   C
        RLC    A           ; 准备点亮下一个灯
        JC     LOOP2       ; 不是第 3 个 LED 亮转
        LJMP   LOOP1       ; 4 个 LED 亮完一遍，重复
        ORG    0100H
DLY：   MOV    R6, ♯0FH    ; 延时程序
DLY1：  MOV    R5, ♯0FFH
DLY2：  MOV    R4, ♯0FFH
DLY3：  DJNZ   R4, DLY3
        DJNZ   R5, DLY2
        DJNZ   R6, DLY1
        RET
```

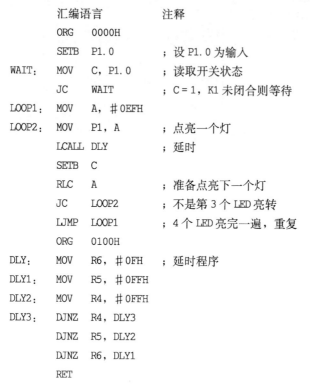
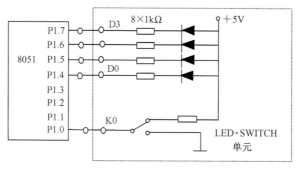

图 A17　接口电路图示

② 实验步骤。

此程序是一个主程序调用一个子程序的形式，应先对子程序进行调试后，再分段调试主程序，最后主程序和子程序联合调试。

a. 在断电条件下将外部硬件电路如图 A17 接好。

b. 输入程序并保存程序。

c. 编译程序，修改编辑错误。

d. 联机仿真，前几个实验使用的是"伟福软件模拟器"仿真方式，从本实验开始要使用联机仿真方式，先将仿真器的串口与 PC 机相连，再进行仿真器设置：

（a）仿真器的选择如图 A5 所示，但要去掉"使用伟福软件模拟器"的选项。

（b）通信设置如图 A18 所示，选择 COM1 或 COM2 口，单击"测试串行口"按钮，测试串口通信是否正常，若不正常，则检查通信电缆线是否接好。

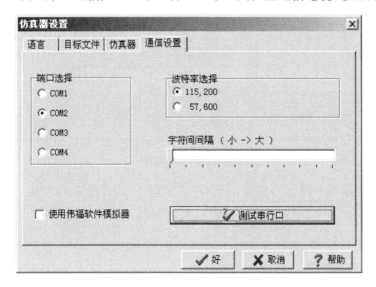

图 A18　通信设置窗口

（c）若串口测试正常，则单击"好"按钮，若弹出信息窗口显示仿真器设置完毕，则可进行下面的软件调试。

e. 调试延时子程序。

通过单步检查转移是否正常，然后将断点设在 RET 处，从 0100H 开始连续执行，看程序是否能执行到断点处，若能则程序正常，否则出错。

f. 调试主程序。

对主程序的调试可采用分段调试，将程序分为开关状态查询和 LED 轮流点亮两部分进行调试。

（a）对前段调试时，先将断点设在 LOOP1 处，从 0000H 开始执行，看开关为"0"时程序是否停在 LOOP1 处，若不是，则用单步方式细调。在调试 P0～P3 端口时，可选择［外设｜端口］，打开 P0～P3 口的监视窗口，如图 A19 所示，打钩为 1，不打钩为 0。

（b）对后一段调试时，第一步先用单步检查转移指令和调用指令是否正

图 A19　执行程序

常。检查调用指令时，可将断点设在 DLY 即 0100H 处，然后从 0000H 开始连续执行，看是否能执行到 0100H，若能则调用正常。第二步用断点执行调试从 LOOP1 到 JC LOOP2 指令的这一段程序，若不正常，则用单步检查错误。

（c）排除错误后，用全速执行程序，看 K0 为低时是否能启动 LED 轮流点亮。

③ 思考。

a. 主程序中的 STEB P1.0 和 SETB C 指令有何作用？

b. 若要求 4 个 LED 轮流点亮后全亮，然后再开始第二轮轮流点亮，程序该如何修改？修改后运行程序，检查结果。

c. 若要求每次轮流点亮后都需要 K0 启动，程序该如何修改？修改后检查结果。

（2）中断方式。

① 程序。

要求：如图 A20 所示，KK 开关状态保持不变时，P2 口的 8 个 LED 以 1s 的间隔轮流点亮，当 KK 开关由高到低产生下降沿时，$\overline{\text{INT1}}$申请中断，将 4 个开关 K0～K3 的状态读入，输出到 P1 的高 4 位，控制 4 个 LED 灯的亮灭，开关 K0～K3 为低电平，则对应 LED 灯点亮。

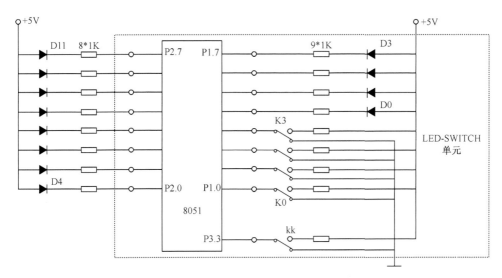

图 A20　接口电路图

设$\overline{\text{INT1}}$为边沿触发，其入口地址为 0013H，程序如下：

```
            ORG 0000H
            LJMP    MAIN
            ORG 0013H
            LJMP    PINT1
            ORG 0100H
MAIN: SETB    IT1     ; 选择INT1为边沿触发
            SETB    EX1     ; 允许INT1中断
            SETB    EA      ; CPU 开中断
LOOP1: MOV A, #0FEH     ; LED 轮流点亮
LOOP2: MOV P2, A
            LCALL   DLY
            RL  A
            LJMP    LOOP2
            ORG 0200H
DLY：  MOV R6   , #0FH
DLY1： MOV R5 ,  #0FFH
DLY2： MOV     R4, #0FFH
DLY3： DJNZ    R4, DLY3
            DJNZ    R5, DLY2
            DJNZ    R6, DLY1
```

```
            RET
            ORG 0300H
PINT1：PUSH ACC        ; 保护 ACC
            MOV  A, P1        ; 读开关状态
            SWAP     A
            ORL  A, #0FH    ; 低四位保持高电位
            MOV P1, A        ; 输出驱动 LED 亮
            POP  ACC          ; 恢复 ACC
            RETI
            END
```

② 实验步骤。

a. 在断电的条件下，将开关 K0～K3 发光二极管 D0～D3 按图 A20 所示接线，$\overline{INT1}$接开关 KK。

b. 输入程序并保存程序。

c. 编译程序，修改编辑错误。

d. 进行仿真器设置和串口测试，使仿真器处于联机仿真状态。

e. 中断程序单独调试。

（a）先调试INT1是否能正常中断，此时可将断点设在 0013H 处，从 0000H 单元开始执行，搬动开关 KK，产生下降沿中断信号，看程序是否能跳到 0013H 处，若不能则中断有问题，检查接线及中断初始化程序。

（b）若正确，将断点设在 RETI 处，设置 PC＝0110H，（ 将光标指向 PINT1，再选择［执行｜设置 PC］，将 PC 设置在光标处）程序从 0110H 开始执行到 RETI 处，观察灯的亮灭状态是否与开关状态符合。

f. 中断程序调试正常以后，选择单片机复位 PC＝0000H，用全速执行程序并检查结果。

执行的结果应为每改变一次开关（K0～K3）的状态，再闭合一次 KK 发一次中断（$\overline{INT1}$产生一次负跳变），则 LED 的状态随开关的状态而改变（亮或灭）。

③ 思考。

a. 在 0013H 单元为何有一条 LJMP PINT1 指令？若改为$\overline{INT0}$中断，地址 0013H 应改为多少？

b. 为何只改变 K1～K4 的状态，而不按 KK（不发中断），LED 的亮暗状态不会随 K1～K4 的状态而改变？

c. 将$\overline{INT1}$改为电平触发，再执行程序，结果如何？由此比较电平触发和边沿触发的中断方式有什么区别？

d. 接口电路如图 A21 所示，参照实验四用中断方式编程，实现当 KK 为高

电平时，8 个 LED 轮流点亮，当 KK 为低电平时，则停止循环，当 KK 再变为高，循环点亮又开始。调试出程序结果。

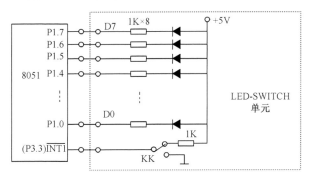

图 A21 接口电路图

A2.5 定时器实验

实验目的

学习掌握 MCS-51 单片机计数/定时器的基本用法，以及定时软件的设计方法。

实验要求

通过实验进一步了解时间常数的计算方法，掌握定时器加软件计数实现长时间定时的处理方法，熟悉定时器的查询和中断两种方式的应用。

实验内容及步骤

（1）程序。

要求：利用定时器定时实现如图 A22 所示的 LED 以 1s 的间隔闪动。

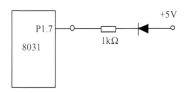

图 A22 定时器实验电路图

设晶振频率 $f_{osc}=6MHz$，则机器周期 $=2\mu s$，16 位定时器（方式 1 定时）的最长定时时间为：$(2^{16}-0)\times2=131.072ms$。本实验要求定时 1s，只靠定时器定时是不能实现的，可采用定时器加计数器的方法实现，如 T0 定时 100ms，再加一个 10 次的计数器，则 $100\times10=1000ms=1s$，即可实现 1s 定时。

T0 定时 100ms 初值的计算如下

$$(2^{16}-X)2\times10^{-6}=100\times10^{-3}$$
$$X=15536D=3CB0H$$

① 定时器查询方式定时。

```
            ORG     0000H
            MOV     TMOD，#01H      ；设置 T0 工作方式
            MOV     TL0，#0B0H
            MOV     TH0，#3CH
            MOV     R0，#0AH         ；R0 计数初值
            SETB    P1.7
            SETB    TR0
WAIT：      JNB     TF0，WAIT        ；TF0＝0，则 100ms 未到等待
            CLR     TF0
            MOV     TL0，#0B0H       ；重赋初值
            MOV     TH0，#3CH
            DJNZ    R0，WAIT         ；1s 未到，则等待
            MOV     R0，#0AH
            CPL     P1.7            ；1s 到改变 LED 状态
            LJMP    WAIT
```

② 采用定时器中断方式定时。

```
            ORG     0000H
            LJMP    MAIN
            ORG     000BH
            LJMP    TINT0
            ORG     0100H
MAIN：      MOV     TMOD，#01H      ；方式 1 定时
            MOV     TL0，#0B0H       ；定时器初值
            MOV     TH0，#3CH
            MOV     R0，#0AH         ；R0 计数初值为 10
            SETB    TR0             ；启动定时器
            SETB    ET0             ；允许 T0 中断
            SETB    EA              ；CPU 开中断
            SJMP    $
TINT0：     MOV     TL0，#0B0H       ；重赋初值
            MOV     TH0，#3CH
            DJNZ    R0，DON          ；1s 未到转返回
            CPL     P1.7            ；1s 到改变 LED 状态
            MOV     R0，#0AH         ；重赋计数初值
DON：       RETI
```

（2）实验步骤。

① 在断电的情况下，按图 A22 接线。

② 输入程序并保存程序。

③ 编译程序，修改编辑错误。

④ 进行仿真器设置和串口测试，使仿真器处于联机仿真状态。

⑤ 用前面学过的方法对两个程序分别进行输入、调试。

（3）思考。

① 若改用 T1 定时 100ms 实现 1s 定时，程序应作哪些改动？修改后，调试出结果。

② 试比较查询方式的定时和中断方式的定时有何不同？

③ 思考若采用 T0 定时，T1 计数实现 1s 定时，程序即硬件接线应作何改动？

A2.6　串口通信接口实验

实验目的

掌握 MCS-51 单片机串口工作方式。

实验要求

通过实验熟悉串口通信初始化程序设计，以及串口波特率的计算方法。调试出中断方式的自发自收通信程序，从而了解双机通信的工作方法和原理。

实验内容及步骤

（1）程序。

本实验要求采用自发自收方式，把 30H～37H 中的数据通过串口发送出去，再从串口接收到 40H～47H 单元中。

① 波特率计算。

串口工作于模式 1（10 位异步通信），波特率定为 1200，由 T1 定时模式 2 设置，根据波特率计算公式

$$模式1的波特率 = \frac{2^{SMOD}}{32} \frac{f_{osc}}{12 \times [2^8 - (TH1)]}$$

式中，$f_{osc} = 6MHz$，$SMOD = 0$，TH1 为 T1 的定时初值，由上式求出 TH1 为

$$TH1 = 2^8 - \frac{f_{osc}}{32 \times 12 \times 波特率}$$

$$= 2^8 - \frac{6 \times 10^6}{32 \times 12 \times 1200} = 243 = F3H$$

② 程序设计框图及接口电路。

接口电路如图 A23 所示，主程序框图如图 A24 所示，中断服务子程序框图如图 A25 所示。

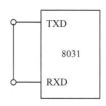

图 A23　串口接口电路图示

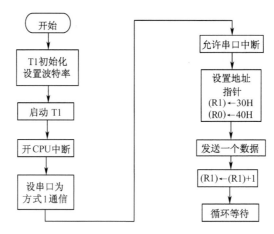

图 A24　主程序框图

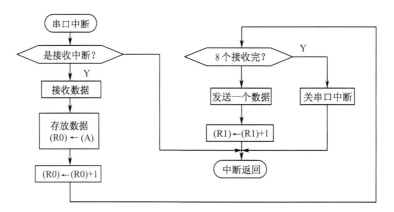

图 A25　中断服务子程序框图

在主程序中先发送一个数据，然后通过中断方式接收数据，在中断程序中通过查询判断是否接收中断，若为接收中断则接收数据，然后发送下一个数据；若查询判断是发送中断，则直接返回，不予处理。当接收到 8 个（30H～37H 单元）数据后，关串口中断返回。

③ 程序。

```
            ORG     0000H
            LJMP    MAIN
            ORG     0023H
0023H       LJMP    SINT            ；串口中断入口地址
            ORG     0100H
0100H MAIN：MOV     TMOD，#20H       ；T1 方式 2 定时
            MOV     TH1，#0F3H       ；定时器初值，设置波特率
            MOV     TL1，#0F3H       ；
            MOV     PCON，#00H       ；SMOD＝0
            SETB    TR1             ；启动 T1
            SETB    EA
            MOV     SCON，#50H       ；设串口方式 1 通信，允许接收
            SETB    ES
            MOV     R1，#30H         ；发送地址指针
            MOV     R0，#40H         ；接收地址指针
            MOV     SBUF，@R1        ；发送一个数据
            INC     R1              ；修改发送指针
            SJMP    $               ；等待
            ORG     0180H
0180H  SINT：JNB     TI，JS           ；接收中断，转接收处理
            CLR     TI              ；若为发送中断，则清 TI，
            RETI                    ；返回
       JS：  MOV     A，SBUF          ；接收数据
            CLR     RI              ；清接收中断标志 RI
            MOV     @R0，A           ；存数
            INC     R0              ；修改接收指针
            CJNE    R0，#48H，FS      ；未接收完转发送处理
            CLR     ES              ；接收完，关串口中断，
       DON：RETI                    ；返回
       FS： MOV     SBUF，@R1        ；发送数据
            INC     R1              ；修改发送指针
            LJMP    DON
```

（2）实验步骤。

① 如图 A23 所示，将实验板 TDS-TS 的 TXD 和 RXD 引脚连接起来。

② 输入程序并保存程序。

③ 编译程序，修改编辑错误。

④ 进行仿真器设置和串口测试，使仿真器处于联机仿真状态。

⑤ 选择［窗口｜CPU 窗口］打开 CPU 窗口。单击左边小窗口的 DATA 标签，在 30H～37H 单元输入 8 个数据。

⑥ 选择［执行｜复位］功能键或工具栏中的红色复位按钮，PC＝0000H，

⑦ 用断点、单步方法调试程序，排除错误后，用全速执行运行程序后，按暂停键退出执行状态。

⑧ 最后检查左边小窗口的 DATA（片内 RAM）标签栏 40H～47H 单元接收的内容是否正确。

（3）思考。

① MCS-51 单片机的发送中断和接收中断为同一中断源，单片机是怎样判断是发送还是接收中断的？

② 串口中断子程序中为何查询到是发送中断，则直接清 TI 后返回？

③ 为何要在主程序中先发送一个数据？其余的数据是什么时候发送出去的？

A2.7　显示接口实验

实验目的

了解动态显示接口电路的基本原理和程序设计方法。

实验要求

通过实验了解七段码的组成原则及动态显示接口电路，掌握动态扫描显示的基本原理及显示程序的设计及调试。

实验内容及步骤

（1）显示接口原理。

实验板 TDS-TS 有四块 LED 显示器，其接口电路如图 A26 所示，8051 的 P0 口为数位口（字位口）；P2 口为七段码口（字形口）。

单片机通过七段码口输出七段码控制显示不同的字符，通过数位口输出数位代码控制四块 LED 中的一位共阴极端接地点亮（图 A26 中 LED 显示器为共阴极），每一时刻只能点亮一位。若要求多位轮流点亮，则采用逐位轮显的"动态扫描"法。

（2）程序。

① 8 字循环。

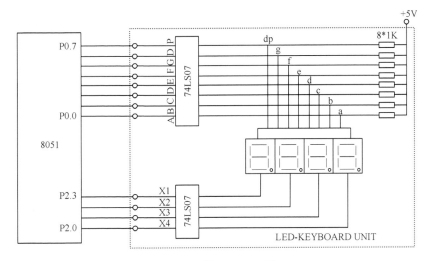

图 A26   四位 LED 显示接口

a. 要求：从右边第一位开始以左移方式循环显示"8"字。

```
        ORG 0000H              ；"8"字循环程序
        MOV A，#07FH           ；"8"是共阴极接法七段码
        MOV P0，A              ；P0 七段码口输出七段码
LP1：   MOV A，#0FEH           ；最左一位数位代码
LP2：   MOV P2，A              ；P2 字位口输出数位代码
        MOV R6  ，#05H         ；送延时参数
        LCALL DLY1             ；调延时常数
        RL A                  ；循环左移
        CJNE A，#0EFH，LP2     ；4 位未显完转 LP2
        SJMP LP1              ；4 位显完转 LP1，程序开始

DLY1：  MOV        R5，#0FFH
DLY2：  MOV        R4，#0FFH
DLY3：  DJNZ       R4，DLY3
        DJNZ       R5，DLY2
        DJNZ       R6，DLY1
        RET
```

b. 接线。

接口电路如图 A26 所示，断电的条件下，将 TDS-TS 板上的 LED-KEYBOARD UNIT 的 ABCDEFGDP 与 8051 的 P0 口相接，X1～X4 与 8051 的 P2.3～P2.0 相接。

c. 调试。

将程序输入，保存，编译，进行仿真器设置和串口测试，使仿真器处于联机仿真状态。然后分别用单步、断点对其进行调试，最后用全速执行运行程序，检查结果。

d. 思考。

（a）在程序中为何用 CJNE A、♯0EFH、LP$_2$，可判断 4 位是否显示完？

（b）若要改变 8 字循环移动的快慢，应修改何处？试一试。

（c）若要改为两个"99"字循环，应修改何处？试一试。

（d）若要将左循环改为右循环，应修改何处？试一试。

② 四位同时显示。

a. 要求：在四位 LED 上同时显示 D-31，程序框图与图 10-6 类似。

```
        ORG   0000H
DISP： MOV  R0, ♯30H        ；指向显示缓冲区首址
       MOV  R2, ♯0F7H       ；左边第一位数位代码
       MOV  R3, ♯0FFH       ；延时常数
DISP1：MOV  A, ♯0FFH
       MOV  P2, A           ；字位口 P2，关显示
       MOV  A, @R0          ；取数据
       MOV  DPTR, ♯SGTR     ；指向七段码表首址
       MOVC A, @A＋DPTR     ；查七段码
       MOV  P0, A           ；字形口 P0，输出七段码
       MOV  A, R2           ；取数位代码
       MOV  P2, A           ；字位口 P2，输出数位代码
DISP2：DJNZ R3, DISP2       ；延时
       INC  R0              ；指向下一显缓单元
       MOV  A, R2           ；取数位代码
       RR   A               ；右移，准备显示下一位
       MOV  R2, A
       JB   ACC.7, DISP1    ；最后一位未显示完转 DSP1
       SJMP  DISP           ；六位显示完，重新扫描显示器
；七段码表
SGTR：DB 3FH, 06H, 5BH, 4FH, 66H, 6DH
      DB 7DH, 07H, 7FH, 6FH, 77H, 7CH
    DB 39H, 5EH, 79H, 71H, 00H, 40H, 0F3H
```

表 A1　七段码表

代码	D7	D6	D5	D4	D3	D2	D1	D0	字形
	dp	g	f	e	d	c	b	a	
3FH	0	0	1	1	1	1	1	1	0
06H	0	0	0	0	0	1	1	0	1
5BH	0	1	0	1	1	0	1	1	2
4FH	0	1	0	0	1	1	1	1	3
66H	0	1	1	0	0	1	1	0	4
6DH	0	1	1	0	1	1	0	1	5
7DH	0	1	1	1	1	1	0	1	6
07H	0	0	0	0	0	1	1	1	7
7FH	0	1	1	1	1	1	1	1	8
6FH	0	1	1	0	1	1	1	1	9
77H	0	1	1	1	0	1	1	1	a
7CH	0	1	1	1	1	1	0	0	b
39H	0	0	1	1	1	0	0	1	c
5EH	0	1	0	1	1	1	1	0	d
79H	0	1	1	1	1	0	0	1	e
71H	0	1	1	1	0	0	0	1	f
00H	0	0	0	0	0	0	0	0	空白
40H	0	1	0	0	0	0	0	0	—
F3H	0	1	1	1	0	0	1	1	P

b. 调试。

（a）将程序输入，保存，编译，进行仿真器设置和串口测试，使仿真器处于联机仿真状态。

（b）选择［窗口｜CPU 窗口］打开 CPU 窗口。单击左边小窗口的 DATA 标签，在 30H～33H 显缓单元中输入显示数据 0DH，11H（表示"－"），03H，01H。

（c）选择［执行｜复位］功能键或工具栏中的红色复位按钮，PC＝0000H。

（d）用断点、单步方法调试程序，排除错误后，用全速执行运行程序后，按暂停键退出执行状态，检查结果。

c. 思考。

（a）显缓 30H～33H 中存放的是否为显示数据的七段码？七段码表中的数据存放是否有一定的规律？

（b）若要显示七段码表中没有的字符如"]"该怎么办？试编程在四块 LED 上显示你的专业、学号，显示格式如下："专业号] 学号"。

A2.8 A/D 0809 实验

实验目的

掌握 A/D 0809 与单片机的接口及编程方法。

实验要求

通过实验了解 A/D 0809 与单片机的接口方法，掌握 A/D 转换的编程方法，熟悉单片机进行数据采集的基本过程。

实验内容及步骤

(1) 实验内容。

利用实验板 TDS-TS 上的 0809 芯片做 A/D 转换器，由实验板上的电位器提供 0~5V 的模拟电压输入，编制程序，将 0 通道模拟量转换成数字量，并通过数码管显示出来。

(2) 接口电路。

接口电路如图 A27 所示，实验板 TDS-TS 内部已将 ADC 0809 的参考电源 V_{REF}、时钟信号 CLK，数据线 D0~D7、以及 $\overline{WR}$、$\overline{RD}$ 控制信号与单片机相应信号线接好，我们只需要连接下列接线：

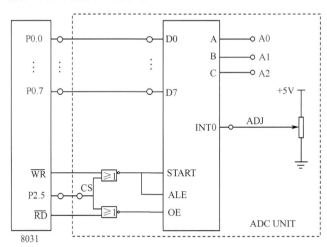

图 A27　接口电路图示

① 将 0809 的 0 通道 IN0 用插针接至电位器 W 的中心抽头 ADJ。

② 将 ADC UN2T 的 CS 与 P2.5 相连。

③ CBA 与单片机的 A2、A1、A0 三根地址线相连。

④ 显示器与 8031 的接线参照实验七的图 A26 接线。

（3）程序。

程序框图如图 A28 所示，本程序采用延时的方法等待 AD 转换结束。程序如下。

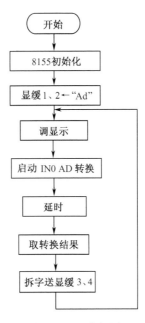

图 A28　程序框图

```
        ORG    0000H
        MOV    A, #03H        ; 8155 控制字：A 口输出，B 口输出
        MOV    DPTR, #7F00H   ; 控制寄存器地址
        MOVX   @DPTR, A
        MOV    30H, #0AH      ; 最左位显示 A
        MOV    31H, #0DH      ; 第二位显示 d
        MOV    32H, #10H      ; 两位显示空白
        MOV    33H, #10H
HAS1:   LCALL  DISP           ; 显示子程序
        MOV    A, #00H
        MOV    DPTR, #0DF80H  ; 0 通道地址
        MOVX   @DPTR, A       ; 启动 0 通道
        MOV    R7, #0FFH      ; 延时常数
HAS2:   DJNZ   R7, HAS2
        MOVX   A, @DPTR       ; 取转换结果
        MOV    R0, #33H       ; 显示缓冲区最后两位地址
        LCALL  CWOR           ; 调拆字送显缓子程
```

```
              SJMP     HAS1
CWOR:         PUSH     ACC              ; 保护 A
              ANL      A, ＃0FH         ; 取 A 的低四位
              MOV      @R0, A           ; 低四位存入显缓
              POP      ACC              ; 恢复 A 的初值
              DEC      R0               ; 指向显缓上一单元
              SWAP     A
              ANL      A, ＃0FH         ; 取高 4 位
              MOV      @R0, A           ; 存入显缓单元
              RET
              ORG      0100H            ; 显示子程
DISP:         MOV      R0, ＃30H        ; 首地址
              MOV      R2, ＃0F7H       ; 最左一位数位代码
              MOV      R3, ＃0FFH       ; 延时常数
DISP1:        MOV      A, ＃0FFH
              MOV      DPTR, ＃7F01H    ; 数位口
              MOVX     @DPTR, A         ; 关显示
              MOV      A, @R0           ; 从显缓中取数
              MOV      DPTR, ＃SGTR     ; 七段码表首地址
              MOVC     A, @A + DPTR     ; 查表求七段码
              MOV      DPTR, ＃7F02H    ; 七段码口地址
              MOVX     @DPTR, A         ; 输出七段码
              MOV      A, R2            ; 取数位代码
              MOV      DPTR, ＃7F01H
              MOVX     @DPTR, A         ; 输出数位代码
DISP2:        DJNZ     R3, DISP2        ; 延时
              INC      R0               ; 指向下一位显缓
              MOV      A, R2
              RR       A                ; 数位码左移，准备显示下一位
              MOV      R2, A
              JB       ACC.4, DISP1     ; 4 位未显示完转 DISP1
              RET                       ; 4 位完，转 DISP 重新开始
SGTR:         DB 3FH, 06H, 5BH, 4FH, 66H, 6DH
              DB 7DH, 07H, 7FH, 6FH, 77H, 7CH
              DB 39H, 5EH, 79H, 71H, 00H, 40H, 0F3H
```

（4）实验步骤。

① 在断电条件下，按图 A27 把 0809 与 8031 接好，显示器与 8031 的接线参照实验七的图 A26 接线。

② 将程序输入、保存并编译。

③ 调试程序，先分别调试其中的 DISP、CWOR 子程序，然后连调。

④ 调试好后用连续执行，改变电位器的状态，观察显示器数据的变化。

（5）思考。

① 若去掉指令"MOV A，♯00H"和"MOVX @DPTR，A"，启动 0 通道，对程序有无影响？为什么？

② 若采用中断方式进行 A/D 转换，硬件接线及程序应作如何修改？

A2.9　键盘接口实验

实验目的

了解矩阵键盘的接口原理，掌握扫描法识别键值的程序设计及调试。

实验要求

通过实验掌握键盘扫描工作原理，了解键盘/显示接口电路原理及程序设计，进一步熟悉动态显示接口及程序的应用。

实验内容及步骤

（1）键盘/显示接口电路。

为了节省硬件开销、充分利用 CPU，将显示接口和键盘接口合并成一个显示/键盘接口，如图 A29 所示，由图可知，七段 LED 显示器采用动态扫描软件译码方法，其电路采用共阴极接法，由 8155 的 PA 口（7F01H）和 PB 口（7F02H）分别提供七段码和数位代码（与实验七相同）；键盘采用 2×4 的矩阵结构，由 8155A 的 PA 口提供列扫描码，由 PC 口的低 2 位输入行码，显示的数位代码口和键盘的列扫描共用输出方式的 PA 口。

（2）程序。

要求将键盘上的八个键分别编号为 0～7，程序开始时显示提示 P，当按下某个键时则在显示器上动态显示其键号。

程序框图如图 A30 所示，程序如下。

```
      ORG   0000H
      MOV   A，♯03H        ; 8155 初始化，PA 口输出、PB 口输出、PC 输入
      MOV   DPTR，♯7F00H    ; 控制寄存器地址
      MOVX  @DPTR，A
      MOV   30H，♯12H       ; 显缓初始化，最左位显示提示"P"
      MOV   31H，♯10H       ; 后面 3 位显示"空白"
      MOV   32H，♯10H
      MOV   33H，♯10H
      MOV   R1，♯30H        ; 显缓首址
KEYD: MOV   A，♯0FFH        ; "空白"七段码
```

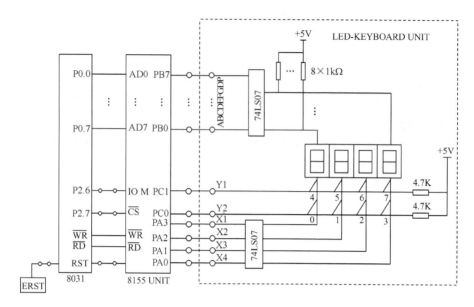

图 A29 电路图示

```
        MOV     DPTR, ♯7F02H
        MOVX    @DPTR, A        ；关显示
        MOV     A, ♯00H         ；粗扫描
        MOV     DPTR, ♯7F01H
        MOVX    @DPTR, A         ；输出列扫描码
        MOV     DPTR, ♯7F03H
        MOVX    A, @DPTR        ；读入行码
        CPL     A
        ANL     A, ♯03H
        JNZ     KEYD1            ；有键按下转 KEYD1
        PUSH    PSW
        SETB    RS1             ；寄存器换组
        LCALL   DISP            ；调显示
        POP     PSW             ；恢复原寄存器换组
        LJMP    KEYD
KEYD1： MOV     R2, ♯0FEH       ；设置初始列扫描码
KEYD2： MOV     DPTR, ♯7F01H
        MOV     A, R2
        MOVX    @DPTR, A         ；输出扫描一列
        MOV     DPTR, ♯7F03H
        MOVX    A, @DPTR        ；输入行码
```

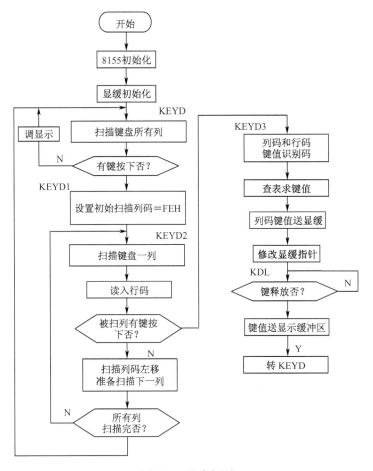

图 A30　程序框图

```
        CPL     A
        ANL     A, #03H
        JNZ     KEYD3               ; 该列有键按下转 KEYD3
        MOV     A, R2
        RL      A                   ; 扫描码左移
        MOV     R2, A
        CJNE    A, #0EFH, KEYD2     ; 未扫完转 KEYD2, 继续
        LJMP    KEYD
KEYD3:  SWAP    A                   ; 行码换到高位
        MOV     34H, R2             ; 暂存列码
        ANL     34H, #0FH
        ORL     A, 34H              ; 行码、列码组成键识别码
```

```
            MOV     34H, A
            MOV     DPTR, #KEYTAB
            MOV R4, #0FFH                ; R4 为键值计数器
    LP:     INC     R4
            CLR     A
            MOVC    A, @A+DPTR           ; 查表求键值
            INC     DPTR
            CJNE    A, 34H, LP           ; 未查到, 转 LP
            MOV     A, R4                ; 查到, R4 中为键值
            MOV     @R1, A               ; 键值送显缓
            MOV     DPTR, #7F03H         ; PC  地址
    KDL:    MOVX    A, @DPTR             ; 判断键释放否?
            ANL     A, #03H
            CJNE    A, #03H, KDL         ; 未释放则等待
            INC     R1
            CJNE    R1, #34H, KDL1       ; 显示地址不是 34H, 则转 KDL1
            MOV     R1, #30H             ; 恢复显缓首址
    KDL1:   LJMP    KEYD
    KEYTAB: DB 17H, 1BH, 1DH, 1EH
            DB 27H, 2BH, 2DH, 2EH
```

以下的显示子程序为实验七的四位同时显示程序，只是将最后一条指令改为
RET，即将显示程序改为显示子程序，并去掉了 8155 初始化。

```
            ORG     0100H
    DISP:   MOV     R0, #30H             ; 显缓首地址
            MOV     R2, #0F7H            ; 最左一位数位代码
            MOV     R3, #0FFH            ; 延时常数
    DISP1:  MOV     A, #0FFH
            MOV     DPTR, #7F01H         ; PA 数位口
            MOVX    @DPTR, A             ; 关显示
            MOV     A, @R0               ; 取数
            MOV     DPTR, #SGTR          ; 七段码表首地址
            MOVC    A, @A+DPTR           ; 查表求七段码
            MOV     DPTR, #7F02H         ; PB 七段码口地址
            MOVX    @DPTR, A             ; 输出七段码
            MOV     A, R2                ; 取数位代码
            MOV     DPTR, #7F01H
            MOVX    @DPTR, A             ; 输出数位代码
    DISP2:  DJNZ    R3, DISP2            ; 延时
```

```
        INC     R0                      ; 指向下一位显缓
        MOV     A, R2
        RR      A                       ; 数位码左移, 准备显示下一位
        MOV     R2, A
        JB      ACC.7, DISP1            ; 4 位未显示完转 DISP1
        RET
SGTR:   DB 3FH, 06H, 5BH, 4FH, 66H, 6DH
        DB 7DH, 07H, 7FH, 6FH, 77H, 7CH
        DB 39H, 5EH, 79H, 71H, 00H, 40H, 0F3H
        END
```

（3）实验步骤。

① 在断电的条件下按图 A29 接好线，并检查无误才接通电源。

② 将程序输入、保存并编译。

③ 用单步和断点、连续等方法将其中的显示子程序调试好。

④ 主程序分段调试，将主程序分为初扫描、逐列扫描、查表求键值几部分进行调试。

⑤ 各部分调试好后，再将程序联调。

⑥ 最后连续运行程序，观察按键时是否能在数码管上显示其数值。

（4）思考。

① 程序在开始时，为什么要将显缓送"P"和"空白"？

② 注意显示程序在主程序中的位置，说明显示程序为什么能不断的扫描显示而保证显示不闪烁？

③ 若只需要将键入的数字在最左一位显示出来，程序该如何简化？试一试。

④ 若将图 A29 中的 P2.6 接 $\overline{CS}$，P2.7 接 IO/$\overline{M}$，8155 芯片 PA、PB、PC 口的地址该如何修改？

附录 B ASCII 表

ASCII 特殊控制功能字符及其含义

NUL	空	VT	垂直制表
SOH	标题开始	FF	走纸控制
STX	正文开始	CR	回车
ETX	本文结束	SO	移位输出
EOT	传输结果	SI	移位输入
ENQ	询问	SP	空间（空格）
ACK	承认	DLE	数据链换码
BEL	报警符（可听见的信号）	DC1	设备控制 1
BS	退一格	DC2	设备控制 2
HT	横向列表（穿孔卡片指令）	DC3	设备控制 3
LF	换行	DC4	设备控制 4
SYN	空转同步	NAK	否定
ETB	信息组传送结束	FS	文字分隔
CAN	作废	GS	记录分隔符
EM	纸尽	US	单元分隔符
SUB	减	DEL	作废
ESC	换码		

行	列 位 654→ ↓ 3210	0 000	1 001	2 010	3 011	4 100	5 101	6 110	7 111
0	0000	NUL	DLE	SP	0	@	P		p
1	0001	SOH	DC1	!	1	A	Q	a	q
2	0010	STX	DC2	"	2	B	R	b	r
3	0011	ETX	DC3	#	3	C	S	c	s
4	0100	EOT	DC4	$	4	D	T	d	t
5	0101	ENQ	NAK	%	5	E	U	e	u
6	0110	ACK	SYN	&	6	F	V	f	v
7	0111	BEL	ETB	,	7	G	W	g	w
8	1000	BS	CAN	(	8	H	X	h	x
9	1001	HT	EM	)	9	I	Y	i	y
A	1010	LF	SUB	*	:	J	Z	j	z
B	1011	VT	ESC	+	;	K	[	k	{
C	1100	FF	FS	'	<	L	\	l	|
D	1101	CR	GS	—	=	M	]	m	}
E	1110	SO	RS	·	>	N	Ω	n	~
F	1111	SI	US	/	?	O		o	DEL

附录 C MCS-51 指令系统

MCS-51 指令系统常用符号及其含义

addr11	11 位地址	(R_n)	寄存器 R_n 寻址单元
addr16	16 位地址	(direct)	直接寻址单元
bit	位地址	$((R_i))$	寄存器间接寻址单元
rel	相对偏移量（8 位带符号补码）		
direct	直接地址（RAM，SFR，I/O）	$\wedge$	逻辑与
♯data	立即数	$\vee$	逻辑或
R_n	工作寄存器 $R_0 \sim R_7$	$\oplus$	逻辑异或
A	累加器	$\surd$	影响标志位
R_i	$i=0$，1；地址指针 R_0 或 R_1	$\times$	不影响标志
@	间址寄存器的前缀	$\leftarrow$	数据传送方向

指令	十六进制代码	助记符	功能	对标志影响				字节数	周期数
				P	OV	AC	CY		
算术运算指令	28～2F	ADD A,Rn	$(A) \leftarrow (A) + (Rn)$	$\surd$	$\surd$	$\surd$	$\surd$	1	1
	25	ADD A,direct	$(A) \leftarrow (A) + (direct)$	$\surd$	$\surd$	$\surd$	$\surd$	2	1
	26,27	ADD A,@Ri	$(A) \leftarrow (A) + ((Ri))$	$\surd$	$\surd$	$\surd$	$\surd$	1	1
	24	ADD A,♯data	$(A) \leftarrow (A) + data$	$\surd$	$\surd$	$\surd$	$\surd$	2	1
	38～3F	ADDC A,Rn	$(A) \leftarrow (A) + (Rn) + (CY)$	$\surd$	$\surd$	$\surd$	$\surd$	1	1
	35	ADDC A,direct	$(A) \leftarrow (A) + (direct) + (CY)$	$\surd$	$\surd$	$\surd$	$\surd$	2	1
	36,37	ADDC A,@Ri	$(A) \leftarrow (A) + ((Ri)) + (CY)$	$\surd$	$\surd$	$\surd$	$\surd$	1	1
	34	ADDC A,♯data	$(A) \leftarrow (A) + data + (CY)$	$\surd$	$\surd$	$\surd$	$\surd$	2	1
	98～9F	SUBB A,Rn	$(A) \leftarrow (A) - (Rn) - (CY)$	$\surd$	$\surd$	$\surd$	$\surd$	1	1
	95	SUBB A,direct	$(A) \leftarrow (A) - (direct) - (CY)$	$\surd$	$\surd$	$\surd$	$\surd$	2	1
	96,97	SUBB A,@Ri	$(A) \leftarrow (A) - ((Ri)) - (CY)$	$\surd$	$\surd$	$\surd$	$\surd$	1	1
	94	SUBB A.♯data	$(A) \leftarrow (A) - data - (CY)$	$\surd$	$\surd$	$\surd$	$\surd$	2	1
	04	INC A	$(A) \leftarrow (A) + 1$	$\surd$	$\times$	$\times$	$\times$	1	1
	08～0F	INC Rn	$(Rn) \leftarrow (Rn) + 1$	$\times$	$\times$	$\times$	$\times$	1	1
	05	INC direct	$(direct) \leftarrow (direct) + 1$	$\times$	$\times$	$\times$	$\times$	2	1
	06,07	INC @Ri	$((Rn)) \leftarrow ((Rn)) + 1$	$\times$	$\times$	$\times$	$\times$	1	1
	A3	INC DPTR	$(DPTR) \leftarrow (DPTR) + 1$	$\times$	$\times$	$\times$	$\times$	1	2
	14	DEC A	$(A) \leftarrow (A) - 1$	$\surd$	$\times$	$\times$	$\times$	1	1
	18～1F	DEC Rn	$(Rn) \leftarrow (Rn) - 1$	$\times$	$\times$	$\times$	$\times$	1	1
	15	DEC direct	$(direct) \leftarrow (direct) - 1$	$\times$	$\times$	$\times$	$\times$	2	1
	16,17	DEC @Ri	$((Rn)) \leftarrow ((Ri)) - 1$	$\times$	$\times$	$\times$	$\times$	1	1
	A4	MUL AB	$(B_H A_L) \leftarrow (A) \times (B)$	$\surd$	$\surd$	$\times$	$\surd$	1	4
	84	DIV AB	$(B)_{余数}(A)_{商} \leftarrow (A)/(B)$	$\surd$	$\surd$	$\times$	$\surd$	1	4
	D4	DA A	对 A 进行十进制调整	$\surd$	$\surd$	$\surd$	$\surd$	1	1

续表

指令	十六进制代码	助记符	功能	对标志影响				字节数	周期数
				P	OV	AC	CY		
逻辑运算指令	58~5F	ANL A，Rn	(A) ← (A) ∧ (Rn)	√	×	×	×	1	1
	55	ANL A，direct	(A) ← (A) ∧ (direct)	√	×	×	×	2	1
	56，57	ANL A，@Ri	(A) ← (A) ∧ ((Ri))	√	×	×	×	1	1
	54	ANL A，#data	(A) ← (A) ∧ data	√	×	×	×	2	1
	52	ANL direct，A	(direct) ← (direct) ∧ (A)	×	×	×	×	2	1
	53	ANL direct，#data	(direct) ← (direct) ∧ #data	×	×	×	×	3	2
	48~4F	ORL A，Rn	(A) ← (A) ∨ (Rn)	√	×	×	×	1	1
	45	ORL A，direct	(A) ← (A) ∨ (direct)	√	×	×	×	2	1
	46，47	ORL A，@Ri	(A) ← (A) ∨ ((Ri))	√	×	×	×	1	1
	44	ORL A，#data	(A) ← (A) ∨ data	√	×	×	×	2	1
	42	ORL direct，A	(direct) ← (direct) ∨ (A)	×	×	×	×	2	1
	43	ORL direct，#data	(direct) ← (direct) ∨ #data	×	×	×	×	3	2
	68~6F	XRL A，Rn	(A) ← (A) ⊕ (Rn)	√	×	×	×	1	1
	65	XRL A，direct	(A) ← (A) ⊕ (direct)	√	×	×	×	2	1
	66，67	XRL A，@Ri	(A) ← (A) ⊕ ((Ri))	√	×	×	×	1	1
	64	XRL A，#data	(A) ← (A) ⊕ data	√	×	×	×	2	1
	62	XRL direct，A	(direct) ← (direct) ⊕ (A)	×	×	×	×	2	1
	63	XRL direct，#data	(direct) ← (direct) ⊕ #data	×	×	×	×	3	2
	E4	CLR A	(A) ← 0	√	×	×	×	1	1
	F4	CPL A	(A) ← (A)	×	×	×	×	1	1
	23	RL A	A 循环左移一位	×	×	×	×	1	1
	33	RLC A	A 带进位循环左移一位	√	×	×	√	1	1
	03	RR A	A 循环右移一位	×	×	×	×	1	1
	13	RRC A	A 带进位循环右移一位	√	×	×	√	1	1
	C4	SWAP A	A 半字节交换	×	×	×	×	1	1

续表

指令	十六进制代码	助记符	功能	对标志影响				字节数	周期数
				P	OV	AC	CY		
数据传送指令	E8~EF	MOV A，Rn	(A)←(Rn)	√	×	×	×	1	1
	E5	MOV A，direct	(A)←(direct)	√	×	×	×	2	1
	E6,E7	MOV A，@Ri	(A)←((Ri))	√	×	×	×	1	1
	74	MOV A，♯data	(A)←data	√	×	×	×	2	1
	F8~FF	MOV Rn，A	(Rn)←(A)	×	×	×	×	1	1
	A8~AF	MOV Rn，direct	(Rn)←(direct)	×	×	×	×	2	2
	78~7F	MOV Rn，♯data	(Rn)←data	×	×	×	×	2	1
	F5	MOV direct，A	(direct)←(A)	×	×	×	×	2	1
	88~8F	MOV direct，Rn	(direct)←(Rn)	×	×	×	×	2	2
	85	MOV direct1，direct2	(direct)←(direct)	×	×	×	×	3	2
	86,87	MOV direct，@Ri	(direct)←((Rn))	×	×	×	×	2	2
	75	MOV direct，♯data	(direct)←data	×	×	×	×	3	2
	F6,F7	MOV @Ri，A	((Ri))←(A)	×	×	×	×	1	1
	A6,A7	MOV @Ri，direct	((Ri))←direct	×	×	×	×	2	2
	76,77	MOV @Ri，♯data	((Ri))←data	×	×	×	×	2	1
	90	MOV DPTR，♯data16	(DPTR)←data16	×	×	×	×	3	2
	93	MOVC A，@A＋DPTR	(A)←((A)＋(DPTR))	√	×	×	×	1	2
	83	MOVC A，@A＋PC	(A)←((A)＋(PC))	√	×	×	×	1	2
	E2，E3	MOVX A，@Ri	(A)←((Ri))	√	×	×	×	1	2
	E0	MOVX A，@DPTR	(A)←((DPTR))	√	×	×	×	1	2
	F2，F3	MOVX @Ri，A	((Ri))←(A)	×	×	×	×	1	2
	F0	MOVX @DPTR，A	((DPTR))←(A)	×	×	×	×	1	2

指令	十六进制代码	助记符	功能	对标志影响				字节数	周期数
				P	OV	AC	CY		
数据传送指令	C0	PUSH direct	(SP)←(SP)＋1	×	×	×	×	2	2
			((SP))←(direct)	×	×	×	×		
	D0	POP direct	(direct)←((SP))	×	×	×	×	2	2
			(SP)←(SP)−1	×	×	×	×		
	C8~CF	XCH A, Rn	(A)↔(Rn)	√	×	×	×	1	1
	C5	XCH A, direct	(A)↔(direct)	√	×	×	×	2	1
	C6,C7	XCH A, @Ri	(A)↔((Ri))	√	×	×	×	1	1
	D6,D7	XCHD A, @Ri	$(A)_{0\sim3}$↔$((Ri))_{0\sim3}$低半字节交换	√	×	×	×	1	1
位操作指令	C3	CLR C	(CY)←0	×	×	×	√	1	1
	C2	CLR bit	(bit)←0	×	×	×	×	2	1
	D3	SETB C	(CY)←1	×	×	×	√	1	1
	D2	SETB bit	(bit)←1	×	×	×	×	2	1
	B3	CPL C	(CY)←(CY)	×	×	×	√	1	1
	B2	CPL bit	(bit)←(bit)	×	×	×	×	2	1
	82	ANL C, bit	(CY)←(CY)∧(bit)	×	×	×	√	2	2
	B0	ANL C, /bit	(CY)←(CY)∧(bit)	×	×	×	√	2	2
	72	ORL C,bit	(CY)←(CY)∨(bit)	×	×	×	√	2	2
	A0	ORL C, /bit	(CY)←(CY)∨(bit)	×	×	×	√	2	2
	A2	MOV C, bit	(CY)←(bit)	×	×	×	√	2	1
	92	MOV bit, C	(bit)←(CY)	×	×	×	×	2	2

续表

指令	十六进制代码	助记符	功能	对标志影响				字节数	周期数
				P	OV	AC	CY		
控制转移指令	*1	ACALL addr11	(PC)←(PC)+2, (SP)←(SP)+1,(SP)←(PCL), (SP)←(SP)+1,(SP)←(PCH) (PC10~0)←addr11	×	×	×	×	2	2
	12	LCALL addr16	(PC)←(PC)+2, (SP)←(SP)+1,((SP))←(PCL), (SP)←(SP)+1,((SP))←(PCH) (PC10~0)←addr16	×	×	×	×	3	2
	22	RET	(PCH)←((SP)),(SP)←(SP)−1 (PC)←((SP)),(SP)←(SP)−1	×	×	×	×	1	2
	32	RETI	(PCH)←((SP)),(SP)←(SP)−1 (PC)←((SP)),(SP)←(SP)−1 从中断返回	×	×	×	×	1	2
	*1	AJMP addr11	(PC10~0)←add11	×	×	×	×	2	2
	02	LJMP addr16	(PC)←add16	×	×	×	×	3	2
	80	SJMP rel	(PC)←(PC)+2+rel	×	×	×	×	2	2
	73	JMP @A+DPTR	(PC)←(A)+(DPTR)	×	×	×	×	1	2
	60	JZ rel	(PC)←(PC)+2 若(A)=0,(PC)←(PC)+rel	×	×	×	×	2	2
	70	JNZ rel	(PC)←(PC)+2 若(A)≠0,(PC)←(PC)+rel	×	×	×	×	2	2
	40	JC rel	(PC)←(PC)+2 若(CY)=1,(PC)←(PC)+rel	×	×	×	×	2	2
	50	JNC rel	(PC)←(PC)+2 若(CY)=0,(PC)←(PC)+rel	×	×	×	×	2	2

指令	十六进制代码	助记符	功能	对标志影响				字节数	周期数
				P	OV	AC	CY		
控制转移指令	20	JB bit，rel	(PC) ←(PC) ＋ 3	×	×	×	×	3	2
			若(bit)＝1，(PC) ←(PC) ＋ rel						
	30	JNB bit，rel	(PC) ←(PC) ＋ 3	×	×	×	×	3	2
			若(bit)＝0，(PC) ←(PC) ＋ rel						
	10	JBC bit，rel	(PC) ←(PC) ＋ 3 若(bit)＝1，(bit)＝0(PC) ←(PC)＋ rel	×	×	×	×	3	2
	B5	CJNE A，direct，rel	(PC) ←(PC) ＋ 3	×	×	×	×	3	2
			若(A)≠(direct)，(PC) ←(PC)＋rel 若(A)＜(direct)，则(CY) ←1						
	B4	CJNE A，#data，rel	(PC) ←(PC) ＋ 3	×	×	×	×	3	2
			若(A)≠data，则(PC) ←(PC)＋ rel 若(A)＜data，则(CY) ←1						
	B8～BF	CJNE Rn，#data，rel	(PC) ←(PC) ＋ 3	×	×	×	×	3	2
			若(Rn)≠data，则(PC) ←(PC)＋rel 若(Rn)＜data，则(CY) ←1						
	B6，B7	CJNE @Ri，#data，rel	(PC) ←(PC) ＋ 3	×	×	×	×	3	2
			若((Ri))≠data，则(PC) ←(PC)＋ rel 若((Ri))＜data，则(CY) ←1						
	D8～DF	DJNZ Rn，rel	(PC)←(PC)＋2，(Rn)←(Rn)−1	×	×	×	×	2	2
			若(Rn) ≠0，则(PC) ←(PC)＋rel						
	D5	DJNZ direct，rel	(PC)←(PC)＋3，(direct)←(direct)−1	×	×	×	×	3	2
			若(direct)≠0，则(PC) ←(PC)＋rel						
	00	NOP	空操作	×	×	×	×	1	1

附录 D 实验板布局图

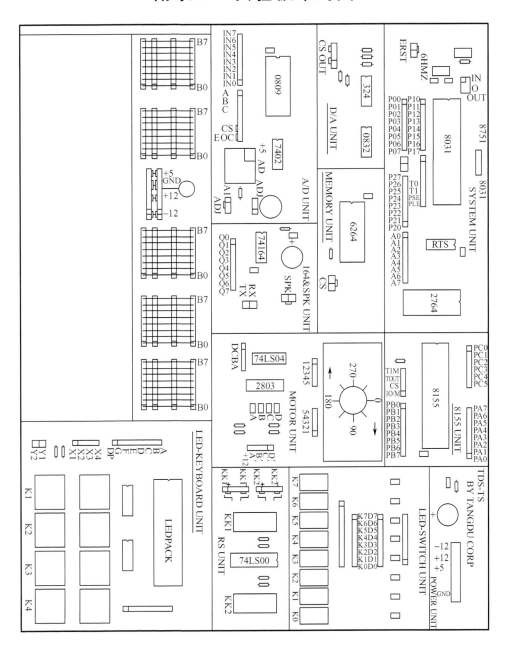